Software-Reengineering

Analyse, Restrukturierung
und Reverse-Engineering von
Anwendungssystemen

Von

Dr. Achim H. Kaufmann
Professor für Wirtschaftsinformatik

R. Oldenbourg Verlag München Wien

Die Deutsche Bibliothek — CIP-Einheitsaufnahme

Kaufmann, Achim H.:
Software-Reengineering : Analyse, Restrukturierung und
Reverse-Engineering von Anwendungssystemen / von Achim H.
Kaufmann. — München ; Wien : Oldenbourg, 1994
  ISBN 3-486-23073-5

© 1994 R. Oldenbourg Verlag GmbH, München

Gesamtherstellung: R. Oldenbourg Graphische Betriebe GmbH, München

ISBN 3-486-23073-5

Inhaltsverzeichnis

Vorwort

Wird man zum ersten Male mit einer konkreten Reengineering-Aufgabe konfrontiert, z.B. mit der Umstellung eines Programmsystems von FORTRAN IV nach FORTRAN 77 oder einer Großrechner- zu einer PC-Umgebung, so besteht die große Versuchung, sich dieser Problemstellung intuitiv zu nähern. Dies bedeutet für die genannte Programmumstellung das Übersetzen des Altsystems mit dem in der Zielumgebung verfügbaren Compiler und das anschließende sukzessive Beseitigen der formalen und logischen Fehler. Bei meinen ersten Reengineering-Projekten zeigte sich jedoch, daß diese Vorgehensweise aufwendig, demotivierend, fehleranfällig und unkalkulierbar ist. Als Konsequenz wurde sehr schnell offensichtlich, daß andere Lösungswege erforderlich sind. Bei der Suche nach besseren Vorgehensweisen erwiesen sich die wenigen in der Literatur angebotenen Ansätze für den unmittelbaren praktischen Einsatz als auch nicht besonders hilfreich.

Davon ausgehend war es das Ziel dieser Arbeit, eine systematische und kalkulierbare Erschließung und Nutzung des in vorhandenen Software-Systemen existierenden Wissens zu ermöglichen. Dieses Ziel wurde durch die Entwicklung einer allgemein einsetzbaren Vorgehensweise für das Software-Reengineering erreicht, die schrittweise bis auf die Ebene konkreter Vorhaben verfeinert werden kann.

Mit dieser Arbeit werden nicht nur Studenten der Informatik respektive Wirtschaftsinformatik, sondern auch Praktiker angesprochen, die sich mit Wartung, Migration und Standardisierung im Software-Bereich beschäftigen. Beiden Zielgruppen wird ein modernes methodisches Instrumentarium angeboten, das dazu beitragen soll, das negativ belegte Image des Wartungsbereichs wesentlich zu verbessern, zukünftigen Studentengenerationen ein attraktives Arbeitsfeld zu eröffnen und den heute häufig anzutreffenden "Frust" bei den mit diesen Aufgaben Beschäftigten abzubauen.

Achim H. Kaufmann

Einführung

Die Lösung eines seit langem bekannten jedoch nur unzureichend beachteten Problems der betrieblichen Informationsverarbeitung wird zunehmend dringlicher. Es geht um die Lösung des Zielkonfliktes, bei konstanten oder nur langsam wachsenden Entwicklungskapazitäten die hohe und noch steigende Nachfrage nach neuen Informationssystemen[1] bedarfsgerecht zu befriedigen und gleichzeitig eine ausreichende Wartung der eingesetzten Anwendungssysteme sicherzustellen. Zur Deckung der Nachfrage nach neuen Systemen existieren eine Reihe von ausgiebig diskutierten Konzepten, deren Umsetzung jetzt in der betrieblichen Praxis mit Nachdruck betrieben wird (4GL, CASE, RAD, OOP, IDV). Im Gegensatz dazu stellt sich die Wartungsproblematik wesentlich schwieriger dar. Die rasant fortschreitende technologische Entwicklung im Hard- und Software-Bereich führt zu einer ebenso schnellen technischen Alterung bestehender Systeme. Jedes zusätzliche Software-System, das entwickelt und in Betrieb genommen wird, vergrößert den "Berg" an Altsystemen. Es fehlen vielfach die Ressourcen, notwendige Anpassungen von Altsystemen vorzunehmen und gleichzeitig neue Systeme zu entwickeln. Es ist daher nicht verwunderlich, daß heute Wartung, Migration, Integration und Ersetzung bestehender Informationssysteme bei vielen Anwendern immer mehr an Ressourcen verschlingen. Werden keine wirksamen Maßnahmen ergriffen, diese Entwicklung zu stoppen, so steht bereits in naher Zukunft für viele Anwender die Entscheidung an, entweder keine Neuentwicklungen mehr vorzunehmen oder die Wartung für große Teile der Altsysteme einzustellen.[2]

Lösungen für diese "Wartungsmisere" werden dem ratsuchenden Anwender unter dem Modewort Software-Reengineering in aktuellen Beiträgen der Fachpresse und in der Angebotspalette von Unternehmensberatern offeriert. Ursprünglich wurde Reengineering zum einen als Teilaspekt von Software-Wiederverwendbarkeit in Form der Wiederverwendung von Design-Komponenten (reuse of design), verbunden mit der Offenlegung dieser Strukturen (design recovery), und zum anderen als Teilaspekt von Software-Wartung in Form eines Hilfsmittels zur Programm-Nachdokumentation und

---

[1] Die Wachstumsrate in den USA wird auf über 12% pro Jahr geschätzt [Business Week/88].

[2] Auch der Einsatz von Standardanwendungssoftware hat nur eine begrenzte Entlastung bewirkt, da hier durch Versionspflege, Integration und Betreuung ebenfalls langfristig Entwicklungsressourcen gebunden werden.

-Restrukturierung eingeordnet. Neuere definitorische Abgrenzungen lassen jedoch deutlich erkennen, daß Reengineering auf dem besten Wege ist, als Sammelbegriff für Software-Wartung [McClure/92, S. 23 f.] und zunehmend auch für Software-Wiederverwendbarkeit [Richter/92, S. 128 f.] etabliert zu werden.

Die unterschiedlichen Methoden und Werkzeuge des Reengineering können ergebnisorientiert in die Teilgebiete Programmanalyse[3], Programmrestrukturierung[4] und Programm-Reverse-Engineering[5] eingeteilt werden, wobei ersichtlich wird, daß die meisten Reengineering-Maßnahmen unmittelbar auf Quellprogrammen als Ausgangsbasis aufsetzen und diese in eine neue oder modifizierte Systemrepräsentation überführen. Andere Informationen, die über ein Software-System vorhanden sind, z.B. Entwicklungsdokumente, Benutzerhandbücher und Organisationsunterlagen, sind i.allg. weder Gegenstand von Reengineering-Vorhaben noch ist eine explizite methodische Integration dieser Systemdarstellungen als zusätzliche Informationsquelle ersichtlich. Darüber hinaus sind die dargestellten Reengineering-Ansätze mit unterschiedlichsten Methoden formuliert und auch realisiert, so daß man sich des Eindrucks eines begrifflichen und methodischen Sammelsuriums nicht entziehen kann.

Ausgehend von der geschilderten Problemlage und dem unzureichenden Stand der Problemlösung war es das Ziel, eine systematische und kalkulierbare Erschließung und Nutzung des in vorhandenen Software-Systemen existierenden Wissens zu ermöglichen. Dies spiegelt sich auch in der hier zugrundeliegenden allgemeinen Definition von Software-Reengineering wider: Software-Reengineering ist die Nutzung bestehender Altsysteme als Informationsquelle zur Wartung und Neuentwicklung von Anwendungen. Da weder die Struktur des Ausgangsmaterials "Software" noch die Art und Weise der Nutzung explizit festgelegt oder eingeschränkt wurde, mußte zur Erreichung des Ziels eine weitgehende, verallgemeinerte methodische Durchdringung dieses Gebietes vorge-

---

[3] Untersuchung existierender Programmsysteme, um qualitative und quantitative Aussagen über deren Komponenten und Strukturen, Arbeitsweise und Wartbarkeit treffen zu können.

[4] Transformation der Software-Repräsentationsform, z.B. Datennamen, Definitionen und Quellkode, ohne Veränderung der Funktionalität, um die Programmqualität zu erhöhen oder Programme an andere oft neue Basistechnologien anzupassen.

[5] Transformation der Software-Repräsentationsform von der Ebene des Programmkodes auf eine höhere Abstraktionsebene - meist die Designebene -, um Programmsysteme nachzudokumentieren und damit die Verständlichkeit zu erhöhen.

nommen werden. Zusätzlich sollten bei der Festlegung eines allgemeinen
methodischen Ansatzes folgende wichtige Rahmenbedingungen beachtet werden:

- Bei alternativen Methoden sind diejenigen mit dem höchsten praktischen
  Bekanntheits- und Verbreitungsgrad zu verwenden, um die Akzeptanz zu
  erhöhen und den Lernaufwand zu reduzieren.
- Es müssen Formalismen enthalten sein, die eine weitgehende Integration
  des bisher vorhandenen methodischen Wissens aus diesem Bereich ermöglichen, so daß die Vielfalt der Spezifikationsverfahren und damit ebenfalls
  der Lernaufwand eingeschränkt werden können.
- Die ausgewählten Methoden sollen eine inkrementelle und prototypische
  Vorgehensweise ermöglichen, so daß im konkreten Fall zwischen Reengineering und manueller Neuerhebung ein nach Wirtschaftlichkeitskriterien
  optimales Vorgehen gewählt werden kann.
- Der Ansatz muß ein hohes und leicht zu erschließendes Automatisierungs-
  potential aufweisen, so daß die Erstellung und der Einsatz von Werkzeugen
  möglichst effizient erfolgen können; dies schließt auch die weitgehende Verwendung bereits vorhandener Werkzeuge ein.

Die Umsetzung dieses Anforderungskatalogs erscheint auf den ersten Blick sehr
schwierig oder sogar unmöglich, jedoch können Parallelen zur Problemstellung
bei der Entwicklung fachlicher Systeme (z.B. von betrieblichen Abrechnungs-
und Informationssystemen) gezogen werden. Auch hier liegen unterschiedlich
strukturierte fachliche Informationen vor, die nach bestimmten Regeln umgeformt und damit genutzt werden. Die Methoden zur allgemeinen Erhebung und
Beschreibung fachlicher Zusammenhänge werden unter dem Begriff
"Systemanalyse" zusammengefaßt; es bot sich an, die Eignung systemanalyti-
scher Methoden auch für die vorliegende Problemstellung zu überprüfen. Dabei
stellte sich heraus, daß im Gegensatz zur Analyse allgemeiner fachlicher
Zusammenhänge hier bereits eine reduzierte und damit vereinfachte Grundstruktur vorlag: Reengineering-Maßnahmen transformieren Informationsbestände nach dem klassischen EVA-Prinzip der elektronischen Datenverarbeitung; die Datenbestände besitzen im Regelfall eine formalisierte bzw. formali-
sierbare Form und liegen in vielen Fällen bereits in elektronischer Speicherform
vor oder sind verhältnismäßig leicht elektronisch zu erfassen. Damit sind auch
besonders gute Voraussetzungen für einen weitgehenden und wirtschaftlichen
Werkzeugeinsatz gegeben. Schwierigkeiten entstehen durch die höhere Abstraktionsebene, auf der man die Erhebung und Spezifikation der Informationsbestände und Transformationsprozesse durchführen muß. Werden bei der
Systemanalyse konkrete fachliche Zusammenhänge erfaßt und beschrieben, so

sind hier unterschiedliche Modelle und Methoden durch eine Metamethode (Metamodellierung) abzubilden.

Auf der Grundlage dieser Überlegungen wurde eine allgemein einsetzbare Vorgehensweise für das Software-Reengineering entwickelt, bei der Ziel- und Ausgangssystem einheitlich mit Hilfe eines erweiterten Entity-Relationship-Ansatzes (ER-Ansatz) und die Transformationsprozesse mit Hilfe der Datenflußanalyse modelliert werden. Dadurch ist es möglich, nicht nur Software-Systeme im engeren Sinne (Programme), sondern alle Informationen, die für Anwendungssysteme verfügbar sind, in den Prozeß zu integrieren. Die Vorgehensweise wird exemplarisch auf verschiedene konkrete Reengineering-Vorhaben übertragen und führt zu speziellen, unmittelbar praktisch anwendbaren Vorgehensmodellen. Im einzelnen werden Vorgehensmodelle für die Analyse von Programmsystemen im Hinblick auf ihre Wartbarkeit, die Überführung von unstrukturierten Programmen in strukturierte Programme, die Restrukturierung von Datenbeständen sowie die Wiedergewinnung fachlicher Modelle aus Programmquellen und -dokumentationen dargestellt.

Im Hinblick auf die oben aufgestellten Anforderungen kommt man zu folgenden Resultaten: Durch die Verwendung von Metamodellen ist eine weitgehende Verallgemeinerung und damit breite Anwendbarkeit dieser Methode auf spezielle Reengineering-Vorhaben gewährleistet. Die verwendeten Basismethoden (ER- und Datenfluß-Modellierung) sind weit verbreitet und allgemein akzeptiert. Durch Anpassung der Spezifikationsform können bereits vorhandene Reengineering-Methoden gemäß dem dargestellten Ansatz vereinheitlicht und integriert werden. Die Vorgehensweise ist schrittweise entwickelbar sowie einsetzbar und enthält keine Vorgaben für die Realisierungsform (z.B. manuell oder automatisiert). Aufgrund der einheitlichen Modellierung ist ein hoher Standardisierungsgrad vorhanden, der die Entwicklung von Basiswerkzeugen mit breiter Einsatzfähigkeit fördert und leicht an spezielle Gegebenheiten anpaßbar ist. Unterstützt wird diese Möglichkeit durch das große Angebot an modernen Software-Entwicklungssystemen (z.B. CASE), die auf der Basis von ER-Modellen arbeiten und somit entweder die Entwicklung von Transformationsprogrammen wesentlich erleichtern oder sogar eine Konfigurierung mit Hilfe frei definierbarer Metamodelle anbieten. Dies entspricht der methodischen Grundlage der dargestellten Vorgehensweise zum Reengineering, so daß eine Integration von Computer-Aided-Software-Engineering (CASE) und Computer-Aided-Software-Reengineering (CARE) im gleichen Paradigma erfolgen kann [Martin/91].

Da große Bestände an Altsystemen in der Programmiersprache FORTRAN
implementiert sind, wird im weiteren dargestellt, wie die speziellen Vorgehensmodelle auf entsprechende Anwendungssysteme übertragen werden können.
Ausgangsbasis sind Analyse und Beschreibung der historisch gewachsenen,
strukturellen und stilistischen Besonderheiten der Sprache im Hinblick auf
Reengineering-Maßnahmen. Die daraus resultierenden Darstellungen sind ebenfalls in Form erweiterter Entity-Relationship-Modelle spezifiziert, so daß eine
unmittelbare, methodisch einheitliche Einbettung der speziellen Vorgehensmodelle vorgenommen werden konnte.

Ist eine Altanwendung zu ersetzen oder in ihrer Darstellungsform zu ändern,
muß eine geeignete Vorgehensweise zwischen "Neuentwicklung ohne Berücksichtigung des Altsystems" und "Reengineering des Altsystems" ausgewählt werden. Eine unter Wirtschaftlichkeitsaspekten zu treffende Wahl einer geeigneten
Vorgehensweise muß sich am Aufwand für eine Neuentwicklung als Obergrenze
orientieren, mit der Folge, daß nur dann Reengineering-Maßnahmen eingesetzt
werden dürfen, wenn ihr Aufwand geringer ist. Ob Entwicklungstätigkeiten
manuell durchgeführt oder durch automatisierte Systeme unterstützt werden
sollen, ist eine weitere Entscheidung, die ebenfalls nur nach Wirtschaftlichkeitskriterien getroffen werden darf. Dies bedeutet grundsätzlich ein Abwägen zwischen dem Aufwand zur Programmerstellung und den Einsparungen, die bei der
DV-Unterstützung gegenüber einer manuellen Vorgehensweise erreicht werden
können. Zur Erhöhung der Wirtschaftlichkeit bietet es sich sogar an, daß nicht
jeder Anwender eine Individuallösung anstrebt, sondern daß Standardisierungs-
potentiale in Form verallgemeinerter Reengineering-Ansätze genutzt werden.

Ausgehend von dem Umstand, daß ca. 70% der Entwicklungskapazitäten für
Wartung, Migration und Ersetzung von bestehenden Anwendungssystemen eingesetzt werden müssen, liegt eine zentrale Erkenntnis dieser Arbeit in der Notwendigkeit, diesen Bereich zukünftig in der Ausbildung angemessen zu berücksichtigen. Das z.Zt. beobachtbare Defizit könnte durch ein qualifiziertes Angebot
von Veranstaltungen zum Thema Reengineering behoben werden, so daß
Erfahrungssicherung und ein wirtschaftlich fundierter Investitionsschutz nicht
nur leere Worthülsen im Informatikbereich bleiben. Reengineering ist darüber
hinaus keine einmalige Angelegenheit, sondern alles, was heute produziert wird,
ist bereits morgen als Altsystem anzusehen. Reengineering kann vermeiden, daß
aus Altsystemen Altlasten werden.

1. Kapitel

Grundlagen des Software-Reengineering

Der Begriff Software-Reengineering entstand als Antwort auf das Anfang der siebziger Jahre bekannte und sich ständig verschärfende Problem der Wartung des stetig wachsenden "Bergs" an vorhandenen und eingesetzten Anwendungssystemen. Ähnlich wie bei anderen populären Schlagwörtern aus dem Software-Entwicklungsbereich, z.B. Computer-Aided-Software-Engineering (CASE), Rapid-Application-Development (RAD) und Object-Oriented-Programming (OOP), handelte es sich anfangs um einen sehr diffusen Begriff, in dem sich Hoffnungen und Wünsche der DV-Anwender und potentielle Marktchancen für Anbieter aus diesem Bereich trafen.

Ganz allgemein bedeutet Software-Reengineering die Nutzung bestehender Altsysteme (Programmkode und Dokumentation) als Informationsquelle zur Wartung und Neuentwicklung von Anwendungen. Im einfachsten Fall kann es sich dabei um die Nachdokumentation von Programmsystemen und im schwierigsten Fall um die Extraktion fachlicher Zusammenhänge aus Programmen und Dokumentationen handeln [Bischoff/92, S. 125].

1.1 Klassen von Methoden

Ebenso wie beim Software-Engineering kann bei der grundsätzlichen methodischen Vorgehensweise zwischen der Experimentier- und Modellmethode unterschieden werden. Experimentieren bedeutet in diesem Zusammenhang die unmittelbare Veränderung im Einsatz befindlicher Anwendungssysteme, was meist mit "trial and error" gleichzusetzen ist. Diese Methodik führt jedoch bei komplexen Systemen nur zu begrenzten systematischen Erkenntnissen und Vorgehensweisen; darüber hinaus sind die Zielsysteme von Reengineering-Maßnahmen vielfach ihrerseits Modelle (z.B. Fachmodell, Benutzermodell), so daß im weiteren die Modellmethode zugrundegelegt wird.

1.2 Modellmethode der Systementwicklung

Voraussetzung für die folgenden Ausführungen ist daher die explizite Festlegung des Software-Entwicklungsprozesses über verschiedene Abstraktionsebenen[1] hinweg, die im Hinblick auf ihre Ergebnisse sowohl semantisch als auch methodisch eindeutig definiert sind. Im allgemeinen werden diese Ergebnisse bestimmten Phasen eines Software-Life-Cycle zugeordnet, so daß sich die begriffliche Unterscheidung in Tätigkeiten, Ergebnisse und Abstraktionsebenen verwischt. Beim Entwurf eines entsprechenden Reengineering-Modells bietet es sich an, auf Vorgehensmodelle des Software-Engineering zu referenzieren, da zum einen die ursprüngliche Systementwicklung in dieser Art und Weise durchgeführt wurde (bzw. hätte durchgeführt werden können) und zum anderen die einzelnen Zwischenergebnisse dieses Entwicklungsprozesses auch Ziel eines Reengineering-Vorhabens sein können. Im folgenden wird das in Abb. 1.1 dargestellte Vorgehensmodell für den Software-Entwicklungsprozeß zugrundegelegt.[2] Es besteht aus den Phasen Anforderungsanalyse, Fachentwurf, DV-Entwurf und Implementierung. Innerhalb der Anforderungsanalyse wird ein Modell der fachlichen Komponenten und Zusammenhänge entworfen, während nach der Implementierung das konkrete Anwendungssystem mit seinen statischen (Programmkode, Dokumentation, Dateibeschreibungen usw.) und dynamischen (Datenbestände, Ablaufverhalten, Benutzer-, Programminteraktion) Strukturen vorliegt.

---

[1] Der Begriff "Abstraktionsebenen" soll die zunehmende Spezialisierung der Zwischenergebnisse im Hinblick auf die Entwicklung eines konkreten DV-Systems ausdrücken.

[2] Dieses Phasenmodell beeinflußt mit seinen Abstraktionsebenen die gesamte Formulierung des folgenden Reengineering-Prozesses; die Allgemeingültigkeit wird jedoch nicht eingeschränkt, da in analoger Weise jedes andere Phasenmodell verwendet werden könnte.

Phase (Tätigkeit)	Ergebnis	Abstraktionsebene
Anforderungsanalyse	Beschreibung der organisatorischen (fachlichen) Komponenten und Zusammenhänge, losgelöst von Implementierungsaspekten	Organisationsmodell
Fachentwurf	Beschreibung der zu automatisierenden fachlichen Komponenten und Zusammenhänge sowie deren Interaktionen mit der Außenwelt (Benutzerschnittstellen usw.)	Anwendungsmodell
DV-Entwurf	Beschreibung der programmtechnischen Komponenten und Zusammenhänge (Daten-, Programmstrukturen usw.)	Implementierungsmodell
Implementierung	Realisierung der Beschreibungen des DV-Entwurfs in Form von Programmen, Datenbanken usw.	Anwendungssystem

Abb. 1.1: Vorgehensmodell zur Software-Entwicklung

1.3 Formen des Software-Reengineering

Da ein Anwendungssystem auf jeder der oben dargestellten Abstraktionsebenen eine spezifische Ausprägung besitzen kann, können Software-Reengineering-Maßnahmen grundsätzlich auf einer beliebigen Ebene aufsetzen, um eine alte (Ausgangssystem) in eine neue (Zielsystem) Systemrepräsentation derselben oder einer anderen Ebene zu überführen. Werden existierende Strukturen neuen Gegebenheiten oder Bedürfnissen angepaßt, wird also das Ausgangs- in ein Zielsystem derselben Ebene transformiert, spricht man von Restrukturierung. Befinden sich dagegen Ausgangs- und Zielsystem auf unterschiedlichen Ebenen, verwendet man den Begriff Redesign bzw. Reverse-Engineering [Lano/94, S. 5]. Tätigkeiten der Restrukturierung, des Redesigns und auch solche, die bei der Systemneuentwicklung anfallen, werden bei komplexeren Reengineering-Prozessen kombiniert,[3] was dann zum Zusammenhang in Abb. 1.2 führt, bei der die Kreise die möglichen Repräsentationen eines Anwendungssystems darstellen.

Der Reengineering-Zyklus teilt sich in die zwei Hauptbereiche Forward-Engineering und Reverse-Engineering [Richter/92, S. 128 ff.]. Der Forward-Engineering-Bereich beinhaltet alle Arbeitsschritte, die auch bei einer Neuentwicklung anfallen, während Reverse-Engineering alle Aktivitäten umfaßt, die aus vorhandenen Strukturen den Informationsgehalt höherer Abstraktionsebenen extrahieren und in einer eigenen Repräsentation darstellen. Aus Abb. 1.2 wird ebenfalls deutlich, daß sich Reengineering-Prozesse über mehrere Abstraktionsebenen als Zwischenstufen erstrecken können. Eine Restrukturierung auf der Anwendungssystemebene muß z.B. nicht unmittelbar zu einer geänderten Version auf derselben Ebene führen; es kann auch zuerst eine Redesign-Maßnahme durchgeführt werden, um ein Implementierungsmodell zu erhalten, das dann in einem zweiten Schritt zu einem restrukturierten Anwendungssystem implementiert wird. Ebenso kann ein Redesign-Prozeß erst eine Restrukturierung des Ausgangssystems voraussetzen.

Innerhalb dieser Arbeit wird Reengineering als Oberbegriff für die anderen dargestellten Formen verwendet. Dies widerspricht der Definition von Chikofsky [Chikofsky/90, S. 15 f.], bei der Reengineering als eigenständige Form beschrieben wird, die aus der Folge von Reverse-Engineering und Forward-Engineering bzw. Restrukturierung besteht und zur Implementierung eines neuen Software-Systems führt. Reengineering wird jedoch zunehmend - wie in dieser Arbeit - in der Praxis, aber auch in Veröffentlichungen [Bischoff/92, S. 125, McClure/92, S. 23 f., Richter/92, S. 128] als generalisierter Begriff verwendet.

---

3   Welche konkrete Maßnahme oder welches Maßnahmenbündel angewendet wird, hängt ausschließlich von der Zielsetzung eines Reengineering-Prozesses ab. Dazu zählt i.allg. die Effizienzverbesserung bei Wartung (Fehlerbehebung, Funktionserweiterung, Systemintegration und Migration) sowie Neuentwicklung bestehender Anwendungssysteme. Darüber hinaus können jedoch auch noch weitere Ziele existieren, wie z.B. Reengineering zur Informationsgewinnung beim Aufbau von Unternehmensmodellen (unternehmensweites Daten- bzw. Funktionsmodell).

Abstraktionsebenen			
Organisations- modell	Anwendungs- modell	Implementierungs- modell	Anwendungs- system

Forward-Engineering

Anforderungsanalyse   Fachentwurf   DV-Entwurf   Implementierung   Überführung

Restruk-
turierung   Restruk-
turierung   Restruk-
turierung   Restruk-
turierung

Redesign   Redesign   Redesign

Reverse-Engineering

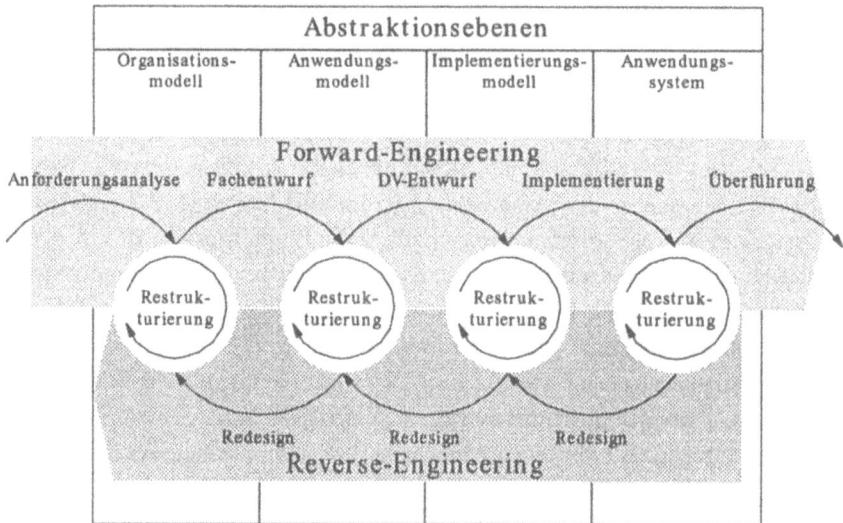

Abb. 1.2: Reengineering-Zyklus

1.4 Software-Engineering und Software-Reengineering

Aus der Darstellung des Reengineering-Zyklus' wird ersichtlich, daß Software-Engineering und -Reengineering auf derselben methodischen Basis definiert werden können. Beachtet man darüber hinaus auch, daß häufig das Wissen um fachliche Zusammenhänge durch den zunehmenden DV-Einsatz verlorengegangen ist[4] und daß Neuentwicklungen meistens nicht auf der "grünen Wiese" beginnen, sondern mit bestehenden Anwendungssystemen integriert werden müssen, so ergibt es sich zwangsläufig, daß Reengineering-Maßnahmen bereits heute Bestandteil eines "normalen" Software-Entwicklungsprozesses sind.

Wäre es nicht konsequent, Reengineering weder als Voraussetzung noch als Ergänzung, sondern als festen Bestandteil von Software-Engineering zu betrachten? Um diese Frage zu beantworten, ist eine Rückbesinnung auf die grund-

---

[4] Bei hoher DV-Durchdringung sind mit zunehmender Tendenz dem einzelnen Sachbearbeiter die fachlichen Zusammenhänge nicht mehr geläufig und transparent, da immer mehr an Funktionalität durch die eingesetzten DV-Systeme übernommen und damit verdeckt wird. Somit ist es auch bei einer Neuentwicklung nicht mehr möglich, die fachlichen Strukturen in Form der "klassischen" Systemanalyse, d.h. als Kommunikationsprozeß zwischen Fachbereich und Systementwicklung, zu erheben.

legenden Intentionen erforderlich, die mit dem Begriff Software-Engineering verbunden sind. Entwicklungsprinzipien, Vorgehensmodelle und Beschrei-bungsmethoden - so massiv sie auch in den Vordergrund des Interesses gerückt sind - dürfen nicht zum Selbstzweck werden, sondern stellen Mittel dar, um Software-Entwicklung planbar und damit kalkulierbar zu machen. Fordert man darüber hinaus, daß Software als Investitionsgut zu betrachten ist, so kommt man nicht umhin, die Wirtschaftlichkeit als wichtigsten Maßstab bei der Ent-scheidung für oder gegen eine Entwicklung zu akzeptieren. Wichtigstes Ziel des Software-Engineering im betrieblichen Umfeld ist somit, die Wirtschaftlichkeit von Software-Investitionen zu gewährleisten. Setzt man dieses Ziel konsequent auf die einzusetzenden Methoden (Mittel) um, so müssen die Methoden zur Anwendung kommen, mit denen ein bestimmtes Ergebnis möglichst effizient erreicht wird.

Reengineering stellt dann - ebenso wie Neuaufnahme - eine Methode dar, um bei der Software-Entwicklung Informationsquellen zu erschließen und den Informa-tionsbedarf zu decken. Beide sind in Teilbereichen substituierbar, sie können sich aber auch ergänzen. Liegt eine Austauschbarkeit vor, so muß der jeweilige Aufwand zur Deckung des Informationsbedarfs als Entscheidungsgrundlage für die eine oder andere Methode herangezogen werden. Damit wird deutlich, daß Reengineering eine den anderen Methoden des Software-Engineering gleich-berechtigte Maßnahme ist. Reengineering bildet folglich einen festen Bestandteil von Software-Engineering.

1.5 Automatisierung des Software-Reengineering

Unter dem Begriff Computer-Aided-Software-Engineering" (CASE) sind in den letzten Jahren eine Vielzahl von DV-gestützten Werkzeugen zur Anwendungs-systementwicklung auf den Markt gekommen. Die meisten CASE-Produkte unterstützen die "traditionellen" Methoden der Software-Entwicklung (SA/SD, ERM, HIPO) in einer sehr weitgehenden und auch aufeinander abgestimmten Art und Weise (ICASE), so daß von dieser Seite einem effizienten praktischen Einsatz dieser Systeme nichts mehr im Wege steht. Die Software-Entwicklung durch die z.Zt. wichtigsten CASE-Systeme (AD/Cycle, PREDICT CASE, ADW, EXCELERATOR usw.) erfolgt ebenfalls mit Hilfe verschiedener Abstraktions-ebenen, d.h., ausgehend von der Erhebung und Modellierung fachlicher (organisatorischer) Zusammenhänge, wird über mehrere Abbildungsstufen hin-weg ein Programmsystem mehr oder weniger automatisiert realisiert. Neben dem originären Ziel der automatisierten Software-Entwicklung werden CASE-Systeme zunehmend zum Aufbau und zur Pflege von Unternehmensmodellen verwendet, welche die Voraussetzung für eine effektive Nutzung und Integration betrieblicher Informationsbestände bilden und denen darüber hinaus im gesamten organisatorischen Bereich eine zentrale Bedeutung zukommen wird.

Mit dem Begriff Computer-Aided-Software-Reengineering" (CARE) wird der Eindruck erweckt, daß der allgemeine Entwicklungsstand der verfügbaren DV-gestützten Werkzeuge für Reengineering mit dem des CASE-Bereichs vergleichbar ist. Das trifft jedoch nicht zu. Die DV-Unterstützung beim Reengineering beschränkt sich z.Zt. im wesentlichen auf folgende Maßnahmen [Wagner/91; Sneed/91, S. 2.1-2]:

• Sanierung von Programmkode: Dazu zählt die Ersetzung unstrukturierter Kontrollanweisungen durch Konstrukte der Strukturierten Programmierung, Beseitigung gemeinsamer Speicherbereiche (COMMON-Blöcke) durch explizite Parameterübergabe, Entfernung "toter" Kodestrecken usw.
• Nachdokumentation und graphische Aufbereitung von Programmen: Darstellung der Programmstrukturen mit Hilfe von Nassi-Shneiderman-, Datenfluß-, Datenstruktur-, Programmablauf- und Programmaufruf-Diagrammen, Erzeugung von Cross-Reference-Tabellen, tabellarischen Datenbeschreibungen, Gesamtbeschreibungen usw.
• Transformation in eine andere Programmiersprache: Umsetzung von FORTRAN in C, COBOL in eine 4GL-Sprache usw.

Angeboten werden diese Werkzeuge noch vielfach als Insellösungen, jedoch sind die CASE-Hersteller dabei, ihre Produkte um entsprechende Funktionalitäten zu ergänzen.[5] Über die dargestellten Maßnahmen hinaus, z.B. in Richtung Reverse-Engineering, existieren nur noch vereinzelte - oft sehr allgemein gehaltende - Lösungsansätze, die nur in seltenen Fällen durch Werkzeuge unterstützt werden [Boetticher/91; Dörfel/91, S. 6.1-4].

Allgemein kann man feststellen, daß für die vorhandenen Reengineering-Ansätze bisher keine allgemein akzeptierte methodische Grundlage existiert, sondern daß es sich bei den einzelnen Maßnahmen um jeweils spezielle Lösungstechniken handelt. Aus dieser unzureichenden methodischen Durchdringung der Reengineering-Problematik erklärt sich auch die im Verhältnis zu anderen

---

[5]   Der große Vorteil einer Integration von Reengineering-Funktionen in CASE-Systeme liegt in der Übernahme bestimmter Objekte (Daten, Masken, Funktionen) aus den Altsystemen in die zentralen CASE-Entwicklungsdatenbanken (repositories) und der damit verbundenen Möglichkeit zur Weiterbearbeitung.

Entwicklungsmethoden spärliche Rechnerunterstützung, die darüber hinaus vielfach nur Insellösungen darstellt. Damit bestätigt sich die Aussage, daß ein Werkzeug nie besser sein kann als die zugrundeliegende Methode.

2. Kapitel

Entwicklungsstand des Software-Reengineering

In der aktuellen Diskussion ist der Begriff des Software-Reengineering sehr eng mit zwei weiteren Begriffen, denen der Software-Wiederverwendbarkeit (software reusability) und Software-Wartung (software maintenance), verknüpft [Biggerstaff/89b; Richter/92; McClure/92]. In entsprechenden Veröffentlichungen sind oft begriffliche Abgrenzungen bzw. Zuordnungen entweder als eigener Publikationsgegenstand oder als Grundlage weitergehender Ausführungen enthalten; es fällt jedoch auf, daß die definitorischen Festlegungen von Autor zu Autor sehr unterschiedlich sein können und daß in der historischen Entwicklung eine breit akzeptierte Verschiebung bei den Abgrenzungen der Begriffe eingetreten ist, die sich vermutlich noch fortsetzen wird. Ursprünglich wurde Software-Reengineering zum einen als Teilaspekt von Software-Wieder-verwendbarkeit in Form der Mehrfachnutzung von Design-Komponenten (reuse of design), verbunden mit der Offenlegung dieser Strukturen (design recovery), und zum anderen als Teilaspekt von Software-Wartung als Hilfsmittel zur Programm-Nachdokumentation und -restrukturierung eingeordnet. Neuere definitorische Abgrenzungen lassen deutlich erkennen, daß Reengineering auf dem besten Weg ist, als Sammelbegriff für Software-Wartung [McClure/92, S. 23 f.] und zunehmend auch für Software-Wiederverwendbarkeit [Richter/92, S. 128 f.] etabliert zu werden. Dies schließt auch Managementaspekte wie Konfi-gurations- und Änderungsmanagement (change/configuration management) und Anwendungssystemmanagement sowie Automatisierungsmöglichkeiten (CASE, repository) mit ein.[1]

Trotz dieser Tendenz, den Reengineering-Begriff in seiner Bedeutung immer mehr auszuweiten, tritt auch bei neueren Publikationen - sobald konkrete Pro-blemstellungen und -lösungen behandelt werden - der originäre instrumentelle Charakter von Reengineering im Hinblick auf Software-Wartung wieder in den Vordergrund.

---

[1] Die zunehmende Beliebtheit des Begriffs Software-Reengineering ist auf die - wohl beabsichtigte - phonetische Verwandtschaft mit dem Begriff Software-Engineering zurückzuführen, der sich in der gesamten DV-Welt mit breit akzeptierten positiven Implikationen durchgesetzt hat. Die allgemeine Erwartung - insbesondere von Soft-ware-Anbietern - ist nun, daß sich dieses positive Image auf Reengineering überträgt und zu entsprechend guten Vermarktungschancen führt.

2.1 Software-Wartung und Software-Reengineering

Die in der Einleitung dargestellte Wartungsproblematik produktiv eingesetzter Programmsysteme ist heute wohl die bedeutendste Herausforderung des praktischen Informationsmanagements. Wird von den meisten Anwendern ein aktives Planen, Steuern und Kontrollieren des Software-Erstellungs- und -Einführungsprozesses mit Hilfe von Methoden und Werkzeugen des Software-Engineering anerkannt und aktiv angestrebt bzw. betrieben, so ist bei der zeitlich sich anschließenden Software-Wartung eher ein reaktives Verhalten statt eines aktiven Verhaltens zu beobachten.[2] Von der durch namhafte Experten aus Wissenschaft und Praxis aufgestellten Forderung nach einem aktiven Anwendungssystemmanagement über den gesamten Lebenszyklus eines Software-Produktes [Heinrich/88, S. 149 ff.] ist man heute in der DV-Realität noch weit entfernt. Aktives Handeln in den Phasen der Systemnutzung, d.h. bei Wartung und Ersetzung bzw. Aussonderung von Anwendungssystemen, ist jedoch die Voraussetzung, den sich ständig erhöhenden Bedarf an Wartungsressourcen zu Lasten der Neuentwicklung begrenzen zu können.

Maßgebliche Einflußgröße für den Wartungsaufwand ist neben der personellen, organisatorischen und technischen Wartungsumgebung die Wartbarkeitseignung der zu betreuenden Software-Systeme.[3] Wartbarkeit setzt sich zum einen aus den Wartungsanforderungen, d.h. Anzahl und zeitliche Verteilung, mit denen Wartungsfälle auftreten, und zum anderen aus der Wartungsfreundlichkeit des Software-Produktes zusammen. Der Eintritt eines Wartungsfalls ist abhängig von einer von außen determinierten Änderungsdynamik der Produktionsumgebung (Änderung fachlicher und technischer Anforderungen) und der dem Software-Produkt inhärenten Qualität hinsichtlich Fehlerfreiheit, funktionaler Vollständigkeit, Zuverlässigkeit, Robustheit und Flexibilität. Wartungsfreundlichkeit als zweite Komponente der Wartbarkeit ist die Eignung der Soft-

---

[2] Aktivitäten wie Fehlerbehebung, Anpassung an neue fachliche und technische Gegebenheiten oder das Ersetzen bzw. Aussondern von Anwendungssystemen werden von den DV-Zuständigen meistens erst dann in Angriff genommen, wenn konkrete, unausweichbare Anforderungen vorliegen.

[3] Wartung beschränkt sich im folgenden nicht nur auf Programmquellen, sondern umfaßt zusätzlich die Aktualisierung und Fortschreibung der gesamten Programmdokumentation, die zum Betrieb und für zukünftige Wartungsmaßnahmen notwendig sind [Sneed/91 S. 36], sowie auch die Änderungen angrenzender eigenständiger Software-Systeme und des organisatorischen Umfeldes, in das die Software eingebettet ist.

ware, aufgrund ihrer qualitativen und quantitativen Beschreibungsformen den zur Durchführung einer Wartungsmaßnahme[4] notwendigen Aufwand gering zu halten [Asam/86, S. 91]. Eine Wartungsmaßnahme läßt sich in folgende, ggf. auch iterativ durchführbare Arbeitsschritte aufteilen:

- Analysieren: Ausgehend von der Wartungsanforderung, müssen die betreffenden Stellen innerhalb des Software-Systems lokalisiert und die notwendigen Änderungen festgelegt werden. Dabei sind auch die Auswirkungen auf andere Systembestandteile[5] zu untersuchen und die notwendigen Folgeänderungen zu bestimmen; dieser Prozeß wird solange wiederholt, bis keine weiteren Seiteneffekte mehr vorhanden sind. Auf der Grundlage der notwendigen Wartungsarbeiten kann eine Abschätzung der weiteren Schritte vorgenommen und ins Verhältnis zum Nutzen der Wartungsanforderung gesetzt werden, so daß es möglich ist, über die Fortsetzung der Arbeiten nach wirtschaftlichen Kriterien zu entscheiden.

- Ändern: Sind die Änderungsmaßnahmen aufgrund des Analyseschrittes festgelegt, müssen sie konkret umgesetzt werden. Wesentlich dabei ist, daß die Änderungen fehlerfrei durchgeführt und auch keine Modifikationen von nicht zu ändernden Systemteilen mittelbar bewirkt werden. Um die zukünftige Wartbarkeit des Gesamtsystems nicht zu verschlechtern, ist ebenfalls sicherzustellen, daß durch die Wartungsaufgabe nicht die Systemarchitektur verzerrt, überlagert oder sogar zerstört wird[6] und daß die übrigen Software-Qualitätsmerkmale nicht negativ verändert werden. Bei der Durchführung der Änderungen wird man in vielen Fällen inkrementell vorgehen, d.h., eine unabhängige Teiländerung wird komplett realisiert und anschließend geprüft/getestet und ggf. auch bereits überführt, bevor mit der nächsten begonnen wird. Diese Vorgehensweise ist gemäß

---

[4] Wartungsmaßnahme wird hier als Sammelbegriff für Fehlerbehebung, Erweiterung, Anpassung und Optimierung verwendet.

[5] Hierzu zählen nicht nur Änderungen in anderen Quellprogrammteilen, sondern auch Auswirkungen auf die gesamte Systemdokumentation, andere in Verbindung stehende Software-Systeme, vorhandene Datenbestände und die organisatorische Umgebung (Benutzer, Arbeitsabläufe und Hilfsmittel).

[6] Bei Änderungsmaßnahmen kann es unter bestimmten Umständen sinnvoll sein, die Gesamtstruktur der Systemarchitektur zu ändern. Solange dies - ausreichend dokumentiert - komplett und konsistent erfolgt, ist es nicht zu verwerfen. Sobald jedoch bewußt oder auch unbewußt Bestandteile, die nach anderen Kriterien als dem Ausgangssystem strukturiert sind, in das System eingefügt werden, wird dieses zunehmend fragil und immer aufwendiger zu warten.

dem Lokalitätsprinzip des Software-Engineering grundsätzlich positiv ein-
zustufen, jedoch darf sie nicht mit einem Trial-and-error-Vorgehen, bei dem
die Folgewirkungen von Veränderungen nicht im voraus zu überblicken
sind, verwechselt werden. Bei Änderung eines Produktionssystems sind
auch die Auswirkungen auf bestehende Datenbestände und Schnittstellen
zu anderen Systemen hin zu beachten.

- Prüfen/Testen: Prüfen beinhaltet die formale und logische Überprüfung der
statischen Software-Bestandteile, während Testen das Verhalten beim
Systemablauf zum Inhalt hat. Die Einhaltung der Qualitätsvorgaben und
die vollständige Umsetzung der Änderungsaufgaben können in Form von
automatischen Verfahren zur Qualitätssicherung und mit Hilfe von
manuellen Verfahren wie "Reviews" und Inspektionen durchgeführt werden.[7] Das Testen der Änderungen besteht aus der Erstellung von Testdaten,
der Testdurchführung und der Auswertung der Ergebnisse. Wird der Test
nur auf die geänderten Systemteile bezogen, so ist der Aufwand verhältnismäßig gering. Dies birgt jedoch die Gefahr, daß nicht erkannte Fernwir-
kungen von Änderungen auch im Test unentdeckt bleiben. Besser wäre in
diesem Fall ein Gesamttest wie bei einer Neuentwicklung, was oft nur wirtschaftlich zu vertreten ist, wenn man auf eine während der Systementwicklung vorgenommene Formalisierung und Automatisierung des Testablaufs
aufsetzen kann.

- Überführen: Nachdem die Änderung durchgeführt und geprüft wurde, muß
die Übertragung aus der Wartungs- in die Produktionsumgebung erfolgen.
Dazu ist es notwendig, daß das ggf. noch in Produktion befindliche ungeän-
derte System entfernt und die Produktionsumgebung angepaßt wird, d.h.
Anpassung der betroffenen Datenbestände, Schnittstellen zu anderen
Systemen und Organisation des Anwendungsbereiches und des Rechen-
betriebs. Zuvor sollte jedoch eine Sicherungs- und Katastrophenplanung
vorgenommen werden, die angemessene Korrektur- und Rücksetzungsmaß-
nahmen ermöglicht. Der Abschluß der Überführung wird durch die fachliche Verantwortungsübernahme durch den Anwender und die technische
durch den Rechenbetrieb markiert.

---

[7] Diese Prüfmethoden entsprechen denen, die auch bei der Software-Entwicklung eingesetzt werden, jedoch sind manuelle Verfahren bei der Wartung wesentlich aufwendiger als bei der Neuentwicklung, da außer dem betreffenden Wartungsingenieur oft
keine weiteren Personen Kenntnisse über das System besitzen. Häufig werden daher
bei der Wartung die Prüfungen und Tests aus kurzfristigen "praktischen" Gesichts-
punkten auf ein Mindestmaß reduziert oder sogar ignoriert.

Die ersten drei Wartungsschritte setzen direkt auf den verschiedenen Repräsentationsformen des Software-Systems auf und werden in ihrem Aufwand unmittelbar durch dessen Wartungsfreundlichkeit beeinflußt. Von zentraler Bedeutung ist dabei die Erkenntnis, daß die Verständlichkeit (kognitive Komplexität)
der Software-Strukturen[8] das wichtigste Aufwandskriterium bei der Durchführung von Wartungsarbeiten ist.[9] Folgende Eigenschaften des Software-Systems
sind für dessen Verständlichkeit ausschlaggebend:

• Verfügbarkeit aller relevanten Systeminformationen: Dazu zählt die Vollständigkeit der programmtechnischen, benutzerspezifischen und organisatorischen Dokumentationen, wobei es unerheblich ist, ob die Beschreibungen physisch vorliegen oder ob sie ohne großen zeitlichen und kostenmäßi-
  gen Aufwand hergestellt (generiert) werden können.

• Eignung der verfügbaren Systembeschreibungen in bezug auf die jeweilige
  Wartungsaufgabe: Dazu zählen die Aktualität, Beschreibungsform (textlich,
  tabellarisch, graphisch usw.) und -qualität. Für die Beschreibungsqualität
  werden in der Literatur eine Reihe allgemeingültiger Merkmale genannt
  wie selbstbeschreibend, einfach, konsistent, strukturiert, einheitlich
  [Asam/86, S. 98 ff.].

Da bei vielen Wartungsaufgaben die benötigte Systemdokumentation nur unvollständig oder überhaupt nicht vorliegt und auch die Eignung vorhandener Unter-

---

[8] Verständlichkeit im Sinne von Effizienz, mit der die Komponenten und Beziehungen
des Software-Systems vom Wartungspersonal auf der Basis von Programmquellen
und Systemdokumentationen verstanden werden können.

[9] Der Wartungsaufwand verteilt sich auf "Verstehen des Programms" zu 47%, "Durchführen der Änderung" zu 25% und "Testen der Änderung" zu 28% [McClure/92, S. 36],
dabei ist noch nicht berücksichtigt, daß auch das Durchführen und Testen von Änderungen durch die Programmverständlichkeit im Aufwand signifikant beeinflußt wird.

lagen oft sehr eingeschränkt ist, versucht man insbesondere in der Praxis,[10] Methoden und Werkzeuge zu entwickeln, um diese Mängel zu beseitigen und damit den bisher notwendigen Wartungsaufwand drastisch zu reduzieren. Teilt man nun die Methoden und Werkzeuge nach den genannten Kriterien, so können folgende Klassen unterschieden werden:

- Methoden und Werkzeuge, um die Vollständigkeit und Eignung der vorhandenen Systeminformationen zu beurteilen, z.B. Kennzahlen, Metriken, Checklisten.
- Methoden und Werkzeuge, um die Vollständigkeit der Systeminformationen zu erreichen, z.B. Nachdokumentation.
- Methoden und Werkzeuge, um die Eignung der Systeminformationen zu erhöhen, z.B. Transformation von Beschreibungen.

Diese Methoden und Werkzeuge haben gemeinsam, daß sie auf vorhandenen Informationen über das Software-System aufsetzen und aus diesen neue Sichten und Darstellungen erzeugen. Über eine Verbesserung der Systemdokumentation hinaus können sie auch bei bestimmten Wartungsmaßnahmen unmittelbar zur Durchführung des Änderungsschrittes eingesetzt werden. Dies gilt insbesondere für die Anpassung von Programmen an andere DV-technische Gegebenheiten[11] (moderne Benutzeroberflächen, andere Programmiersprachen, neue Systemsoftware-Umgebungen usw.), bei denen ebenfalls aus einer bestehenden eine neue Systemrepräsentation erzeugt wird. In Anbetracht der aktuellen und noch drastisch wachsenden zukünftigen Bedeutung der Wartung - verbunden mit außergewöhnlich attraktiven Marktchancen für Anbieter in diesem Bereich - lag es

---

[10] Im wissenschaftlichen Bereich hat die Auseinandersetzung mit der Wartungsproblematik bei weitem nicht den Stellenwert wie in der Praxis. Dies läßt sich zum einen darauf zurückführen, daß im Hochschulbereich normalerweise nicht so viele umfangreiche DV-Systeme eingesetzt werden, deren reibungsloser Betrieb zur Aufrechterhaltung der lfd. Forschung und Lehre unbedingt notwendig ist. Ergeben sich aufwendigere Wartungsarbeiten, so werden die Altsysteme durch Neuentwicklungen ersetzt, zumal i.d.R. auch die Entwicklungskapazitäten vorhanden sind. Da somit das Erfahrungsobjekt fehlt, dürfte die Sensitivität für diese Problemstellung nicht so hoch sein wie in der Praxis. Zum anderen setzt eine systematische Bearbeitung des Wartungskomplexes neben theoretischen vor allem auch praktische Kenntnisse sowohl in der alten als auch in der neuen DV-Welt voraus, was durch die Novität und hohe Änderungsdynamik der Disziplin Informatik nur selten anzutreffen ist.

[11] Die Anpassung eines Programms an andere Basistechnologien wird auch als Migration bezeichnet.

nahe, diese Methoden und Werkzeuge unter einen gemeinsamen marketing-
wirksamen Begriff, den des Reengineering, zu subsumieren.

2.2 Software-Wiederverwendung und Software-Reengineering

Nach Biggerstaff und Perlis [Biggerstaff/89b, S. XV] liegt Software-Wiederverwendung vor, wenn das Wissen oder Wissensteile über ein System zur Verringerung des Entwicklungs- und Wartungsaufwands wieder bei einem anderen ähnlichen System eingesetzt werden. Sie ist somit keine primäre Aufgabe innerhalb
des Software-Lebenszyklus', sondern es handelt sich um Methoden und Werkzeuge (Hilfsmittel) zur Unterstützung von Neuentwicklung und Wartung von
Software-Systemen. Dabei wird unterstellt, daß durch Mehrfachnutzung von
Systemteilen der Entwicklungsaufwand, der meist höher ist als bei Einmalnut-
zung, nur einmal entsteht und anschließend der Aufwand zum Wiederauffinden
und Anpassen relativ gering ist, so daß insgesamt der Erstellungsaufwand bezogen auf eine Nutzungseinheit drastisch sinkt. Durch den höheren Entwicklungsaufwand - und damit verbunden die gesteigerte Programmqualität - sinkt die
Anzahl der Programmfehler, die auch wesentlich schneller erkannt werden und
so in ihren Folgewirkungen beschränkt bleiben. Bei einem hohen Wiederverwen-
dungsgrad ist daher auch mit einer wesentlichen Reduzierung des Wartungsaufwands zu rechnen.[12]

Software-Wiederverwendung im engeren Sinne beschränkt sich auf die Mehrfachnutzung von Programmquellen (reuse of code). Sie ist seit Beginn der
Datenverarbeitung in Form von Unterprogrammbibliotheken bekannt und bis
heute Gegenstand umfangreicher Entwicklungsanstrengungen, z.B. die Klas-
senhierarchien objektorientierter Programmiersprachen. Wird der Begriff weiter
gefaßt, so beinhaltet er alle Informationen, die zu einem Software-System vorhanden sind (reuse of design), d.h. Informationen über fachliche, anwendungs-
system- und programmsystem-bezogene Strukturen. Insbesondere dieser erweiterten Art der Wiederverwendung wird ein großes Potential zur Steigerung der
Entwicklungs- und Wartungsproduktivität sowie Software-Qualität vorausge-
sagt [Biggerstaff/89c, S. 9 f.], sofern u.a. geeignete Repräsentationsformen für
Design-Informationen verfügbar sind. Grundsätzlich sind folgende Arten der
Software-Wiederverwendung zu unterscheiden [Endres/88]:

---

[12] Empirische Untersuchungen und Prognosen schätzen den möglichen Grad der Software-Wiederverwendung auf 30 bis 60% des gesamten Programmkodeumfangs
[McClure/92, S. 227].

- Programmportierung: Bei ihr werden Programme ohne Quellkode-Modifikation von einem zum anderen Rechnersystem übertragen. Dies setzt weitgehend standardisierte Umgebungen, z.B. SAA- oder UNIX-Systeme, und strikte Einhaltung der entsprechenden Richtlinien bei der Programmierung, z.B. keine Nutzung systemspezifischer Besonderheiten und Verwendung standardisierter Sprachen wie COBOL und SQL, voraus.

- Programmadaptierung: Bei ihr werden während der Programmentwicklung bereits Möglichkeiten vorgesehen, die Funktionalität ohne großen Aufwand spezifischen Gegebenheiten anzupassen. Je geringer der Anpassungsaufwand, um so wirtschaftlicher ist die Programmadaptierung im Verhältnis zur Neuentwicklung. Maßnahmen zur Adaption sind tabellen- oder parametergesteuerte Abläufe bzw. Funktionalitäten sowie dezidierte Programmtextteile, die anwendungsspezifisch programmiert werden können (user exit). Diese Wiederverwendungsart ist besonders häufig bei Anwendungsstandardsoftware anzutreffen, z.B. bei Finanzbuchhaltungs-, Lohnabrechnungs- und Auftragsbearbeitungssystemen.

- Generierungstechnik: Bei ihr werden auf der Grundlage von Schablonen, Rahmen oder allgemein standardisierten Informationsstrukturen sowie anwendungsspezifischen Zusatzinformationen mit Hilfe von Generatoren Programme erzeugt.

- Baukastentechnik: Hier werden in sich abgeschlossene Einheiten (Unterprogramme, Objekte) durch geeignete Kompositionstechniken zu größeren Einheiten zusammengesetzt, bis vollständige Programme entstanden sind.

Wiederverwendung ist Standardisierung von komplexen Komponenten und weist damit auch alle Vor- und Nachteile sowie Hindernisgründe auf, die mit Standards verbunden sind. Je häufiger eine Komponente eingesetzt werden soll, um so allgemeiner (abstrakter) muß sie spezifiziert sein und um so schwieriger ist sie zu verstehen und anzupassen. Mit zunehmender Verallgemeinerung von Standardkomponenten steigt auch der "Overhead" an Funktionalität, der bei einer spezifischen Nutzung nicht benötigt wird, verbunden mit den Nachteilen Unübersichtlichkeit, Leistungseinbußen und Akzeptanzbarrieren. Weiterhin hinken Standards im Informatikbereich oft neuen Entwicklungsrichtungen und aktuellen Erfahrungswerten hinterher, so daß sie leicht als veraltet beiseite geschoben werden. Dieser nicht vollständigen Aufzählung von Nachteilen steht ein großes Potential an Einsparungen bei Entwicklung, Test und Wartung von Software gegenüber.

Vergleicht man den Zusammenhang zwischen Software-Wiederverwendung und Reengineering, so wird deutlich, daß beide die Erhöhung der Produktivität von Neuentwicklung und Wartung zum Ziel haben. Mittels Reengineering werden aus bestehenden Systemen wiederverwendbare Teile erkannt, extrahiert und einer erneuten Nutzung verfügbar gemacht, ohne daß damit Bedingungen an Systemkomponenten und -strukturen verbunden sind (ungeplante Wiederverwendung). Software-Wiederverwendung geht davon aus, daß vor der Entwicklung eines Programms die mehrfach verwendbaren Teile bereits standardisiert vorliegen und zum Aufbau des Systems verwendet werden (geplante Wiederverwendung). Damit ist die Abgrenzung offensichtlich; Reengineering ist von seinem Charakter her eine Erhebungsmethode, während Wiederverwendung eine Konstruktionsmethode darstellt, was jedoch auch einschließt, daß Reengineering zur Identifikation wiederverwendbarer Systemteile eingesetzt werden kann und die Verwendung von standardisierten Komponenten aufgrund ihres Formalismus' die Effizienz der Durchführung einer Reengineering-Maßnahme sehr positiv beeinflussen kann.

2.3 Abgrenzung und Teilbereiche des Software-Reengineering

Wie aus den vorangegangenen Abschnitten ersichtlich, spielt Reengineering als Mittel zur Verbesserung des Wartungsprozesses und Erhöhung der Software-Produktqualität mit Hilfe von entsprechenden Methoden und Werkzeugen eine zentrale Rolle. Ebenso ermöglicht es eine Produktivitätssteigerung bei der Entwicklung neuer Anwendungen durch das Erkennen und Bereitstellen wiederverwendbarer Teile existierender Systeme. Nach McClure [McClure/92, S. 23 f.] versteht man folglich unter Reengineering die Analyse und Modifikation existierender Software-Systeme unter Verwendung automatisierter Werkzeuge, um deren Wartbarkeit zu verbessern, sie neuen Technologien anzupassen, ihre potentielle Einsatzdauer zu verlängern, die Wartungsproduktivität zu erhöhen sowie deren Komponenten und Strukturen in einer Entwicklungsdatenbank (repository) zu erfassen und zu verwalten. Dabei vertritt die Autorin die Auffassung, daß der Einsatz von Werkzeugen ein wesentliches Merkmal für Reengineering ist. Die unterschiedlichen Methoden und Werkzeuge des Reengineering können ergebnisorientiert in folgende Teilgebiete aufgeteilt werden [McClure/92, S. 25 ff.]:

- Programmanalyse: Untersuchung existierender Programmsysteme, um qualitative und quantitative Aussagen über deren Komponenten und Strukturen, Arbeitsweise und Wartbarkeit treffen zu können. Als Hilfsmittel können dabei automatische Programmanalysatoren (data/logic tracers,

cross-references), Systeme zur Generierung von Metriken (program standards monitors,   program quality analyzers,   program complexity checkers)
sowie auch allgemeine Testwerkzeuge (test data generators, test coverage
analyzers, regression testers, debuggers, comparers) eingesetzt werden.

• Programmrestrukturierung: Transformation der Software-Repräsentationsform (z.B. Datennamen, Definitionen und Quellkode) ohne Veränderung der
Funktionalität, um die Programmqualität (z.B. Verständlichkeit) zu erhöhen oder Programme an andere oft neue Basistechnologien (z.B. Programmiersprachen, Systemsoftware und Benutzeroberflächen) anzupassen. Als
Hilfsmittel können dabei automatische Restrukturierer (process logic
restructures, data names and definition standardizers, reformatters/ beauti-
fiers), allgemeine Nachdokumentationswerkzeuge (cross-references, pretty
printers, diagram generators) sowie Transformatoren/Konverter (Sprach-
konverter) eingesetzt werden.

• Programm-Reverse-Engineering: Transformation (Rekonstruktion) der Software-Repräsentationsform von der Ebene des Programmkodes auf eine
höhere Abstraktionsebene - meist die Designebene -, um Programmsysteme
nachzudokumentieren und damit die Verständlichkeit zu erhöhen. Als
Hilfsmittel können dabei automatische Reverse-Engineering-Werkzeuge
(data reverse engineering,   process logic reverse engineering)   eingesetzt
werden.

Eine weitere Werkzeuggruppe, die zur Unterstützung des Änderungs-/Konfigu-
rationsmanagements dient (change controll managers, library managers, system
builders), ist teilgebietsübergreifend einsetzbar. Auch besitzt die dargestellte
Aufteilung nur klassifizierenden Charakter für die folgenden Ausführungen; bei
Durchführung konkreter Reengineering-Vorhaben werden meist Ergebnisse aus
mehreren Teilgebieten benötigt, so daß hier die Methoden und Werkzeuge der
verschiedenen Bereiche ineinander übergehen.

2.4 Analyse von Programmsystemen

Grundlage jeder Reengineering-Maßnahme - aber auch jeder Wartungstätigkeit - ist die Analyse des Programmsystems, das als Ausgangsbasis bearbeitet werden soll. Grundsätzlich kann als Ziel einer Programmanalyse die Beantwortung folgender Fragestellungen von Interesse sein:

- Welche Güte besitzen die zu analysierenden Programme im Hinblick auf bestimmte Software-Qualitätskriterien, insbesondere Wartbarkeit?
- Welche Maßnahmen und - daraus abgeleitet - welcher Aufwand sind notwendig, um eine Reengineering-Maßnahme durchzuführen?

Um diese Fragen zu beantworten, muß ein Analysemodell aufgestellt werden, das bewertbare Zusammenhänge zwischen dem angestrebten Analyseziel und erhebbaren Einflußgrößen (Kenngrößen) des zu untersuchenden Software-Systems festlegt. Danach müssen die Kenngrößen (Informationen) erhoben werden; dies erfolgt im allgemeinen durch Messen von Systemverhalten und -strukturen, entweder durch Beobachten des Systems im laufenden Betrieb, Testen (Abschätzen) oder Simulieren (Prognostizieren). Mit Hilfe der modellierten Bewertungszusammenhänge erfolgt zum Abschluß die Aussage im Hinblick auf das Analyseziel. Bei der Analyse von Programmsystemen können folgende gegensätzliche Paare von Vorgehensweisen unterschieden werden:

- Intuitive und systematische Analyse: Eine intuitive Analyse ist interpersonell nicht nachvollziehbar und führt normalerweise zu qualitativen Aussagen über das System, während eine systematische Analyse nach festgelegten und allgemein akzeptierten Schritten durchgeführt wird, so daß eine interpersonelle Nachvollziehbarkeit und Diskursfähigkeit besteht.
- Verhaltens- oder strukturorientierte Analyse: Die verhaltensorientierte Analyse nutzt den Umstand, daß sich die interessierenden Systeme in der laufenden Produktion (Anwendung) befinden, somit ihr operatives Verhalten beobachtbar ist und entsprechende Aussagen getroffen werden können. Bei der strukturorientierten Analyse werden die Systeme in ihre Komponenten und Zusammenhänge zerlegt, um daraus relevante Aussagen ablei-

ten zu können.[13] Diese beiden Ansätze bezeichnet man auch als externe und interne Sicht auf das Analyseobjekt Programm.

- Formale und inhaltliche Analyse: Mittels formaler Analyse wird das Analyseobjekt auf Vollständigkeit, Korrektheit und Konsistenz insoweit geprüft, wie dies aufgrund seiner formalen Spezifikation (Syntax und auch Teile der Semantik) schematisch möglich ist. Sie wird oft automatisiert durchgeführt. Die inhaltliche Analyse prüft logische Sachverhalte, z.B. Korrektheit von Transaktionen, die nur durch Kenntnis der fachlichen Zusammenhänge durchgeführt werden können. Die Abgrenzung zwischen formaler und inhaltlicher Analyse ist fließend, da durch formale Spezifikation inhaltlicher Zusammenhänge auch diese formal geprüft werden können.

- Statische und dynamische Analyse: Statische Analysen berücksichtigen nicht den Faktor Zeit; d.h., entweder wird ein System zu einem festen Zeitpunkt t analysiert oder es werden nur zeitinvariante Aspekte betrachtet. Dynamische Analysen beziehen den Faktor Zeit mit ein, d.h., es wird die Veränderung (Ablauf) eines Systems innerhalb eines Zeitintervalls untersucht.

- Qualitative und quantitative Analyse: Qualitative Analysen führen zu Aussagen über nominal- oder ordinalskalierte Systemeigenschaften, während bei quantitativen Analysen kardinalskalierte Eigenschaften erhoben werden.

Welche Vorgehensweise bei einer Analyse verwendet wird, oder ob Vorgehensweisen kombiniert angewendet werden, ist aus der konkreten Fragestellung abzuleiten, die es zu beantworten gilt.

Grundsätzlich können alle Software-Qualitätsmerkmale wie Funktionserfüllung, Zuverlässigkeit, Zeit- und Verbrauchsverhalten, Benutzerfreundlichkeit sowie Wart- und Übertragbarkeit Gegenstand einer Programmanalyse sein, da bei all diesen Informationen auf der Basis bestehender Software-Systeme erhoben werden. Mit dem Thema Reengineering ist jedoch heute die Beurteilung der Wart-

---

[13] Beim Testen von Programmen findet man ähnliche Vorgehensweisen, die als "Black box"- (verhaltensorientiert) und "White box"-Verfahren (strukturorientiert) bezeichnet werden. Jedoch sind hier - im Gegensatz zur Analyse von Systemen im lfd. Betrieb - die Möglichkeiten des verhaltensorientierten Ansatzes sehr begrenzt, d.h., man ist beim Test auf die Eingabe und Untersuchung von "mehr oder weniger" Testfällen beschränkt, während im anderen Fall realistische Langzeitbetrachtungen einschließlich Integrationsgrad und Ressourcenbelastung (Laufzeiten, Antwortzeiten, Datenbestände) erhoben werden können.

und Übertragbarkeit eng verknüpft, so daß sich auch die folgenden Ausführungen darauf beschränken. Zu beachten ist jedoch, daß ein Teil der in diesem Zusammenhang dargestellten Methoden auch für den Einsatz bei anderen Qualitätsmerkmalen geeignet ist. Die Wart- und Übertragbarkeit - im weiteren nur als Wartbarkeit bezeichnet - setzt sich zusammen aus den Wartungsanforderungen, d.h. dem Eintritt von Wartungsfällen, und der Wartungsfreundlichkeit des Software-Produktes. Um Aussagen über den Eintritt von Wartungsfällen treffen zu können, bietet sich eine statistische Erfassung quantitativer Größen bei Wartungsfällen und deren Ursachen und Kosten an. Folgende Kennzahlen können u.a. erhoben und beurteilt werden:

- Anzahl der Systemabbrüche (ABENDs) und ihre Ursachen
- Anzahl der aufgetretenen Fehler innerhalb eines Zeitraums und ihre Ursachen
- Anzahl der Änderungswünsche innerhalb eines Zeitraums und ihre Ursachen
- Dauer und Kosten der Systemausfallzeiten aufgrund von Fehlern.

Um Aussagen über die Wartungsfreundlichkeit des Software-Produktes treffen zu können, ist ebenfalls eine verhaltensorientierte Analyse durchführbar, z.B. mittels Erhebung und Bewertung folgender Kennzahlen:

- Zeit- und Kostenaufwand zur Behebung von Fehlern
- Zeit- und Kostenaufwand zur Durchführung von Änderungswünschen
- persönliche Einschätzung des Wartungspersonals über die Wartungsfreundlichkeit der Software.

Eine weitere Möglichkeit, die Wartungsfreundlichkeit zu beurteilen, ist mittels des strukturorientierten Ansatzes möglich, d.h., die Komponenten und Beziehungen des Software-Systems werden auf ihre Wartungsfreundlichkeit untersucht. Gemäß Abschnitt 2.1 (vgl. S. 18) wird die Wartungsfreundlichkeit durch die Vollständigkeit der vorhandenen Systeminformationen und deren Repräsentationseignung im Hinblick auf die jeweilige Wartungsaufgabe bestimmt. Da die Wartungsaufgabe unterschiedlichste Aspekte eines Software-Systems betreffen kann, ist auch eine Vielzahl von Analysemöglichkeiten, -variationen und -kombinationen vorhanden, so daß erst bei Vorliegen einer spezifischen Fragestellung eine Aufstellung aller in Frage kommenden Analysemethoden vorgenommen werden kann. Es werden daher im folgenden eine Reihe wichtiger Analyseinhalte und -methoden dargestellt:

- Vollständigkeitsanalyse
- Konsistenzanalyse
- Zweckanalyse
- Bestandteilsanalyse
- Operationsanalyse
- Stilanalyse
- Komplexitätsanalyse.

Vollständigkeitsanalyse

Es wird untersucht, ob alle Entwicklungs-, Benutzungs- und Wartungsdokumente für das Software-System sowohl in der Breite als auch in der Tiefe vollständig vorliegen oder ohne nennenswerten zeitlichen und finanziellen Aufwand, z.B. aus einem Repository, erzeugt werden können. Vollständigkeit in der Breite kennzeichnet die Eigenschaft, daß für alle Entwicklungsschritte, wie Anforderungsanalyse, Fachentwurf, Programmdesign, -realisierung und -test, und alle Benutzungs- und Wartungszwecke, wie Einweisung, Anwendung, technische und organisatorische Einbindung in die laufende Produktion, die Dokumentationen zur Verfügung stehen. Vollständigkeit in der Tiefe charakterisiert die Eigenschaft, daß alle relevanten Komponenten (z.B. Funktionen, Daten) und Beziehungen (z.B. Aufbau und Ablauf) beschrieben sind.

Die gewünschten Aussagen können durch die Aufstellung von Listen über alle relevanten Systeminformationen und ihre Darstellungsformen sowie die anschließende Überprüfung der verfügbaren Dokumente getroffen werden.

Konsistenzanalyse

Die Konsistenz eines Software-Systems sagt aus, inwieweit die zugehörigen Systembeschreibungen in sich und auch untereinander widerspruchsfrei sind. Dazu zählt, ob innerhalb von Dokumentationen und Programmquellen falsche oder überflüssige Bestandteile, z.B. nicht erreichbare Anweisungsfolgen und nicht verwendete Datenstrukturen, sowie die Zuordnung zwischen Programmkomponenten und -beziehungen zu Strukturen auf höheren Abstraktionsebenen des Software-Entwicklungsprozesses, z.B. der Software-Designebene oder auch der Fachentwurfsebene, eindeutig sind. Eine in der Praxis häufig anzutreffende Inkonsistenz resultiert aus unterschiedlichen Aktualisierungsständen der verfügbaren Systembeschreibungen. Die Ursachen dafür finden sich in dem häufig sehr großen personellen Aufwand, alle Dokumentationen bei Programmände-

rungen fortzuschreiben, und einer unzulänglichen Qualitätssicherung.[14] Als
Konsequenz sind beim Wartungspersonal oft massive Aversionen gegen die Verwendung, aber auch Pflege von "Nichtprogramm"-Dokumentationen anzutreffen,
so daß mit jeder durchgeführten Programmänderung die Wartungsqualität des
Software-Systems sinkt. Im Zweifel ist daher nur ein um Unzulänglichkeiten
bereinigter Quellkode aktuell.

In der Praxis findet man zur Überwachung von Software-Produktständen
manuelle, aber auch werkzeuggestützte Versions-/Änderungsverwaltungen.
Umfassen diese alle Dokumente der Software-Entwicklung und -Wartung und
existiert auch eine ausreichend konsequente Qualitätssicherung, so kann die
Aktualität zwischen den Systemrepräsentationen verschiedener Abstraktionsebenen sehr einfach durch die in diesen Verwaltungen vorhandenen Informationen abgeleitet werden. Für den Fall, daß solche Informationen nicht verfügbar
sind, ist nur über einen Vergleich der Strukturen verschiedener Systembeschreibungen eine Aussage zu treffen. Diese Strukturvergleiche können sehr kompli-
ziert und aufwendig sein, da zuerst die Strukturen unterschiedlicher Beschreibungen herausgearbeitet, anschließend die Strukturen vergleichbar gemacht
und zum Schluß die Ergebnisse verglichen werden müssen. Erschwerend kommt
hinzu, daß zwischen den Beschreibungen verschiedener Abstraktionsebenen
keine eindeutigen Abbildungen existieren müssen. Zur Durchführung solcher
Analysen muß bei den einzelnen Arbeitsschritten auch auf Methoden der
Restrukturierung und des Reverse-Engineering zurückgegriffen werden.

Zweckanalyse

Im Rahmen von Wartungsarbeiten stellt sich immer wieder die Frage, welcher
Zweck (im Sinne von Aufgabe) mit bestimmten Programmen oder Programmteilen verfolgt wird. Normalerweise kann sie nur beantwortet werden, wenn für das
betreffende Analyseobjekt - ausgehend von festgelegten Anfangszuständen -
Ergebnisse ermittelt werden können (Input-Output-Analyse), aus denen dann
noch die spezifische Zweckbestimmung abgeleitet werden muß (Mittel/Zielbezie-
hung).

---

[14] Oft werden daher nur die unmittelbar betroffenen Stellen innerhalb eines Programms
geändert, ohne sowohl die Dokumente anderer Abstraktionsebenen als auch die übrigen Programmteile anzupassen. Dadurch schleichen sich in den Quellprogrammtext
eine Reihe von Unzulänglichkeiten ein, angefangen bei einer falschen und irreführen-

Der Zusammenhang zwischen Anfangszuständen und Ergebnissen kann durch die Aufstellung von Testdatenreihen und eine manuelle oder auch automatisierte Ausführung der Programmeinheiten ermittelt werden. Die Schlußfolgerungen von der Qualität und Struktur der Ergebnisse auf die Zweckbestimmung sind nur mit zusätzlichen Umfeldinformationen möglich und methodisch nicht allgemein festzulegen.

Bestandteilanalyse

Wurden bei den bisher dargestellten Analysearten das Software-System oder einzelne Untersysteme davon als Ganzes betrachtet, so werden bei einer Bestandteilanalyse einzelne Komponenten- und Beziehungstypen separat untersucht. Es handelt sich dabei um einen Abstraktionsprozeß, bei dem die interessierenden Bestandteile des Systems in den Vordergrund rücken, während alle anderen vernachlässigt werden. In Analogie zu systemanalytischen Vorgehensweisen in organisatorischen Bereichen kann man die Bestandteile in Elemente, Beziehungen und Dimensionen aufteilen und einzeln oder auch in Kombination analysieren [Schmidt/89, S. 84]. Eine grobe Klassifizierung der Bestandteile führt zu den verschiedenen Sichten auf ein Gesamtsystem, wie sie in Abb. 2.1 dargestellt sind.

---

den Kommentierung über unklare Strukturen bis hin zu redundanten, überflüssigen oder fehlerhaften Programmteilen.

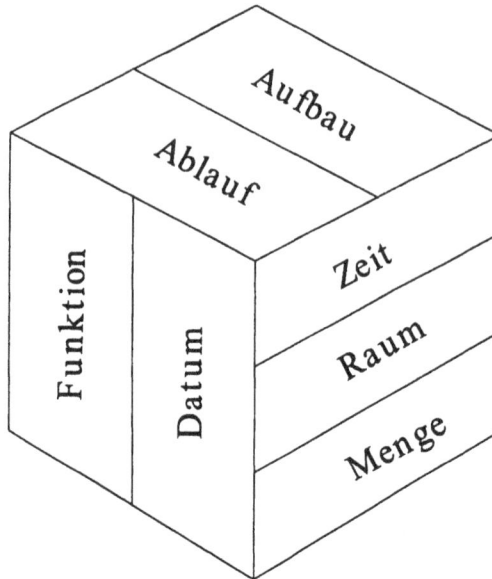

Abb. 2.1: Sichten auf ein Software-System

Funktionen und Daten bilden in einem Software-System die zentralen Elemente, die jeweils isoliert, aber auch kombiniert in ihren Aufbau- und Ablaufbeziehungen betrachtet werden können. Die Dimensionen Zeit (statische oder dynamische Betrachtung), Raum (zentralisierte oder verteilte Betrachtung) und Menge (qualitative und quantitative Betrachtung) sind ebenfalls mit einzubeziehen.[15] Die in diesem Würfel dargestellten verallgemeinerten Elemente und Beziehungen können noch wesentlich verfeinert werden. Innerhalb der Funktionssicht sind z.B. folgende Spezialisierungen zu unterscheiden:

• verschiedene Anweisungsarten, z.B. Kommentare, Kontroll-, Ein-/Ausgabe-befehle, arithmetische Anweisungen, Normalverarbeitung und Verarbeitung von Ausnahmebedingungen; inter- und intramodulare Sicht; statische Strukturen, dynamische Strukturen.

• Normalverarbeitung und Verarbeitung von Ausnahmebedingungen

---

[15] Werden die Dimensionen bei einer Struktur nicht explizit genannt, so handelt es sich um eine statische, zentralisierte und qualitative Betrachtungsweise. Statisch wird dabei in dem Sinne definiert, daß die Struktur zu allen betrachteten Zeitpunkten gültig sein muß.

- verschiedene Modularten, z.B. Schnittstellen- und Servicemodule sowie Module mit fachlichen Verbreitungen.

Um Analysen auf der Bestandteilebene durchzuführen, müssen die einzelnen Teilsysteme (Sichten) aus dem Gesamtsystem herausgelöst werden. Dies kann mit Hilfe von Restrukturierungsmaßnahmen erfolgen. Danach werden die Auswertungen vorgenommen, die entweder das Verstehen der jeweiligen Strukturen zum Ziel haben oder unter Verwendung von Software-Metriken zu Qualitätsaussagen führen.

Operationsanalyse

Gegenstand dieser Analyse ist es, die Arbeitsweise (Funktionsweise) eines kompletten Software-Systems bzw. einzelner Untersysteme offenzulegen. Dabei wird untersucht, wie einzelne Operationen (Anweisungen) mit ihren Operanden (Daten) zusammenwirken, so daß ein bestimmtes Ergebnis berechnet wird. Diese Analyseart kann bei der Zweckanalyse zur Simulation der Programmausführung mit Testdaten verwendet werden. Darüber hinaus ist sie notwendig, um die Algorithmen im Hinblick auf Qualitätskriterien zu bewerten.

Die Operationsanalyse ist manuell durchführbar, indem der Ablauf befehlsweise analysiert und in seinen Wirkungen auf die Programmvariablen und -schnittstellen untersucht wird. Diese Arbeit kann jedoch mit Hilfe von automatisierten Werkzeugen, die primär zum Testen von Programmen entwickelt wurden, wesentlich im Aufwand reduziert und beschleunigt werden. Dazu zählen u.a. Werkzeuge (debugger), mit denen man einzelne Befehle oder Befehlsfolgen schrittweise ausführen läßt (program tracing), wobei die jeweils aktuelle Anweisung besonders markiert (z.B. durch Fettdarstellung), der momentane Inhalt von Datenfeldern angezeigt und die Modulaufruffolge dargestellt werden.

Stilanalyse

Dazu zählen z.B. die Vermeidung von Programmiertricks und unübersichtlichen Anweisungsfolgen, Verwendung aussagefähiger Daten- und Programmnamen, Einheitlichkeit zwischen den logischen Programmstrukturen und deren formalem Erscheinungsbild aufgrund durchgängiger Anwendung konsistenter Methoden, die auch unmittelbar aus dem Erscheinungsbild erkennbar sind. Dies sind z.B. die konsequente Anwendung von Programmierstandards und die Konsistenz des Programmierstils.

Komplexitätsanalyse

Mit Hilfe dieser Analyse wird die logische Komplexität der Programmstrukturen bestimmt. Niedrige Komplexität bedeutet, daß ein Programm mit einer geringen Anzahl logischer Schritte zu verstehen ist. Dazu zählen z.B. die Verwendung strukturierter Kontrollkonstrukte, die Komplexitätsreduktion durch Optimierung zwischen struktureller und algorithmischer Programmkomplexität, eine geeignete Modularisierung, die Vermeidung der Mehrfachverwendung von Variablen und Algorithmen mit unterschiedlicher inhaltlicher Bedeutung sowie die Vermeidung von Redundanz sowohl bei Daten als auch Algorithmen.

2.5 Restrukturierung von Programmsystemen

Primäres Ziel der Programmrestrukturierung ist eine Erhöhung der Wartungsproduktivität, indem die Verständlichkeit von Programmstrukturen durch Transformation der Beschreibungsarten und -formen erhöht wird. Da die Tätigkeiten, die bei der Übertragung von Programmen auf andere Hardware- und Systemsoftware-Plattformen (z.B. Rechnersysteme, Datenbanken, TP-Monitore und Programmiersprachen) anfallen, ebenfalls als Transformation von Beschreibungsformen betrachtet werden können, ist die Migration als weiteres Ziel der Programmrestrukturierung einzuordnen. Grundsätzlich können in Analogie zur Programmtransformation [Water/88, S. 1208] zwei Vorgehensweisen zur Restrukturierung unterschieden werden (vgl. Abb. 2.2):

- Direkte Umsetzung (Translation und Optimierung): Hierbei erfolgt die Restrukturierung, indem jedes Element des Ausgangssystems in ein entsprechendes Zielstrukturelement ohne Kontextbezug eins zu eins übertragen wird. Sie kann auch mit Hilfe eines Zwischenmodells (Zwischenkode) vorgenommen werden, wobei die Übertragung zum Zwischenkode als Translation und die nachfolgende Überführung zum Zielsystem als Optimierung (Verfeinerung und Optimierung des Zwischenkodes im Hinblick auf das Zielsystem) bezeichnet wird. Voraussetzung für eine ausschließliche Anwendung dieses Vorgehens ist eine auf Elementebene syntaktische und semantische Äquivalenz von Ausgangs- und Zielsystem.[16]
- Mittelbare Umsetzung (Abstraktion und Reimplementierung): Im ersten Schritt wird eine globale Analyse des Ausgangssystems vorgenommen, die

---

[16] Bei Transformationen von einem komplexen zu einem einfachen Sprachniveau ist eine solche Äquivalenz oft anzutreffen, so daß die meisten Compiler nach diesem Prinzip arbeiten.

zu einer abstrakten Beschreibung (Modell) des Programminhalts - unabhängig von den syntaktischen Gegebenheiten von Ziel- und Ausgangssystem - führt. Der zweite Schritt transformiert diese abstrakte Beschreibung in die Strukturen des Zielmodells. Dadurch werden die Nachteile der
direkten Umsetzung vermieden und in bezug auf das Zielsystem wird eine
optimale Restrukturierung ermöglicht, wobei dieses Verfahren jedoch meist
wesentlich aufwendiger als das andere ist.

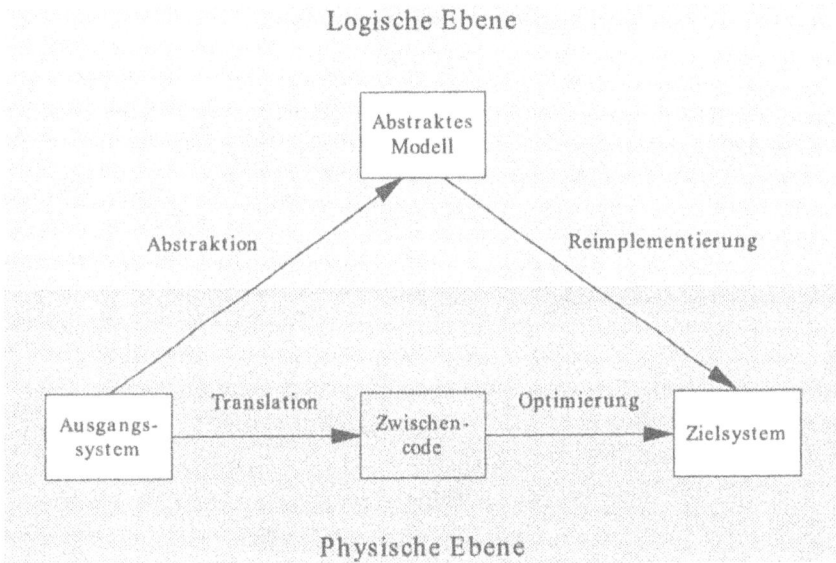

Abb. 2.2: Vorgehensweisen zur Restrukturierung

Das mittelbare Restrukturierungsverfahren ist weitgehend identisch mit einem
Reengineering-Prozeß, bei dem von der Anwendungssystemebene ausgehend ein
Redesign auf die Implementierungsebene und anschließend eine Implementierung (forward engineering) wieder zurück zur Ausgangsebene durchgeführt wird
(vgl. Abb. 2.3).

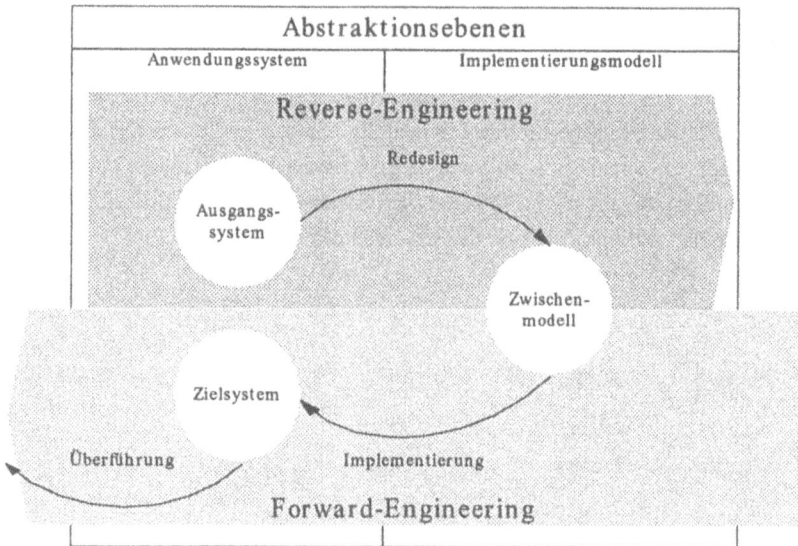

Abb. 2.3: Mittelbare Vorgehensweisen zur Restrukturierung

Bei der Restrukturierung können folgende Teilgebiete unterschieden werden:

- Redokumentation von Programmen
- Restrukturierung von Programmen und Daten
- Migration von Programmen.

Redokumentation von Programmen

Eine wesentliche Voraussetzung für eine effiziente Wartungsdurchführung ist
eine vollständige und konsistente Programmdokumentation in einer für die spezielle Aufgabe geeigneten Form (vgl. S. 18). Grundsätzlich können folgende nicht
unbedingt disjunkte Möglichkeiten zur Verbesserung der Programmdokumentation unterschieden werden:

- Transformation in eine andere Darstellungsform: Hierzu zählen das nach-
  trägliche Formatieren, z.B. blockorientiertes Einrücken der Programmanweisungen und tabellarische Darstellung der Modulaufrufstruktur, die
  halbgraphische Darstellung, z.B. Programmquelltexte als Nassi-Shneider-
  man- oder Aktionsdiagramme, und die graphische Darstellung, z.B. die
  Programmkontrollanweisungen als Petrinetze und die Modulaufbaustruk-
  tur in Baumform.

- Generierung nicht vorhandener Dokumentationen: Bei vielen älteren Programsystemen sind - sofern überhaupt vorhanden - über den Quelltext hinausgehende Dokumentationen oft nicht mehr auf einem aktuellen Stand, d.h. nicht konsistent und damit nicht oder nur eingeschränkt zu benutzen, so daß als einzige Informationsquelle die primären Daten, d.h. Programmtext und ggf. extern gespeicherte Beschreibungen der Datenbanken und Benutzerschnittstellen, zur Verfügung stehen. Es ist daher wichtig, verhältnismäßig einfach die benötigten Dokumentationen erzeugen zu können.

- Extrahieren und Aufbereiten von Teilsichten (program slicing): Diese Art der Nachdokumentation bildet ein mächtiges Instrument zur Steigerung der Wartungseffizienz. Aus der meist großen Anzahl von Einzelobjekten und Strukturen, aus denen sich ein Programmsystem zusammensetzt, werden die für eine spezielle Wartungsaufgabe benötigten Informationen herausgesucht und in einer übersichtlichen Art und Weise dargestellt. Hierzu zählt der Aufbau von Datenreferenztabellen (cross-reference list), von Flußdiagrammen für spezielle Daten und von Programmaufrufstrukturen.

Restrukturierung von Programmen und Daten

Restrukturierung dient zur Standardisierung von Programmelementen (Anweisungen und Daten) und -strukturen (logische Programmstruktur und Datenstruktur) zur Unterstützung des Wartungspersonals, nicht zur Optimierung von technischen Leistungsmerkmalen. Bei der Restrukturierung von Nicht-Kontrollanweisungen steht die Ersetzung von fehlerträchtigen oder unübersichtlichen Konstrukten im Vordergrund, z.B. Zusammenfassung von Teilberechnungen zu einem einzigen Ausdruck, Eliminierung von redundanten oder nicht verwendeten Kodestrecken. Restrukturierung der Programmlogik dient zur Umordnung der Kontrollstrukturen sowie der Standardisierung der Verwendung und Reduzierung der Anzahl der Kontrollelemente. "Gutstrukturierte" Programme zeichnen sich durch folgende Merkmale der Strukturierten Programmierung aus:

- Beschränkung auf eine reduzierte Anzahl von Kontrollkonstrukten [Böhm/66]
- sequenzielle Lesbarkeit des Programmtextes [Mills/72]
- logische Korrespondenz zwischen statischer Kontrollstruktur (Quellprogrammtext) und dynamischem Programmablauf [Dijkstra/68b].

Voraussetzung für die Begrenzung der Kontrollkonstrukte bei der Spezifikation eines Programms ist das Strukturtheorem nach Böhm und Jacopini [Böhm/66]. Es besagt, daß jeder Algorithmus mit zwei respektive drei Basiskontrollstrukturen (Fundamentalstrukturen) implementiert werden kann. Folgende drei Kontrollkonstrukte werden dabei unterschieden:

- Sequenz (D_0): Folge zweier D-Strukturen (do once)
- Repetition (D_a): Wiederholung einer D-Struktur (do again)
- Selektion (D_p): Verzweigung zu alternativen D-Strukturen (do path)[17].

Diese Konstrukte sind bipolig, d.h., sie besitzen nur einen Ein- und Ausgang, und können durch Anfügen oder Schachteln zu beliebig umfangreichen Kontrollstrukturen erweitert werden, die ebenfalls bipolig sind. Damit sind die sequentielle Lesbarkeit des Programmtextes und die Korrespondenz zwischen statischer und dynamischer Programmstruktur sichergestellt. Ein Programm heißt D-strukturiert, wenn der gesamte Anweisungstext ausschließlich aus diesen Basiskontrollstrukturen aufgebaut ist.

Programme, die diese Eigenschaften aufweisen, können mit Hilfe einer Strategie des Zerlegens und isolierten Behandelns (divide and conquer) bearbeitet werden und besitzen so eine geringere logische (kognitive) Komplexität als solche mit undisziplinierter Verwendung von Sprüngen (GOTO), die bei extensivem Gebrauch zu sogenannten "Spaghetti"-Programmen[18] führen. Strukturierte Programmierung führt auf der Ebene von Programmeinheiten (Prozeduren, Blöcke, Unterprogramme) - auch als Programmieren im Großen bezeichnet - zu hierarchisch geordneten Modulebenen (abstrakten Maschinen), wobei ein Modul einer Ebene nur solche derselben Ebene oder tiefer angeordneter Ebenen aufrufen darf. Auf der Ebene der intramodularen Programmstruktur - auch als Programmieren im Kleinen bezeichnet - weisen dadurch die Kontrollanweisungen die Form eines hierarchisch geordneten Baums auf. Die Umwandlung von unstrukturierten in strukturierte Kontrollstrukturen wird häufig mittelbar durch die Umwandlung in eine Flußgraphendarstellung der betreffenden Programme durchgeführt (vgl. Abb. 2.4).

---

[17] Die Selektion kann als ein Spezialfall der Repetition dargestellt werden, so daß die Aussage des Strukturtheorems auch für diese beiden Kontrollkonstrukte gilt.

[18] "Spaghetti"-Programme deswegen, weil man beim Bearbeiten eines Programmweges (Ziehen an einer Nudel) immer den Gesamtzusammenhang zu allen anderen Wegen beachten muß (zieht man an einer Nudel, hat man das gesamte Knäuel an der Gabel).

Flußgraph ────────────► restrukturierter
Flußgraph

Programmtext restrukturierter
Programmtext

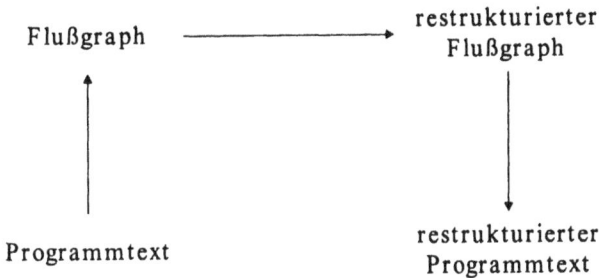

Abb. 2.4: Flußgraphendarstellung zur Restrukturierung

Bei der Restrukturierung der Daten werden den in einem Programm verwendeten Bezeichnern sachbezogene (mnemonische) Namen und standardisierte Definitionen zugeordnet. Weiterhin erfolgt die Auflösung von Variablen, die innerhalb des Programms mehrfache Verwendungszwecke erfüllen, in mehrere, die
jeweils nur für einen Zweck bestimmt sind. Konstanten innerhalb ausführbarer
Anweisungen werden durch Parameter und globale Daten durch lokale ersetzt.
Definierte, jedoch nicht verwendete Datenstrukturen innerhalb einer Programmeinheit, was insbesondere durch die Nutzung von Copy-Kodestrecken mit Datendeklarationen auftritt, sind aus derselben zu entfernen. Mit Hilfe einer Datenflußanalyse können zusammenhängende Variablen, Homonyme, Synonyme
sowie Längen- und Typfehler bei der Datentransformation identifiziert werden.
Bei der Datensatzanalyse wird die Aufteilung der Deklarationen für externe
Dateien in physische und logische Strukturen vorgenommen, so daß die Datei-
inhalte transparent werden.

Migration von Programmen

Bei der Migration erfolgt die Übertragung von Programmen in eine andere
Systemumgebung, meist auf einer neuen Technologiestufe. Demgemäß müssen
bestimmte Komponenten und Teilstrukturen modifiziert oder ersetzt werden.
Folgende Migrationsarten sind zu unterscheiden:

* Datenhaltungssystem
* Benutzerschnittstelle
* Programmiersprachen (source to source transformation)
* Betriebssystem
* Rechnerarchitektur.

Migration des Datenhaltungssystems

Hierbei wird das System zur Ablage persistenter Daten auf externe Speichermedien ausgewechselt.[19] Zum einen müssen die datenhaltungssystem-bezogenen
Programmbestandteile an die neuen Strukturen angepaßt und zum anderen die
bereits vorhandenen Datenbestände - soweit sie auch in der neuen Umgebung
verfügbar sein sollen - in das Zielsystem übertragen werden. Der Aufwand zur
Übertragung des Datenbestands ist abhängig von der Menge der betroffenen
Daten und vom Umfang der Änderungen zwischen der physischen Ausgangs-
und Zielstruktur. Der Änderungsaufwand für die Programme wird sowohl von
der strukturellen Verträglichkeit zwischen Ausgangs- und Zieldatenhaltungs-
system als auch von der Einbettung der betroffenen Bestandteile innerhalb der
gesamten Programmstruktur bestimmt. Die strukturelle Verträglichkeit bezieht
sich auf die Komponenten Datenmodell, Datenbeschreibungs- und Datenmanipu-
lationssprache des jeweils alten und neuen Datenhaltungssystems. Bei der Einbettung der datenhaltungssystem-bezogenen Bestandteile sind deren Kapselung
in speziellen Zugriffsmodulen, die zusammen die Zugriffsschicht der Programme
auf externe Datenbestände darstellen, und die Möglichkeit, daß jede beliebige
Programmstelle eine Datenreferenzierung beinhalten kann, zu unterscheiden.

Existiert ein sehr hoher Verträglichkeitsgrad zwischen den beiden Datenhal-
tungssystemen, z.B. bei einer beiderseitigen Verwendung von SQL, kann die
Einbettung vernachlässigt werden. Bei geringer Verträglichkeit und dem Vorlie-
gen einer Zugriffsschicht begrenzt sich normalerweise die Anpassung auf eine
Abänderung oder den kompletten Austausch der Zugriffsmodule. Liegt dagegen
keine explizite Zugriffsschicht vor, ist es in vielen Fällen sinnvoll, zuerst mit
Hilfe einer Restrukturierungsmaßnahme die Datenzugriffe in einer solchen
Schicht zu isolieren und anschließend die Anpassung vorzunehmen.

Häufig anzutreffende Migrationen sind z.Zt. die Umsetzung von programmier-
sprachen-spezifischen Datenhaltungssystemen, z.B. des COBOL-Dateiverwal-
tungssystems oder von hierarchischen bzw. netzwerkartigen Datenbanken in
Systeme mit relationaler Struktur und SQL-Fähigkeit, z.B. ADABAS, DB2,

---

[19] Datenhaltungssystem wird als Oberbegriff für Datenbank- und einfache Dateiverwal-
tungssysteme verwendet.

ORACLE, INGRES. Zukünftig wird eine Migration in objektorientierte und verteilte Datenbanksysteme anstehen.[20]

Migration der Benutzerschnittstelle

Ähnlich wie bei der Migration von Datenhaltungssystemen ist der Aufwand hier von der Standardisierung des verwendeten Benutzerschnittstellensystems und der Einbettung der Schnittstellenanweisungen innerhalb der Programmquellen abhängig. Obwohl es bereits seit langem Bestrebungen gibt, die Benutzerschnittstelle zu vereinheitlichen, sind erst in den letzten Jahren Ansätze mit der Chance einer allgemeinen praktischen Akzeptanz zu erkennen, z.B. die SAA/CUA-Richtlinien der IBM und die Vorgaben zur Oberflächenprogrammierung innerhalb des WINDOWS-Betriebssystems von Microsoft.[21] In bestehenden Programmsystemen finden sich demgemäß Benutzerschnittstellen-Spezifikationen von einem dialoggeräte-bezogenen technischen Niveau, z.B. in Form von ESC-Steuersequenzen, bis hin zu logischen Spezifikationen bei der Verwendung von TP-Monitoren, z.B. CICS von IBM und UTS von Siemens, und speziellen Erweiterungen von Programmiersprachen bzw. Maskeneditoren, z.B. SCREEN SECTION in einigen COBOL-Varianten. Charakteristisch für Programmsysteme aus den achtziger Jahren ist die Zeichen- oder Blockorientierung der Kommunikation zwischen Zentralrechner und direktangeschlossenen Dialoggeräten (terminals),[22] die heute in graphisch orientierte Benutzeroberflächen (GUI) überführt werden sollen. Wird eine Migration der Benutzeroberfläche ange-

---

[20] Für diese modernen Datenbanksysteme können heute noch keine konkreten Migrationsstrategien abschließend formuliert werden, da sich die verwendeten Basistechnologien noch nicht praktisch stabilisiert haben.

[21] Am Beispiel der Benutzeroberflächen wird deutlich, daß im Informatikbereich die technologische Entwicklung teilweise so rasant fortschreitet, daß Standardisierungsbemühungen, die jeweils auf dem aktuellen Technologiestand aufsetzen, bereits vor ihrer Fertigstellung überholt sind und daher weder aus akzeptanzbezogenen noch aus wirtschaftlichen Gründen eine realistische Chance haben, eingesetzt zu werden.

[22] Bei zeichenorientierter Kommunikation wird jedes auf der Tastatur eingegebene Zeichen direkt an den Rechner übermittelt, der es auswertet und entsprechende Aktionen anstößt. Bei vielen Computersystemen wird sogar das Echo des eingegebenen Zeichens auf dem Bildschirm des Benutzers durch den Rechner veranlaßt. Bei blockorientierter Kommunikation wird eine gesamte Maskenspezifikation (panel) vom Rechner an das Dialoggerät übermittelt, das den gesamten Ein-/Ausgabeprozeß mit dem Benutzer für alle Felder der Maske übernimmt und nach Betätigen der "Datenfreigabe"-Taste alle Eingaben "en bloc" an den Rechner zurücktransferiert.

strebt, so ist es von Vorteil, wenn die Oberflächenspezifikationen in speziellen
Programmkomponenten isoliert sind, so daß nur hier Anpassungen bzw. der
komplette Austausch dieser Benutzerschicht notwendig sind. Ist keine solche
explizite Benutzeroberflächenschicht vorhanden, sollte sie u.U. durch eine
Restrukturierungsmaßnahme nachträglich erzeugt werden.

Bei Migration zwischen zwei Systemen desselben Typs (zeichen-, block- oder
graphisch-orientierte Benutzeroberflächen) müssen grundsätzlich nur die Spezifikationen schablonenartig transformiert werden, was recht leicht automatisiert
erfolgen kann (z.B. durch die Editorfunktion Suchen und Ersetzen). Bei Transformationen unterschiedlichen Typs ist neben dem Aufbau der Oberflächen normalerweise auch der Dialogablauf betroffen, was mit einem erheblichen Aufwand verbunden sein kann. Dieser wird noch erhöht, wenn bei graphischen
Oberflächen zusätzlich ein anderer Programmierstil verwendet wird, z.B. objekt-
orientiert und ereignisgesteuert (Cursor-Bewegungen aktivieren Oberflächen-
objekte).

Heute werden - insbesondere forciert durch die Dezentralisierung der Datenverarbeitung (down sizing) - große Anstrengungen unternommen, die zeichen- und
blockorientierten Standardsoftware-Systeme auf graphische Oberflächen umzu-
stellen. Zukünftig ist damit zu rechnen, daß für spezielle Anwendungsbereiche
weitere Oberflächenmöglichkeiten hinzukommen, wie z.B. Spracheingabe und
Berührungssysteme. Ob auch Migrationen von Altsystemen auf diese zukünftigen Benutzeroberflächen im größeren Umfang notwendig werden, ist noch nicht
abzusehen. Es ist möglich, daß für diese neuen Oberflächentypen hauptsächlich
neuerschlossene Anwendungsbereiche und für die bestehenden Programmsysteme die bisherigen Oberflächentypen besser geeignet sind.

Migration der Programmmiersprachen

Diese Übertragungsart ist in den meisten Fällen sehr aufwendig. Selbst bei
Migrationen zwischen verschiedenen herstellerbezogenen Varianten oder unterschiedlichen Sprachstandards einer einzigen Programmiersprache treten oft
nicht erwartete Schwierigkeiten auf. Die wichtigsten Einflußgrößen für den
Aufwand bei einer Sprachumstellung sind: das Mengenproblem, über den jeweiligen Sprachstandard hinausgehende Erweiterungen, spezielle Programmiertechniken und Programmierparadigmen. Das Mengenproblem entsteht dadurch,
daß sich die meisten praktisch eingesetzten Programmiersprachen über eine längere Zeit historisch entwickelt haben und dabei immer mehr Sprachkonstrukte
und Verknüpfungsmöglichkeiten hinzugekommen sind, die bei einer Übertra-

gung alle berücksichtigt werden müssen. Die über den jeweiligen Sprachstandard hinausgehenden Erweiterungen, die normalerweise sehr nützlich bei der
Programmierung waren und daher auch von vielen Programmierern intensiv
genutzt wurden, verschärfen das Mengenproblem zusätzlich. Eine weitere
Schwierigkeit tritt auf, wenn Hardware-Merkmale logische Programmstrukturen
beeinflussen, z.B., in FORTRAN wird die Länge einer INTEGER-Variablen von
der Wortlänge des Rechners bestimmt, oder wenn fehlende Sprachfunktionalität
und Laufzeiteffizienz durch Programmiertricks ausgeglichen wurden, um z.B.
Textverarbeitung in FORTRAN IV zu ermöglichen oder Speicherplatz zu sparen
bzw. die Laufzeiten zu beschleunigen. Programmiersprachen weisen oft spezielle
Eigenschaften auf und führen dadurch zu bestimmten Programmiertechniken,
die bei anderen Sprachen nur durch ungewöhnliche und aufwendige Strukturen
nachgebildet werden können. Da eine Programmiersprachenmigration normalerweise auch die Benutzeroberfläche und Zugriffe auf das Datenhaltungssystem
umschließt, kommen die Schwierigkeiten noch hinzu, die in den zuvor genannten
Punkten aufgezeigt wurden.

Programmiersprachen werden in Generationen eingeteilt, wobei sich eine niedri-
gere von einer höheren durch den abnehmenden Technikbezug hin zu einem
größeren Anwendungsbezug unterscheidet.[23] Eine Migration in eine Sprache, die
der gleichen oder einer niedrigeren Generation angehört, ist tendenziell weniger
aufwendig als umgekehrt, da das Identifizieren und Extrahieren von Einzelstrukturen, die zusammen eine problembezogene Gesamtheit bilden, sowie deren
Transformation hin zu mächtigen anwendungsbezogenen Sprachkonstrukten
meist große Schwierigkeiten bereiten. Wurde eine Sprache in der Anwendung
sehr stark standardisiert, z.B. durch drastische Einschränkung der in der Programmierung erlaubten Sprachkonstrukte oder durch strikte Vorgabe von Pro-
grammschablonen, und wurde dies auch diszipliniert umgesetzt, so wird eine
Migration erleichtert.[24]

---

[23] Maschinensprachen bilden die erste, Assemblersprachen die zweite, prozedurale
Sprachen (z.B. C, COBOL, FORTRAN, PASCAL) die dritte, deskriptive Datenbankab-
frage-Sprachen die vierte (z.B. SQL, NATURAL) und endanwenderbezogene Sprachen
(z.B. EXCEL, SUPER NATURAL) die fünfte Generation. Objektorientierte und funktionale Sprachen sowie Expertensystemsprachen nehmen eine Sonderstellung ein und
werden je nach Autor als vierte oder fünfte Generation klassifiziert.

[24] Interessanterweise findet man in der Praxis bei der Assemblerprogrammierung häufig solche diszipliniert umgesetzten Programmierstandards, während bei Viertgene-
rationssprachen keinerlei Programmierdisziplin mehr gefordert wird.

Aktuell werden vor allem Sprachen der zweiten und dritten nach solchen der dritten und vierten Generation migriert, z.B. Assembler nach C, Assembler oder COBOL nach NATURAL, FORTRAN IV nach FORTRAN 77. Die Zukunft wird durch die Migration in objektorientierte Sprachumgebungen gekennzeichnet sein.

Migration des Betriebssystems

Wurden die betroffenen Programme in standardisierten Programmiersprachen realisiert, so sollte im Idealfall keine Änderung notwendig sein. In der Praxis bereiten jedoch insbesondere die nicht oder nur sehr allgemein standardisierten Programmbestandteile (Datenbanksystem, Benutzerschnittstelle und Betriebssystemaufrufe) und die bewußte oder unbewußte Verwendung von herstellerabhängigen Programmiersprachen-"Erweiterungen" große Schwierigkeiten bei einem Betriebssystemwechsel. In Abhängigkeit von solchen Besonderheiten müssen einzelne oder auch mehrere der zuvor erläuterten Migrationsarten angewendet werden. Besonders aufwendig ist normalerweise die Umstellung von Kommandoprozeduren des Betriebssystems zur Steuerung von Stapelprogrammen (JCL-Prozeduren), da hier besonders viele betriebssystemspezifische Eigenheiten genutzt werden, wobei es sich vom Grundsatz her um eine Programmiersprachenmigration handelt.

Heute erfolgen überwiegend Migrationen von proprietären hin zu offenen Betriebssystemen, z.B. von IBM/MVS nach UNIX. Darüber hinaus werden im Arbeitsplatzrechnerbereich in großer Anzahl DOS-Programme nach WINDOWS übertragen.

Migration der Rechnerarchitektur

Die in der Vergangenheit weitgehend abgeschlossenen "Welten" der verschiedenen Rechnerklassen (Arbeitsplatzrechner, Rechner der mittleren Datentechnik und Großrechner) lösen sich durch Vernetzung und Dezentralisierung der Datenverarbeitung zunehmend auf. Konzepte - oft auch nur Schlagwörter -, wie verteilte Datenbanken und Anwendungen, Client-Server-Architektur, parallele Systeme, "down sizing" und "right sizing" oder Offenheit der Systeme, haben den Niedergang der zentralen Datenverarbeitung bewirkt.

Für die Migration von zentralen Host-basierten Systemen hin zu verteilten Client-Server-Architekturen wird von vielen Hardware-Herstellern und Software-Häusern eine Strategie empfohlen und unterstützt, wie sie in Abb. 2.5 dargestellt ist. Ausgehend von einer Situation, bei der die komplette Applikation auf

einem Zentralrechner ausgeführt wird, soll in der ersten Stufe die Benutzeroberfläche extrahiert und von den "intelligenten" Arbeitsplatzrechnern
(workstations) übernommen werden. Damit wird der Zentralrechner bereits zu
einem großen Teil entlastet und die Verwendung graphischer Benutzeroberflächen aufgrund der großen Leistungsfähigkeit von Workstations zum Standard
werden. Die Schnittstelle zwischen Benutzeroberfläche und übriger Anwendung
wird durch Betriebssystem-Komponenten (Presentation Manager, OSF/motif)
sichergestellt, so daß für die Kommunikation keine nennenswerten
Migrationsaufwendungen notwendig sind. Die Migration von nicht-graphischen
hin zu graphischen Benutzeroberflächen muß jedoch explizit durchgeführt werden. Im zweiten Schritt sind Teile der Anwendungslogik, die sehr dialogorien-
tiert sind, z.B. Eingabeprüfungen und Ausgabeaufbereitung, auf die Workstation
zu verlagern. Die Bewältigung zweier großer Migrationsanstrengungen muß
hierbei erfolgen. Zum einen müssen diese dialogorientierten Anwendungsteile
identifiziert, extrahiert und zu neuen Komponenten zusammengesetzt und zum
anderen die Kommunikationsbeziehungen spezifiziert werden, z.B. in Form von
speziellen Protokollen. Den dritten und vierten Migrationsschritt unterstützen
entsprechende Betriebs- und Datenbank-Software, wobei im Idealfall für ein
Anwendungssystem keine weiteren Arbeiten notwendig sind. Wie aus dieser
Beschreibung erkennbar, ist die wesentliche Voraussetzung einer Migration der
Rechnerarchitektur die Zerlegung einer Anwendung in verschiedene Teilsysteme
und deren Verknüpfung durch die Spezifikation von Schnittstellen. Da die
Bestandteile vieler Altanwendungen in hohem Maße miteinander verwoben sind,
wird bei einer Migration hier der meiste Aufwand notwendig sein. Häufig wird er
so hoch sein, daß nur eine Neuentwicklung wirtschaftlich gerechtfertigt ist.

Ausgangssituation

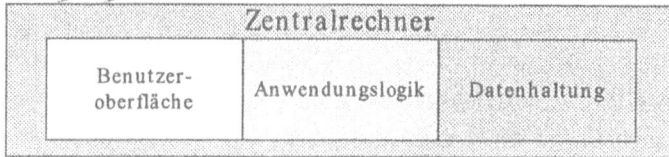

1. Stufe

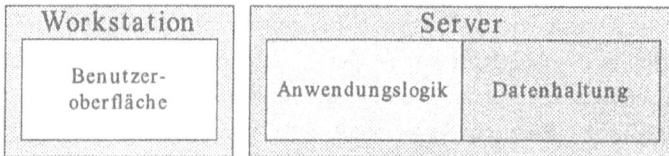

2. Stufe

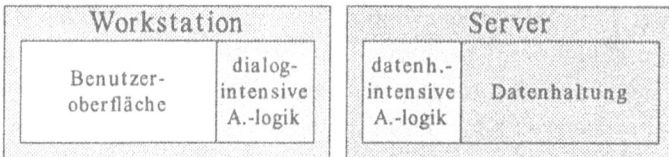

3. Stufe

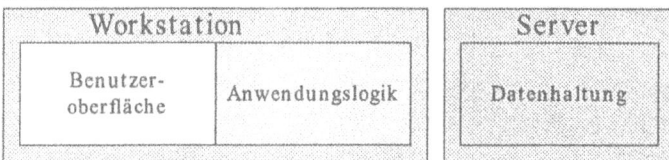

4. Stufe

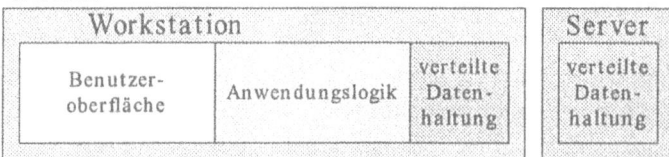

Abb. 2.5: Strategie zur Migration der Rechnerarchitektur

Die meisten Computer-Hersteller und Software-Häuser beschäftigen sich heute mit der Realisierung der ersten Migrationsstufe, indem sie netzfähige Betriebs-systemkomponenten erstellen, welche die Auslagerung der Benutzeroberfläche unterstützen oder sogar selbständig übernehmen, d.h., ohne daß an dem Anwen-dungssystem eine Änderung vorgenommen werden muß. Ob die zukünftigen Migrationsschritte so verlaufen, wie sie in der Strategie dargestellt wurden, ist jedoch von einer den praktischen Anforderungen genügenden Weiterentwicklung der ansatzweise vorhandenen Basistechnologie für verteilte Anwendungssysteme abhängig.

2.6 Reverse-Engineering von Programmsystemen

Reverse-Engineering dient ebenfalls einer Steigerung der Wartungsproduktivität, indem die Verständlichkeit der Programme durch Extraktion der Systembeschreibungen konzeptionell höherliegender Abstraktionsebenen aus den Strukturen einer tieferen, meist technologisch-beeinflußten Ebene verbessert wird. Weiterhin helfen diese Systembeschreibungen, die Neuentwicklung existierender Systeme wesentlich zu vereinfachen, da innerhalb des Systemanalyseprozesses mit geeigneten Methoden und Werkzeugen (z.B. durch die Bereitstellung von Systemspezifikationen in CASE-Werkzeugen) auf den dargestellten Strukturbeschreibungen des Altsystems aufgesetzt werden kann (Istanalyse) sowie unveränderte Teile unmittelbar identifiziert und übernommen werden können. Auch ist mit Hilfe einer geeigneten Altsystemdokumentation im Hinblick auf die frühen Entwicklungsphasen von neuen Software-Systemen eine Daten- und Funktionsintegration [Krcmar/87] sowie eine Integration mit bestehenden Anwendungssystemen möglich.

Da Reverse-Engineering Bezug nimmt auf verschiedene Abstraktionsebenen, sind gemäß Seite 10 die Ebenen des Implementierungs- (Designspezifikation), Anwendungs- und Organisationsmodells zu unterscheiden. Die Darstellungsmethoden sind normalerweise nicht ebenenübergreifend. Auf der organisatorischen Ebene werden z.B. die Daten mit Hilfe des Entity-Relationship-Ansatzes und die Funktionen durch eine hierarchische Dekomposition dargestellt, während dafür auf der Implementierungsebene Dateibeschreibungen und Programmiersprachen zur Anwendung kommen. Beim Reverse-Engineering werden Spezifikationselemente und -strukturen identifiziert, extrahiert und anschließend auf eine höhere Ebene nach neuen Darstellungs- und Strukturierungsregeln übertragen.[25] Die besondere Schwierigkeit liegt darin, daß bestimmte Informationen, die z.B. bei der Systemanalyse erhoben wurden, im Laufe der Gesamtentwicklung verlorengingen oder strukturell so verändert wurden, daß die Rückabbildung nicht mehr eindeutig ist. Um diesen Mangel zu beheben, müssen in den Prozeß normalerweise Zusatzinformationen aufgenommen werden. Folgende Teilgebiete umfaßt das Reverse-Engineering:

---

[25] In der Literatur wird der Begriff des Reverse-Engineering oft verwendet, wenn nur die Darstellungsformen einer Systemrepräsentation abgeändert werden, z.B. die Programmaufrufhierarchie wird als Structure Chart [Yourdon/89, S. 417-421] dargestellt, der normalerweise zur Abbildung von Modulstrukturen dient. Gemäß den definitorischen Abgrenzungen innerhalb dieser Arbeit handelt es sich dabei um Restrukturierungen.

- Reverse-Engineering von Daten: Hierbei werden technisch orientierte Datenstrukturen auf eine höhere Ebene übertragen, z.B. hierarchische oder netzwerkartige Dateibeschreibungen auf eine konzeptionelle Datenmodell-ebene. Dieser Reverse-Engineering-Typ ist schon seit längerem in der wissenschaftlichen Diskussion [Navathe/87] und wird auch in der Praxis bereits erprobt [Kaufmann/93].

- Reverse-Engineering von Funktionen: Hierbei werden die in den Programmquellen vorhandenen Informationen dazu verwendet, um Programm-design-Komponenten und -Strukturen abzuleiten. Da bei der heutigen Software-Entwicklung zwischen dem Anwendungssystem und dem Programmdesign nicht nur sehr viele fachliche Informationen verlorengehen bzw. technische hinzukommen, sondern auch ein struktureller Bruch verläuft, finden sich in der Literatur nur sehr wenige konkrete Ansätze zum Reverse-Engineering von Funktionen der über dem Programmdesign liegenden Abstraktionsebenen.

In vielen Fällen wird eine wichtige Informationsquelle übersehen, die ebenfalls bei Reverse-Engineering-Vorhaben zur Verfügung steht. Es handelt sich dabei zum einen um die durch die Altsysteme angelegten Datenbestände und zum anderen um Informationen über die organisatorische Einbettung der Programme und deren konkreten Ablauf. Der Zugriff auf die Datenbestände und deren Analyse können durch Auswertungsprogramme vorgenommen werden. Mit Hilfe von Monitorprogrammen ist das Verhalten des Programmsystems zu analysieren, indem die Benutzereingaben und deren anschließender Verarbeitungsprozeß erfaßt und ausgewertet werden.

3. Kapitel

Vorgehensweise zum Software-Reengineering

Die Ausführungen in Kapitel 2 zeigen, daß die meisten Reengineering-Maßnahmen unmittelbar auf Quellprogrammen als Ausgangsbasis aufsetzen und diese in eine neue oder modifizierte Systemrepräsentation überführen. Andere Informationen, die über ein Software-System vorhanden sind, z.B. Entwicklungsdokumente, Benutzerhandbücher und Organisationsunterlagen, sind normalerweise weder Gegenstand von Reengineering-Vorhaben noch ist eine explizite methodische Integration dieser Systemdarstellungen als zusätzliche Informationsquelle ersichtlich. Darüber hinaus sind die dargestellten Reengineering-Ansätze mit unterschiedlichsten Methoden formuliert und auch realisiert, so daß man sich dabei des Eindrucks eines begrifflichen und methodischen Sammelsuriums (tool box) nicht entziehen kann.

Es fehlt eine allgemein akzeptierte methodische Grundlage, die zum einen als Vorgehensweise für alle Arten von Reengineering-Vorhaben verwendet werden kann und zum anderen eine weitgehende Rechnerunterstützung ermöglicht. Im folgenden wird eine allgemein einsetzbare Vorgehensweise zum Software-Reengineering dargestellt, die auf einer einheitlichen Modellierung und Verarbeitung aller für den Reengineering-Prozeß interessierenden Informationsbestände aufbaut und sich unmittelbar in eine werkzeuggestützte Software-Entwicklung integrieren läßt.

3.1 Grundlagen einer allgemeinen Vorgehensweise

Grundlage für die Festlegung einer allgemein anwendbaren Vorgehensweise ist die Identifikation und Hervorhebung gemeinsamer methodischer Merkmale und Eigenschaften, die alle spezifischen Reengineering-Vorhaben aufweisen. In einem weiteren Schritt ist eine universelle Beschreibungsmethode festzulegen, mit der die speziellen Reengineering-Prozesse mit unterschiedlichen Tätigkeiten in einer formalisierten Form auf die allgemeine Vorgehensweise abgebildet werden können. Diese Standardisierung schafft die Voraussetzung für Konzeption und Realisierung von Werkzeugen zur Automatisierung dieser Prozesse, die äußerst kompakt sind, jedoch bei allen so spezifizierten Vorgehensweisen universell eingesetzt werden können.

Ganz allgemein betrachtet bestehen Reengineering-Maßnahmen aus Informationsbeständen unterschiedlicher Abstraktionsebenen und Transformationsprozessen, die in Form des klassischen EVA-Prinzips der Datenverarbeitung miteinander verbunden sind. Die Komponenten und Beziehungen dieser Informationsbestände lassen sich einheitlich mit Hilfe von Datenmodellierungsmethoden beschreiben, während Transformationsprozesse durch Prozeßmodellierungsmethoden spezifiziert werden können. Auf der Grundlage der modellorientierten Software-Entwicklung über mehrere Abstraktionsebenen (Abschnitt 1.2) werden im folgenden das Abstraktionskonzept als allgemeine Strukturierungsvoraussetzung,[1] ein modifizierter und erweiterter Entity-Relationship-Ansatz als Methode zur Strukturierung und Beschreibung von Informationsbeständen und Metainformationen sowie eine datenorientierte Entwurfsmethode zur Strukturierung von Transformationsprozessen dargestellt.

3.1.1 Abstraktion als Strukturierungsvoraussetzung

Abstraktion ist eine gedankliche Auswahl von Objektmengen nach bestimmten Merkmalen und Eigenschaften sowie der Ausschluß anderer nicht interessierender Charakteristika, d.h., es werden Teilsysteme gebildet. Folgende Typen von Abstraktionen können unterschieden werden [Batini/92, 15 ff.]:

* Klassifikation: Identifizierung gleichartiger Elemente (Objekte) und Zusammenfassung dieser unter einem Begriff (Teilmengenbildung). Die Gleichartigkeit wird durch gemeinsame Eigenschaften charakterisiert.
* Generalisierung/Spezialisierung: Bei der Generalisierung werden Teilmengen zu einer Obermenge zusammengefaßt; Spezialisierung ist der umgekehrte Prozeß.
* Aggregation/Zerlegung: Verschiedene, zusammenhängende Begriffe werden zu einem komplexen neuen Begriff zusammengefaßt; Zerlegung ist der umgekehrte Prozeß.

---

[1] Im Gegensatz zur scharfen wissenschaftstheoretischen Unterscheidung und Diskussion zwischen den Begriffen Modellierung (Empirismus) und Konstruierung (Konstruktivismus) [Wedekind/81, 34 ff.] wird innerhalb der Informatik - insbesondere bei anglo-amerikanischen Veröffentlichungen - der Modellbegriff wesentlich umfassender verwendet. Um daraus resultierende Mißverständnisse zu vermeiden, wurde der Begriff Strukturierung gewählt, der sowohl das Abbilden realer Gegebenheiten (Modellierung) als auch deren Konstruktion (Rekonstruktion) einschließen soll.

3.1.2 Strukturierung von Informationen

Zentrale Voraussetzung für eine standardisierte methodische und werkzeugmäßige Behandlung unterschiedlicher Informationsbestände ist eine einheitliche
Analyse und Beschreibung aller relevanten Informationsstrukturen. Zu diesem
Zweck hat sich das 1976 von Chen [Chen/76] veröffentlichte "Entity-Relationship Model" als besonders geeignet herausgestellt, was in der letzten Dekade zu
breiter Akzeptanz und vielfältiger Anwendung auch über den Datenbankbereich
hinaus führte. Die allgemeine Anerkennung dieses Ansatzes ist auch auf die
kontinuierliche Verbesserung und Weiterentwicklung der methodischen Konstrukte und Darstellungselemente zurückzuführen, die heute in eine Vielzahl
von Variationen des ursprünglichen Modells münden. Im folgenden wird ein
erweiterter Entity-Relationship-Ansatz - angelehnt an die Terminologie und graphische Darstellung der Methode Isotec/ISA[2] [Ploenzke/o.J.] - dargestellt und
verwendet, der in seinen methodischen Konstrukten jedoch wesentlich erweitert
und verallgemeinert wurde. Die Basiselemente dieses Ansatzes sind:

- Einzelobjekt und Eigenschaftswert
- Informationsobjekt und Eigenschaft
- Einzelbeziehung und Beziehung
- Datenelementwert und Datenelement.

Einzelobjekt und Eigenschaftswert

Ein Einzelobjekt oder eine Entität (entity) repräsentiert eine für die jeweilige
Anwendung wesentliche und unterscheidbare (identifizierbare) Einheit und
dient zur Abbildung realer und abstrakter Dinge der Realität; z.B. stellt ein Einzelobjekt eine bestimmte Person (Frau Müller), ein spezielles Auto (Kfz mit dem
Kennzeichen DA-D 8709) oder einen gewissen Kundenauftrag (Auftrag des Kunden Müller vom 17.1.93 mit der Nummer 1318) dar. Einzelobjekte besitzen
bestimmte Merkmale, die jeweils aus einem Merkmalsnamen (z.B. Haarfarbe,
Höchstgeschwindigkeit, Auftragssumme) und einer Merkmalsausprägung (z.B.
blond, 183 km/h, DM 484,27) bestehen; im weiteren werden die Namen der

---

[2] Isotec (Integrierte Software-Technologie) ist ein aufeinander abgestimmtes Metho-
denbündel zur Software-Systementwicklung der Ploenzke Informatik, Wiesbaden. Die
Methode zur Datenmodellierung wird als Informationsstrukturanalyse (ISA) bezeichnet und im deutschen Sprachraum aufgrund ihrer Einfachheit und kontinuierlichen
pragmatischen Weiterentwicklung in der betrieblichen Anwendungssystementwick-
lung breit akzeptiert und eingesetzt.

Merkmale als Eigenschaften (attributes) und die Ausprägungen als Eigenschaftswerte (attribute values) bezeichnet. Die graphische Darstellung von Einzelobjekten und ihren Eigenschaftswerten ist Abb. 3.1 zu entnehmen.

```
┌─ ─Person─ ─ ┐      ┌─ ─Auto─ ─ ┐      ┌─ ─Auftrag─ ┐
│                │      │                │      │                │
│ ┤─Name:       │      │ ┤─Kfz-Kenn- │      │ ┤─Nr.: 1318   │
│    Müller     │      │    zeichen:    │      │  ─Datum:      │
│ └─Geschlecht: │      │    DA-D 8709  │      │    17.1.93     │
│    weiblich   │      │ ┤─Höchstge-  │      │ ┤─Kunde:      │
│ ┌─Haarfarbe:  │      │    schwindigk.:│      │    Müller      │
│   blond       │      │    183 km/h   │      │  └─Summe:      │
│                │      │                │      │    484,27      │
└─ ─ ─ ─ ─ ┘      └─ ─ ─ ─ ─ ┘      └─ ─ ─ ─ ─ ┘
```

Abb. 3.1: Graphische Darstellung von Einzelobjekten

Informationsobjekt und Eigenschaft

Ein Informationsobjekt (entity set) ist eine Menge "ähnlicher", "vergleichbarer"
oder "zusammengehöriger" Einzelobjekte mit denselben Eigenschaften (z.B. die
Angestellten eines Betriebs, alle Autos mit geregeltem Katalysator), über die
innerhalb eines Informationsverarbeitungssystems Informationen[3] gespeichert
werden. Neben der Verwendung des Begriffs Informationsobjekt als Name für
die Menge aller gleichartigen Entitäten werden damit auch alle Eigenschaften
bezeichnet (Typisierung), welche die Mitgliedschaft eines Einzelobjektes in
einem Informationsobjekt konstituieren, z.B. Person (Name, Geburtstag,
Geburtsort, Haarfarbe, ...), Auto (Kfz-Kennzeichen, Marke, Typ, Höchstgewin-
digkeit, ...), Auftrag (Auftrags-Nr., Datum, Kunde, Auftragssumme, ...).[4] Alle
erlaubten Werte einer Eigenschaft eines Informationsobjektes werden zu einer
Menge zusammengefaßt und bilden den Wertebereich (domain, value set) der
jeweiligen Eigenschaft. Informationsobjekte werden durch Eigenschaften, Eigenschaften durch Wertebereiche und Einzelobjekte durch Ausprägungen von

---

[3] Informationen werden in der Betriebswirtschaftslehre als "zweckorientiertes Wissen"
      bezeichnet. In der Wirtschaftsinformatik werden sie als "handlungsbestimmende
      Kenntnis über historische, gegenwärtige und zukünftige Zustände und Vorgänge in
      der Realität" definiert [Heinrich/89, 239]. Der Informationswert ist der Nutzen, den
      ein Entscheidungsträger einer Information zumißt. Daten sind Zeichen oder Zeichen-
      ketten, die aufgrund von bekannten oder unterstellten Abmachungen und vorrangig
      zum Zweck der Verarbeitung und Kommunikation Informationen darstellen; sie bil-
      den das "zweckneutrale Ausgangsmaterial" für Informationen.

[4] Unterscheidung in intensional (Typenbetrachtung, Schemazeit) und extensional
      (Mengenbetrachtung, Referenzzeit) [Wedekind/92].

Eigenschaften beschrieben. Die graphische Darstellung von Informationsobjekten und ihren Eigenschaften sind Abb. 3.2 zu entnehmen; werden bei der Graphik keine Eigenschaften angegeben, so reduziert sich der Text in den Rechtecken auf den jeweiligen Informationsobjektnamen.[5] Eigenschaften können gemäß ihrem Verhältnis zum zugehörigen Informationsobjekt in folgende Klassen eingeteilt werden:

- Identifizierende Eigenschaft: Jedes Informationsobjekt besitzt mindestens eine Eigenschaft oder eine Gruppe von Eigenschaften, deren Werte jedes Einzelobjekt eindeutig identifizieren (Schlüsseleigenschaft). In Abb. 3.2 stellt das Kfz-Kennzeichen die identifizierende Eigenschaft des Informationsobjektes Auto dar, die Eigenschaften Name, Geburtstag und Geburtsort bilden zusammen die Identifikation für das Informationsobjekt Person. Identifizierende Eigenschaften werden durch eine Stern-Markierung gekennzeichnet.
- Teilidentifizierende Eigenschaft: Besitzt ein Informationsobjekt eine Gruppe von Eigenschaften zur Identifikation, so wird jede dieser Eigenschaften als teilidentifizierend bezeichnet. In Abb. 3.2 sind die Eigenschaften Name, Geburtstag und Geburtsort jeweils teilidentifizierend.
- Beschreibende Eigenschaft: Können einzelne Eigenschaftswerte bei mehreren Einzelojekten eines Informationsobjektes auftreten, so werden die betreffenden Eigenschaften als beschreibend bezeichnet. Die Eigenschaften Geschlecht bzw. Haarfarbe des Informationsobjektes Person können bei verschiedenen Einzelobjekten denselben Wert annehmen, sie sind daher beschreibend. Beschreibende Eigenschaften werden durch eine Spiegelstrich-Markierung gekennzeichnet.

Person	Auto	Auftrag
★Name	★Kfz-Kenn-	★Nr.
★Geburtstag	zeichen	−Datum
★Geburtsort	−Marke	−Kunde
−Geschlecht	−Typ	−Summe
−Haarfarbe	−Höchstge-	
	schwindigk.	

Abb. 3.2: Graphische Darstellung von Informationsobjekten

---

[5] Die Namen von Informationsobjekten werden aus Gründen der Platzersparnis und Standardisierung grundsätzlich im Singular angegeben.

Einzelbeziehung und Beziehung

Eine Einzelbeziehung (relationship) ist eine logische (z.B. fachliche) Verknüpfung zwischen zwei oder mehreren Einzelobjekten. In analoger Weise zum Verhältnis zwischen Einzelobjekt und Informationsobjekt bezeichnet eine Beziehung
(relationship set) die Menge und den Typ gleichartiger Einzelbeziehungen.
Grundsätzlich können Beziehungen ebenfalls Eigenschaften besitzen, z.B. das
Datum der Eheschließung bei der Beziehung "ist verheiratet mit" zwischen Personen.[6] Eine Einzelbeziehung ist nicht selbständig, sondern kann nur in Verbindung mit ihren zugehörigen Einzelobjekten existieren, d.h., wird ein Einzelobjekt
vernichtet, muß auch die Einzelbeziehung gelöscht werden. Die graphische Darstellung von Einzelbeziehungen und Beziehungen ist Abb. 3.3 zu entnehmen,
wobei man erkennt, daß die Personen Müller und Schmitt auch gemeinsam als
Eigentümer eines Autos auftreten können.

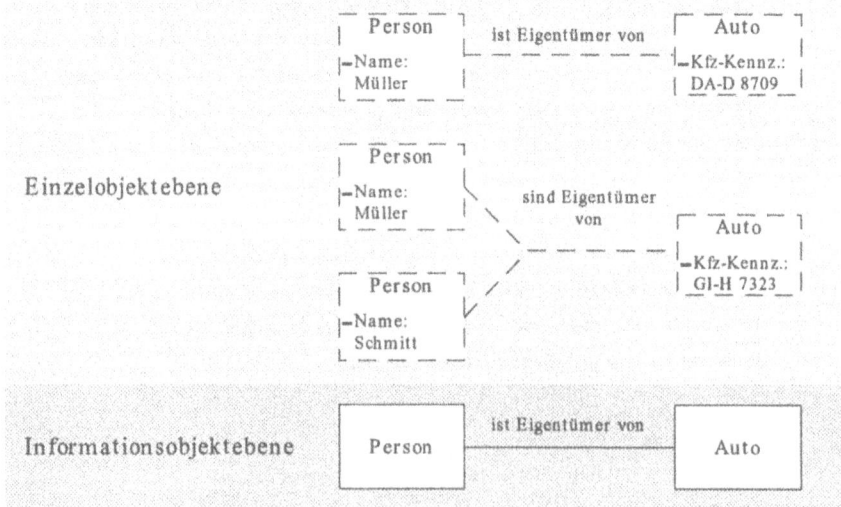

Abb. 3.3: Graphische Darstellung von Einzelbeziehungen und Beziehungen

---

[6] Innerhalb des Entity-Relationship-Approach nach Chen [Chen/76] können Beziehun-
     gen Eigenschaften besitzen; bei Isotec/ISA ist dies - wie bei vielen anderen ER-Varia-
     tionen - nicht erlaubt.

Beziehungen können im Verhältnis zur Anzahl der miteinander verknüpften unterschiedlichen Informationsobjekte in folgende Klassen eingeteilt werden:

- Einstellige (rekursive) Beziehungen: Bei einstelligen oder rekursiven Beziehungen werden die Einzelobjekte eines Informationsobjektes miteinander verknüpft. Der obere Teil in Abb. 3.4 enthält die rekursive Beziehung "ist verlobt mit" zwischen den beiden Personen Müller und Schmitt.
- Zweistellige (binäre) Beziehungen: Bei zweistelligen Beziehungen werden die Einzelobjekte zweier unterschiedlicher Informationsobjekte miteinander verknüpft. In Abb. 3.3 ist eine zweistellige Beziehung "ist Eigentümer von" zwischen den Informationsobjekten Person und Auto dargestellt.
- Mehrstellige Beziehungen: Bei mehrstelligen Beziehungen werden die Einzelobjekte von drei oder mehreren unterschiedlichen Informationsobjekten miteinander verknüpft. Der untere Teil in Abb. 3.4 enthält die dreistellige Beziehung "nimmt teil" zwischen den Informationsobjekten Person, Auto und Veranstaltung.

Einzelobjektebene

```
┌ Person ┐              ist verlobt mit     ┌ Person ┐
│ ─Name:  │                                 │ ─Name:  │
│  Müller │ ├ ─ ─ ─ ─ ─ ─ ─ ─ ─ ─ ─ ─ ─ ─ ─ │  Schmitt │
│ ─Geschlecht: │                            │ ─Geschlecht: │
└  weiblich ┘                               └  männlich ┘
```

Informationsobjektebene

```
                        ┌─────────┐
                        │         │  ist verlobt mit
              ┌─────────┤         │
              │ Person  ├─────────┘
              └─────────┘
```

Einzelobjektebene

```
┌ Person ┐           nimmt teil      ┌ Auto ┐
│ ─Name:  │                          │ ─Kfz-Kennz.: │
│  Müller │                          │  DA-D 8709 │
└─────────┘                          └─────────┘

                    ┌ Veranstalt. ┐
                    │ ─Name:       │
                    │  Taunus-     │
                    └  rundfahrt   ┘
```

Informationsobjektebene

```
                        nimmt teil
┌─────────┐           ┌─────────────┐
│ Person  ├───────────┤    Auto     │
└────┬────┘           └─────────────┘
     │
┌────┴────────┐
│ Veranstalt. │
└─────────────┘
```

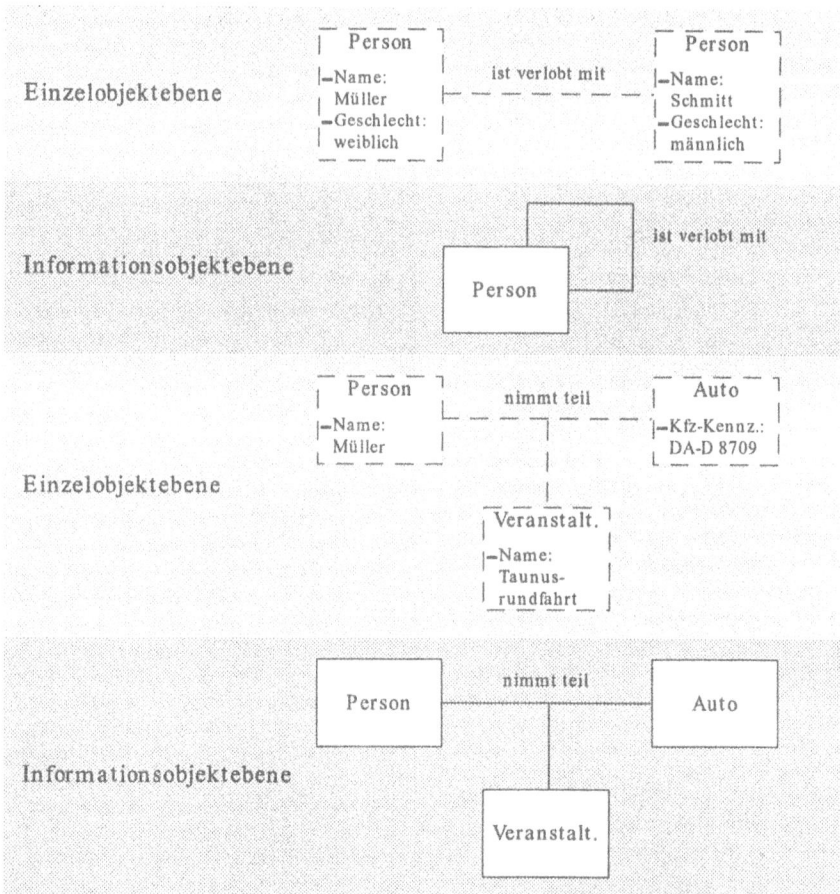

Abb. 3.4: Graphische Darstellung von rekursiven und mehrstelligen Beziehungen

Mehrstellige und attributierte Beziehungen werden auch als komplexe Beziehungen bezeichnet.

Kardinalität von Beziehungen

Die Beziehungen weisen eine bestimmte Wertigkeit oder Kardinalität auf, die angibt, wieviele Einzelobjekte eines Informationsobjektes innerhalb einer Einzelbeziehung auftreten können, z.B. muß die Kardinalität der Beziehung "ist Eigentümer von" in Abb. 3.3 bezogen auf das Informationsobjekt Person mindestens gleich zwei sind, da auf der Ebene der Einzelobjekte Müller und Schmitt zusammen eine Beziehung zum Kfz mit dem Kennzeichen GI-H 7323 haben. Die

unterschiedlichen Kardinalitäten einer Beziehung in bezug auf ein Informationsobjekt sind in Abb. 3.5 aufgeführt.

Bedeutung	Graphische Darstellung	Abkürzung
Wertigkeit: unbekannt	——— Inform.-objekt	?
Wertigkeit: 0 oder 1	——→ Inform.-objekt	C
Wertigkeit: genau 1	——→ Inform.-objekt	1
Wertigkeit: zwischen 0 und N	——⤏ Inform.-objekt	CN
Wertigkeit: zwischen 1 und N	——⤏ Inform.-objekt	N
Wertigkeit: genau X	——X—— Inform.-objekt	X
Wertigkeit: zwischen X1 und X2	X1, X2 ——— Inform.-objekt	X1, X2

Abb. 3.5: Mögliche Kardinalitäten an den Beziehungsenden

Zur Kennzeichnung der Kardinalität einer Beziehung zwischen mehreren Informationsobjekten werden die jeweils zutreffenden Abkürzungen hintereinander
und durch Doppelpunkt getrennt angegeben. Die rekursive Beziehung "ist verheiratet mit" in Abb. 3.6 wird auch als Beziehung vom Typ C:C (Leserichtung im
Uhrzeigersinn), die Beziehung "ist Eigentümer von" als N:CN (Leserichtung von
links nach rechts) und die Beziehung "ist beschäftigt in" als N:C (Leserichtung

von oben nach unten) bezeichnet.[7] Bei rekursiven Beziehungen können die Kardinalitäten 1:C, 1:N und C:N nicht auftreten, da sie zu widersprüchlichen Sachverhalten führen.

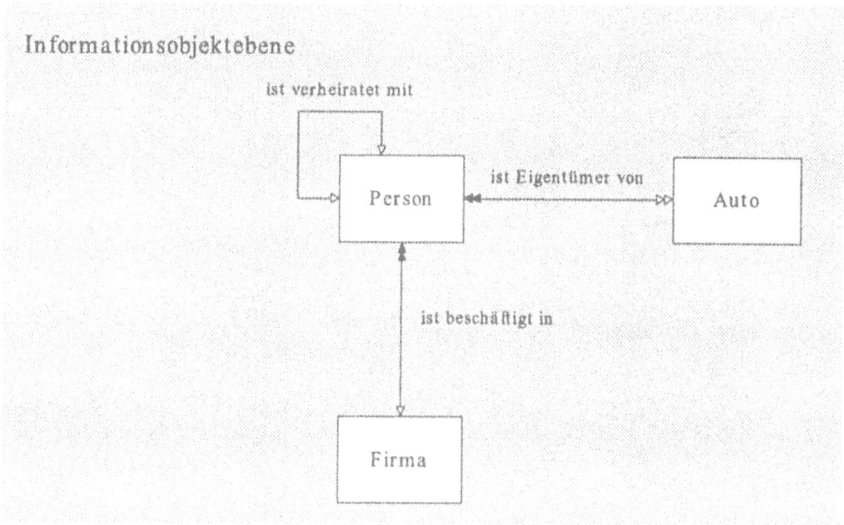

Informationsobjektebene

ist verheiratet mit

Person — ist Eigentümer von — Auto

ist beschäftigt in

Firma

Abb. 3.6: Leserichtung von Beziehungen

Abgrenzung Informationsobjekt und Beziehung

Die Unterscheidung zwischen Informationsobjekten und Beziehungen, die auf den ersten Blick sehr einfach erscheint, ist bei genauerer Analyse nicht trivial und oft auch nicht eindeutig, z.B. ist der Auftrag eines Kunden ein eigenes Informationsobjekt oder eine komplexe Beziehung "bestellt" zwischen den Infor-

---

[7] Befindet sich die Bezeichnung außerhalb des Linienzuges, so ist bei rekursiven Beziehungen die Leserichtung im Uhrzeigersinn; befindet sie sich jedoch innerhalb, ist die Leserichtung entgegengesetzt. Sind zwei verknüpfte Informationsobjekte von links nach rechts angeordnet und die Beziehungsbezeichnung befindet sich oberhalb der Verbindungslinie, so ist die Leserichtung ebenfalls von links nach rechts. Ist die Bezeichnung unterhalb der Linie positioniert, verläuft die Leserichtung von rechts nach links. Bei verknüpften Informationsobjekten, die übereinander angeordnet sind, ist die Leserichtung von oben nach unten, wenn sich die Beziehungsbezeichnung rechts vom Linienzug befindet. Ist sie dagegen links, wird die Beziehung von unten nach oben gelesen. Diese Festlegungen sind umgekehrt zu interpretieren, wenn eine Beziehungsbezeichnung in Klammern gesetzt wird.

mationsobjekten Kunde und Artikel. Die meisten Methoden zur Informationsstrukturierung in praktisch eingesetzten, werkzeuggestützten Verfahren (Isotec,
LBMS, SSADM, Merise) lösen dieses Problem aus einer technischen Sicht: Alle
komplexen Beziehungen werden zu eigenständigen Informationsobjekten umgewandelt (Abb. 3.7).[8] Diese Informationsobjekte besitzen entweder eine künstliche, identifizierende Eigenschaft (z.B. Auftragsnummer) oder "erben" die
Schlüsseleigenschaften der ursprünglich direkt miteinander verbundenen Informationsobjekte. Damit entsteht zwischen diesen Informationsobjekten eine refe-
renzielle Integritätsbedingung (referential integrity), die besagt, daß Einzelobjekte des erzeugten Informationsobjektes existentiell abhängig von dem Vorhandensein der Ausgangsinformationsobjekte sind; wird z.B. ein Kundenobjekt
gelöscht, müssen auch alle zugehörigen Auftragsobjekte vernichtet werden.
Informationsobjekte, die - wie in diesem Fall - keine eigene "natürliche" Identifikation besitzen, werden als schwache (weak entity) und die anderen als starke
Informationsobjekte (strong entity) bezeichnet.[9]

---

[8]   Diese methodische Vorgabe ermöglicht eine relativ einfache automatisierte Umset-
      zung der Informationsstruktur auf ein datenbankbezogenes Datenmodell, z.B. das
      Relationenmodell, da jedes Informationsobjekt und jede mehrdeutige Beziehung
      jeweils in eine eigene Relation oder Datei umgewandelt wird. Um nur Informations-
      objekte in Relationen umwandeln zu müssen, fordern sogar einige Methoden inner-
      halb der fachlichen Informationsstruktur die Auflösung einer N:N-Beziehung in zwei
      1:N-Beziehungen.

[9]   Es existieren auch noch andere Umstände, die zu schwachen Informationsobjekten
      führen, z.B. bei der Beziehung zwischen einem Gattungs- und einem Teilobjekt (kann
      sein/ist ein), bei der Beziehung zwischen einer Klasse und ihren Exemplaren
      (hat/gehört zu) bzw. bei komplexen Eigenschaften, die in einem eigenen Informa-
      tionsobjekt dargestellt werden.

Mehrstellige Beziehung

Äquivalent mit
binären Beziehungen

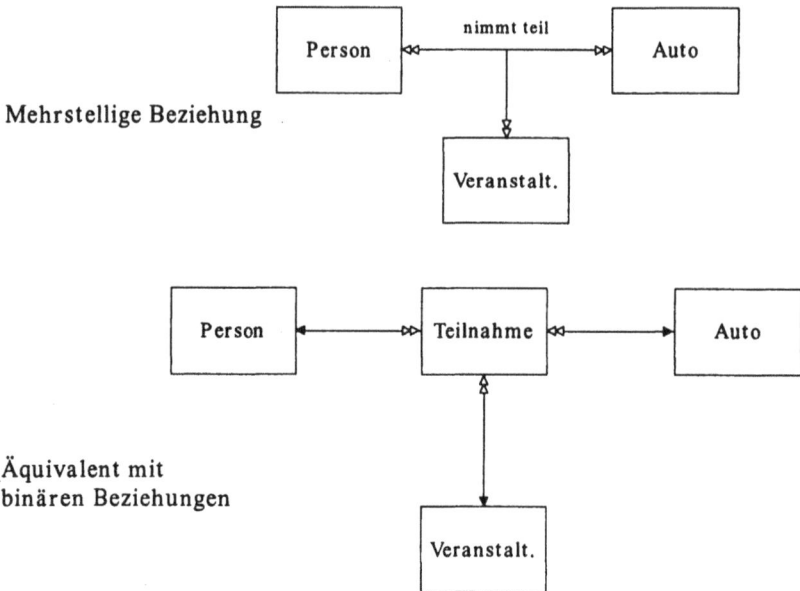

Abb. 3.7: Auflösung mehrstelliger in binäre Beziehungen

Unterstellt man bei der Lösung dieser Problematik die ursprüngliche Zielsetzung, fachliche Informationsstrukturen möglichst "wirklichkeitsnah" und transparent darzustellen, so daß auch Methodenlaien (z.B. Fachvertreter bei der
Systemanalyse) schnell und sicher mit den Ergebnissen umgehen können, so
ergibt sich eine sehr einfache und pragmatische Vorgehensweise. Grundsätzlich
muß aus einer Informationsstruktur ersichtlich sein, ob zwei Informationsobjekte fachlich miteinander verbunden sind und ob die Verbindung ein- oder mehr-
deutig ist. Diese Forderung wird von Methoden erfüllt, die komplexe, aber auch
nur einfache Beziehungen zulassen.[10] Ein semantischer Verlust tritt bei der
Auflösung von komplexen in einfache Beziehungen nicht auf, ggf. kann die
semantische Aussagefähigkeit der graphischen Informationsstrukturdarstellung
geringfügig leiden, da nicht direkt offensichtlich wird, daß es sich um eine
Beziehung handelt (Abb. 3.8). Aufgrund dieser weitgehend semantischen Äquivalenz der beiden Ansätze muß der fachliche Bezug ausschlaggebend für die
Entscheidung sein. Gemäß diesem Kriterium erscheint es sinnvoll, immer dann

---

[10] Die Veränderung des Komplexitätsgrades durch eine größere Anzahl einfacher Beziehungen in eine geringere Anzahl komplexer Beziehungen dürfte sich in den meisten
Fällen ausgleichen.

ein eigenes Informationsobjekt zu entwerfen, wenn die Einzelobjekte fachlich eigenständig identifiziert werden, z.B. der Auftrag ist ein eigenständiges Informationsobjekt, da der Fachbereich ihn als solches identifiziert und behandelt.

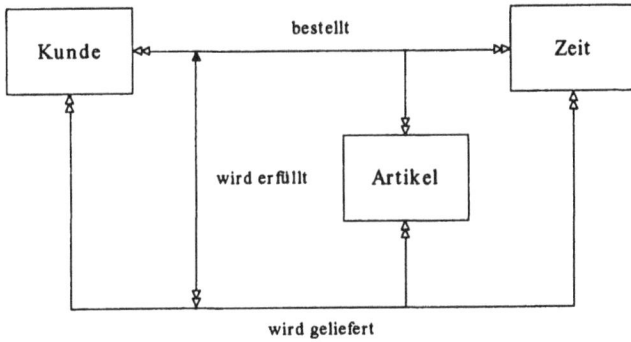

Mehrstellige Beziehungen mit Verknüpfung

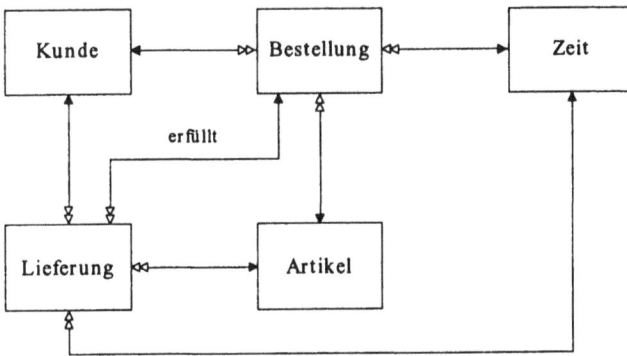

Äquivalenz mit binären Beziehungen

Abb. 3.8: Aussagefähigkeit komplexer und binärer Beziehungen

Datenelementwert und Datenelement

Die bisher beschriebenen Basiselemente stellen Konzepte dar, mit denen Informationsbestände - unabhängig von ihrer physischen Repräsentation - nach logischen Kriterien strukturiert werden können. Diese logischen Kriterien sind jedoch nicht wertfrei, sondern richten sich weitgehend nach dem Zweck - i.allg. der Unterstützung einer angestrebten Funktionalität -, der mit der Strukturierung erreicht werden soll. Damit wird offensichtlich, daß ein bestimmter Informationsbestand mit unterschiedlichsten Strukturen "überdeckt" werden kann

(Abb. 3.9). Eingeschränkt werden die Gestaltungsmöglichkeiten durch eine physisch determinierte Grundstruktur in Form sogenannter Datenelemente, z.B. Kunden-Name und Mitarbeiter-Gehalt. Sie stellen die kleinsten physischen Bausteintypen da, die inhaltlich noch eine sinnvolle Einheit (Informationseinheit) ergeben und auch identifizierbar sein müssen. Bezogen auf die inhaltliche Bearbeitung eines Datenbestandes bedeutet dies, daß er innerhalb eines Zeitraums aus einer festen Anzahl von Datenelementwerten (Ausprägungen von Datenelementen) besteht. Eigenschaften von Informationsobjekten als kleinste Einheiten einer logischen Struktur müssen folglich auf Datenelemente abgebildet werden.[11]

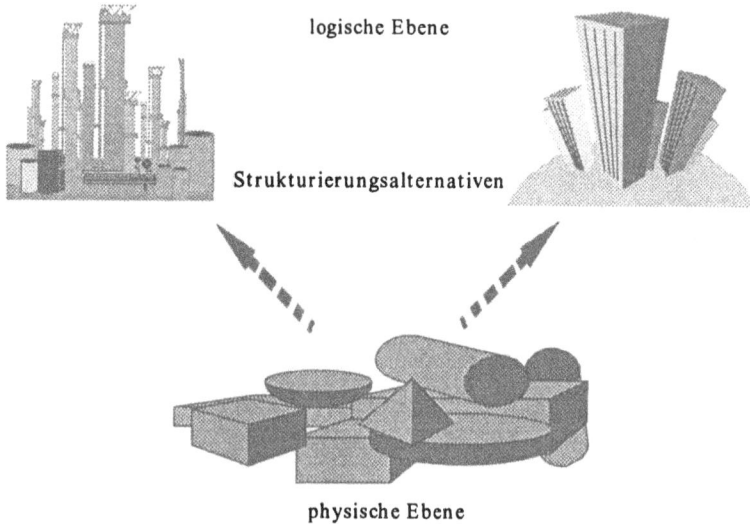

logische Ebene

Strukturierungsalternativen

physische Ebene

Abb. 3.9: Datenelementwerte als physisches Ausgangsmaterial

Wertebereich und Format von Datenelementen, Datenelementtyp

Faßt man die möglichen Werte eines Datenelementes zusammen, so erhält man dessen Wertebereich. Aufgrund der physischen Realisierung sind Formatangaben für die Datenelementwerte anzugeben. Gleiche Wertebereiche und Formate können zu einem Datenelementtyp standardisiert werden, um ihn dann mehre-

---

[11] In der Praxis werden meist eineindeutige Abbildungen vorgegeben, so daß Eigenschaften von Informationsobjekten und Datenelemente identisch behandelt werden. Darüber hinaus sind Datenflüsse, die zwischen Funktionen ausgetauscht werden, eine Aggregation von bestimmten Datenelementen.

ren Datenelementen zuzuordnen. In Abb. 3.10 sind die Zusammenhänge zwischen Eigenschaften auf der logischen Ebene und konkreten Werten auf der physischen Ebene dargestellt. Eigenschaften besitzen Werte, die zu Wertebereichen (-mengen) zusammengefaßt und durch Datenelementwerte realisiert werden. Datenelemente zur technischen Abspeicherung und Kommunikation benötigen eine Formatspezifikation und eine Wertebereichsfestlegung. Diese beiden Angaben sind unmittelbare Merkmale eines Datenelementes oder werden in einem Datenelementtyp standardisiert und dann mittelbar dem Datenelement zugeordnet. Die Konstrukte Datenelement und Datenelementtyp mit Wertebereichs- und Formatangaben bilden die Schnittstelle beim Abbildungsprozeß von der logischen zur physischen Ebene.

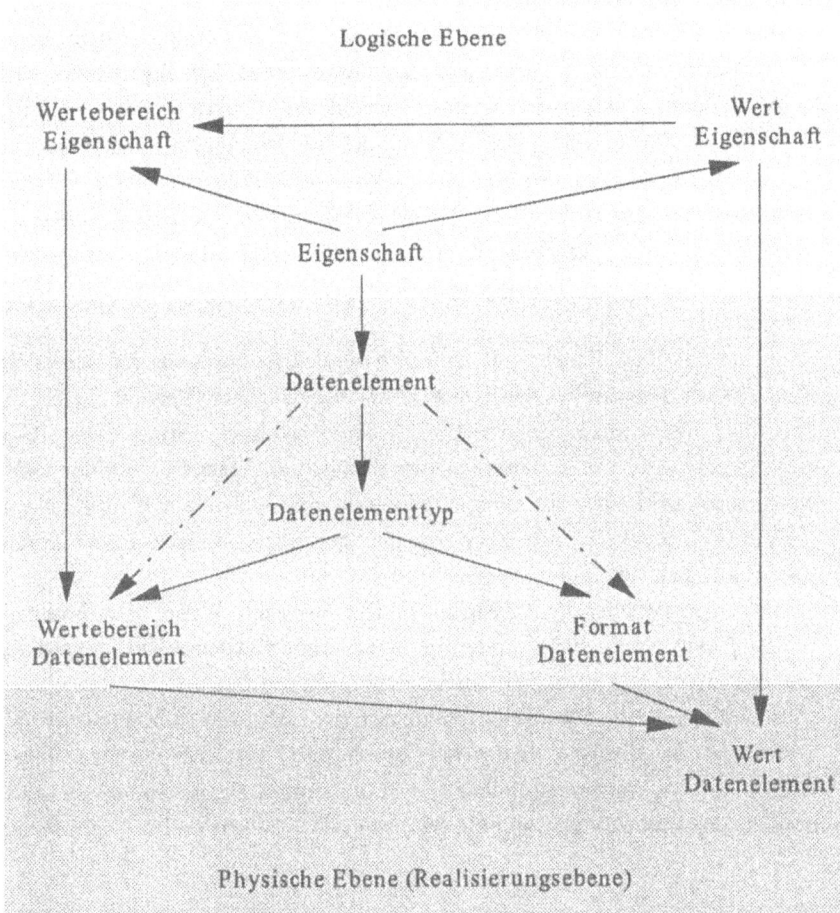

Logische Ebene

Wertebereich
Eigenschaft

Wert
Eigenschaft

Eigenschaft

Datenelement

Datenelementtyp

Wertebereich
Datenelement

Format
Datenelement

Wert
Datenelement

Physische Ebene (Realisierungsebene)

Abb. 3.10: Zusammenhang zwischen Eigenschaften und Datenelementwerten

Regeln zur Informationsstrukturierung

Unter Verwendung von Informationsobjekten, Beziehungen und Eigenschaften werden zweckorientiert statische Informationsstrukturen für interessierende Datenbestände festgelegt, d.h., die Strukturen charakterisieren (typisieren) alle möglichen Einzelstrukturen. Gegenüber dieser statischen Beschreibung ist die Zusammensetzung der zugehörigen Einzelobjekt- und Einzelbeziehungsmengen zeitvariant, d.h., im Zeitablauf können Einzelobjekte und -beziehungen aus dem Bestand entfernt werden, neue hinzukommen und Eigenschaftswerte verändert werden. Folgende Regeln sind bei der Aufstellung der Informationsstruktur zu beachten:

- Zwischen Informationsobjekten können zu einem Zeitpunkt mehrere sachlogische Zusammenhänge bestehen, die als eigenständige Beziehungen ausgewiesen werden müssen, z.B. die Beziehungen "ist Eigentümer von" und "ist Besitzer von" zwischen den Informationsobjekten Person und Auto.
- Redundante Beziehungen sind zulässig, sie müssen aber als redundant gekennzeichnet werden. Sie sollen den Zusammenhang zwischen Informationsobjekten, die über weitere Informationsobjekte und Beziehungen mit unterschiedlichen Kardinalitäten in Verbindung stehen, transparent machen. Redundante Beziehungen werden durch gestrichelte Linienzüge dargestellt.
- Jede mehrstellige Beziehung wird in zweistellige Beziehungen aufgelöst. Wie bereits dargestellt, kann dies ohne semantischen Verlust durch das Einfügen eines neuen Informationsobjektes erfolgen. Durch diese Regel werden nur ein- und zweistellige Beziehungen zugelassen, d.h., der Informationsgehalt einer Beziehung reduziert sich auf die Verbindung von Informationsobjekten, die ihrerseits den gesamten übrigen Informationsgehalt auf sich vereinigen.
- Beziehungen dürfen keine Eigenschaften besitzen. Wenn eine beschreibende Eigenschaft nicht eindeutig einem Informationsobjekt zugeordnet werden kann, muß ein neues Objekt eingeführt werden.
- Teilidentifizierende Eigenschaften können bei mehreren Informationsobjekten auftreten. Dieser Fall entsteht durch das "Vererben" von Schlüsseleigenschaften. Werden komplexe Beziehungen und Eigenschaften zu Informationsobjekten umgewandelt, erhalten sie - sofern keine künstlichen

Schlüsseleigenschaften eingeführt werden - als identifizierende Eigenschaft die Schlüsseleigenschaften der Ausgangsinformationsobjekte zugewiesen.[12]

- Beschreibende Eigenschaften dürfen nur jeweils bei einem Informationsobjekt auftreten. Da beschreibende Eigenschaften funktional abhängig von der Schlüsseleigenschaft sein müssen, ist ein mehrfaches Auftreten von beschreibenden Eigenschaften nur dann möglich, wenn die Schlüsseleigenschaften bei verschiedenen Informationsobjekten identisch oder eineindeutig voneinander abhängig sind. In beiden Fällen liegt eine fehlerhafte Strukturierung vor, da diese verschiedenen Informationobjekte in einem Objekt hätten zusammengefaßt bzw. durch eine Gattungs-/Teilobjektbeziehung hätten verbunden werden müssen.[13] Die beschreibende Eigenschaft wird bei einer Gattungs-/Teilobjektbeziehung exklusiv nur einem der beiden Objekttypen zugewiesen.

- Jedes Informationsobjekt hat mindestens eine Eigenschaft, wenn nicht gibt es keine Informationen über die Einzelobjekte. Ohne Eigenschaft ist der Name des Informationsobjektes eine leere "Begriffshülse", die keine Einzelobjekte besitzt und damit auch nicht als Informationsbestand existiert.

- Jedes Informationsobjekt hat mindestens eine identifizierende Eigenschaft oder mehrere teilidentifizierende Eigenschaften als Schlüsseleigenschaft. Ohne Identifikation kann ein Einzelobjekt nicht von anderen unterschieden werden und damit ist es auch nicht in der Realität existent.

- Eigenschaften dürfen keine Eigenschaften besitzen. Falls zu einer Eigenschaft weitere Eigenschaften existieren, müssen ein neues Informationsobjekt gebildet und eine entsprechende Beziehung zwischen diesen beiden Informationsobjekten aufgebaut werden. Hinter der Aussage "Eigenschaften besitzen Eigenschaften" verbirgt sich eine funktionale Abhängigkeit zwischen den betreffenden Eigenschaften, so daß im Verhältnis zur Schlüsseleigenschaft eine transitive Abhängigkeit entsteht.

- Transitiv abhängige Eigenschaften müssen durch die Bildung eines neuen Informationsobjektes und einer entsprechenden Beziehung aufgelöst werden (Abb. 3.11). Sie weisen auf das Vorhandensein eines weiteren, selbständigen (identifizierbaren) Informationsobjekts hin, das aus Transparenz-

---

[12] Formal betrachtet sind die Beziehungen für diese Informationsobjekte identifizierend. Da jedoch viele ER-Varianten kein eigenes Darstellungselement dafür besitzen, wurde die "Vererbung" von Schlüsseleigenschaften als Hilfskonstrukt eingeführt.

[13] Darüber hinaus führen redundanzfreie Informationsstrukturen bei einer späteren physischen Realisierung zu redundanzfreien Datenbeständen und den damit verbundenen Vorteilen.

gründen in der Informationsstruktur explizit ausgewiesen werden muß.
Diese Regel entspricht der 3. Normalform des Relationenmodells.

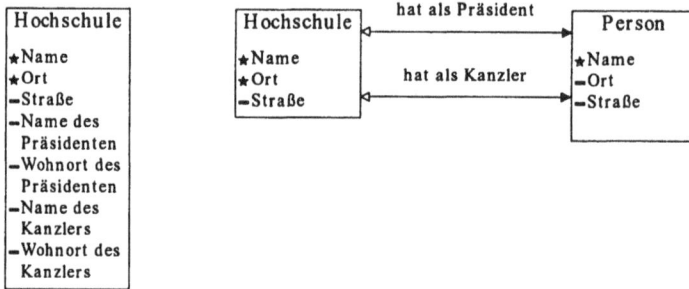

Abb. 3.11: Auflösung transitiv abhängiger Eigenschaften

• Eigenschaften müssen vom ganzen Schlüssel abhängig sein; wenn nicht
  müssen ein neues Informationsobjekt und eine entsprechende Beziehung
  gebildet werden (Abb. 3.12). Dieser Fall kann nur auftreten, wenn die
  Schlüsseleigenschaft eines Informationsobjektes aus mehreren teilidentifi-
  zierenden Eigenschaften besteht. Ist innerhalb eines Informationsobjektes
  ein Teil der beschreibenden Eigenschaften vom gesamten Schlüssel und der
  andere Teil nur von Schlüsselteilen abhängig, handelt es sich um eine in
  ein Informationsobjekt umgewandelte Beziehung, die Eigenschaften der
  verknüpften Ausgangsinformationsobjekte enthält. Diese Eigenschaften
  müssen den betreffenden Ausgangsinformationsobjekten explizit zugeordnet werden, wobei meist auch diese Objekte erst angelegt werden müssen.
  Diese Regel entspricht der 2. Normalform des Relationenmodells.

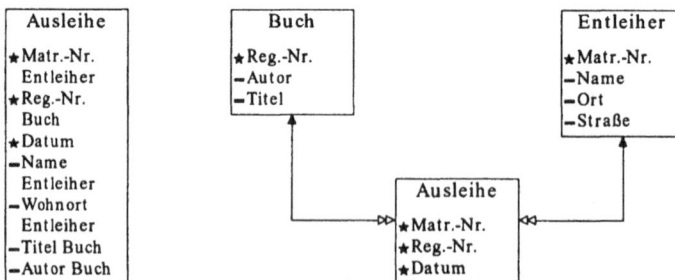

Abb. 3.12: Auflösung von Teilschlüsselabhängigkeiten

Standardbeziehungen

Der Aufbau und die graphische Darstellung logischer Strukturen von Informationsbeständen sind mit Hilfe der beschriebenen Basiskonzepte sehr einfach und übersichtlich; ebenso besitzt diese Methode bei der expliziten Gestaltung semantischer Zusammenhänge eine hohe Flexibilität und Ausdrucksfähigkeit. Zu kritisieren ist jedoch, daß die Modelle schnell sehr groß und damit wieder unübersichtlich werden, d.h., es fehlen explizite methodische Konstrukte zur Bildung von Teilsichten auf die Informationsstruktur und zur Darstellung bestimmter - insbesondere für eine Standardisierung - wichtiger Zusammenhänge, die zwar in einer Struktur vorhanden, aber nicht ausreichend transparent sind. Aus diesem Grund wurde der ursprüngliche Entity-Relationship-Ansatz um die explizite Identifikation und Darstellung der folgenden Standardbeziehung erweitert:[14]

- Generalisierung/Spezialisierung: Ähnliche Informationsobjekte, d.h. solche mit teilweise denselben Eigenschaften, werden zu einem neuen, verallgemeinerten Informationsobjekt (Begriff) zusammengefaßt bzw. ein Gattungsinformationsobjekt wird in Teilinformationsobjekte aufgeteilt.
- Aggregation/Zerlegung: Bei der Rollenaggregation wird aus unterschiedlichen Informationsobjekten durch Zusammenfassung ein neues Informationsobjekt gebildet. Bei der Mengenaggregation (Gruppierung) werden Einzelobjekte eines Informationsobjektes zu einem neuen Informationsobjekt (Gruppe) zusammengefaßt.

---

[14] Smith und Smith haben durch ihre Veröffentlichung [Smith/77] eines hierarchisch-semantischen Datenmodellierungsansatzes die Bedeutung dieser Beziehungen für die Modellbildung herausgestellt. Nicht nur, daß die Strukturierungs- und Darstellungsmöglichkeiten wesentlich verbessert wurden, was zu einer Erhöhung der semantischen Mächtigkeit und Ausdrucksfähigkeit führte, sondern in den folgenden Jahren erkannte man auch, daß dadurch Eingriffsmöglichkeiten für den Entwickler geschaffen wurden, das Modell mitzugestalten. Es ist damit möglich, neue inhaltliche Tatbestände zu konstruieren sowie diese innerhalb eines Datenmodellentwurfs formal zu erfassen und somit zu sichern.

Neben diesen beiden Standardbeziehungen haben Smith und Smith noch die Klassifikation unterschieden, bei der gleichartige Einzelobjekte, d.h. solche mit denselben Eigenschaften, zu Informationsobjekten (Mengen- und Typenbildung) zusammengefaßt werden. Dieser Beziehungstyp wird im ER-Ansatz explizit durch die Bildung von Informationsobjekten und Beziehungen dargestellt.

Generalisierung/Spezialisierung

Bei der Spezialisierung wird aus der Menge von Einzelobjekten eines Informationsobjektes eine Teilmenge gebildet, die ein neues Informationsobjekt (Teilobjekt) darstellt. Die Beziehung zwischen einem Informationsobjekt und einem Teilobjekt heißt "ist ein" (is a, ISA) und ist immer von der Kardinalität 1:C. Durch die Spezialisierung werden die Eigenschaften zwischen Informationsobjekt und Teilobjekt neu aufgeteilt und es können neue Beziehungen identifiziert werden (vgl. Abb. 3.13). Spezialisierungen können zu disjunkten und nichtdisjunkten Teilmengen (Teilobjekten) führen. Sie können eine Informationsobjektmenge vollständig oder unvollständig in Teilmengen (Teilobjekte) zerlegen. Eine Spezialisierung sollte in folgenden Fällen vorgenommen werden:

- Es liegen spezifische (optionale) Eigenschaften für Teilmengen eines Informationsobjektes vor.
- Die Teilmengen besitzen eigene Beziehungen zu anderen Informationsobjekten.
- Der Sachverhalt (Semantik) wird dadurch präziser dargestellt.
- Die Teilmengen werden durch Funktionen spezifisch behandelt.

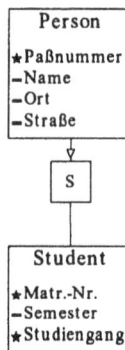

```
        ┌──────────────┐
        │   Person     │
        ├──────────────┤
        │★Paßnummer    │
        │─Name         │
        │─Ort          │
        │─Straße       │
        └──────┬───────┘
               ▽
             ┌───┐
             │ S │
             └─┬─┘
               │
        ┌──────┴───────┐
        │   Student    │
        ├──────────────┤
        │★Matr.-Nr.    │
        │─Semester     │
        │★Studiengang  │
        └──────────────┘
```

Abb. 3.13: Einfache Spezialisierung

Bei der Generalisierung werden die Entitäten mehrerer Informationsobjekte zu einem neuen Informationsobjekt zusammengefaßt; sprachlich bedeutet dies, daß zu mehreren Begriffen ein Oberbegriff gebildet wird. Nicht-disjunkte Informationsobjekte müssen, disjunkte können generalisiert werden, wenn sie gemeinsame Eigenschaften oder Beziehungen besitzen. Eigenschaften des generellen Objektes gelten auch für die Teilobjekte ("Vererbung von Eigenschaften"); Teilobjekte werden durch die identifizierende Eigenschaft des generellen Objektes identifiziert. Folgende Regeln sind für die Spezialisierung/Generalisierung zu beachten:

- Teilobjekte erben Eigenschaften und Beziehungen des generellen Informationsobjektes.
- Teilobjekte können zusätzliche Eigenschaften und Beziehungen besitzen.
- Teilobjekte beschreiben entweder Rollen, Zustände oder Subtypen des generellen Informationsobjektes.
- Teilobjekte werden durch die identifizierende Eigenschaft des generellen Informationsobjektes identifiziert; sie können aber auch noch zusätzliche identifizierende Eigenschaften aufweisen.
- Informationsobjekte können nach verschiedenen Aspekten mehrfach spezialisiert werden.
- Teilobjekte können ihrerseits weiter spezialisiert werden (mehrstufige Spezialisierung).
- Beziehungen zwischen dem generellen Informationsobjekt und einem zugehörigen Teilobjekt sind erlaubt.
- Beziehungen zwischen Teilobjekten sind erlaubt.

Generalisierung und Spezialisierung sind zwei Sichten auf dieselbe Standardbeziehung. In Abb. 3.14 werden verschiedene Arten der Spezialisierung in bezug auf die Gattungsmenge dargestellt.

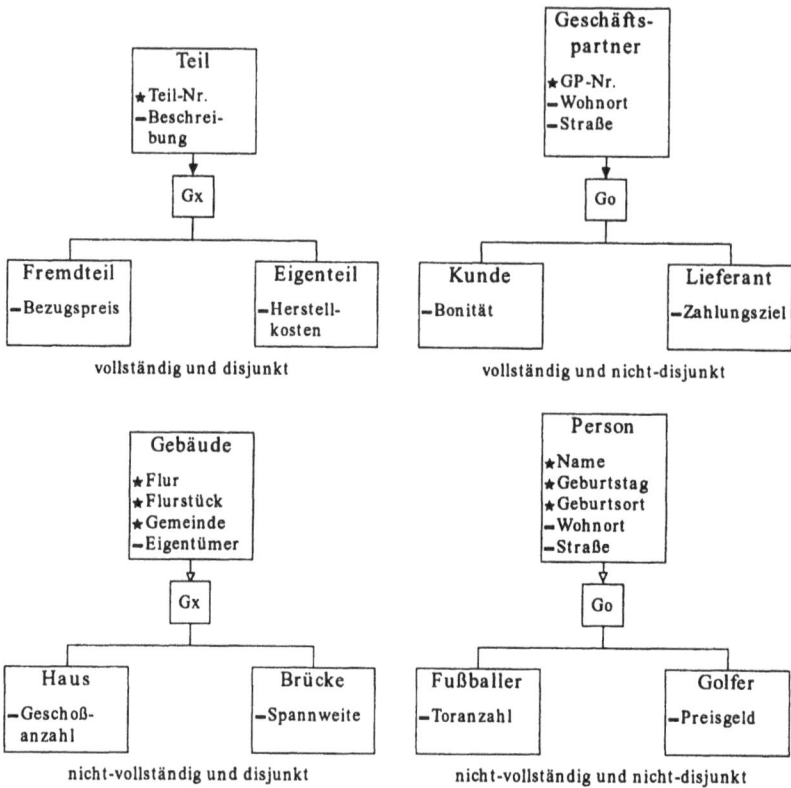

Abb. 3.14: Arten der Generalisierung/Spezialisierung

Aggregation/Zerlegung

Unter Aggregation wird die Zusammenfassung von Objekten zu eigenständig identifizierbaren Informationsobjekten verstanden. Die Beziehung zwischen aggregiertem Objekt und Komponente heißt "besteht aus" bzw. "ist Komponente von". Eigenschaften, die für alle Komponenten denselben Wert annehmen, werden bei der Aggregation zu Eigenschaften des aggregierten Objektes. Die Komponenten besitzen nur ihre spezifischen Eigenschaften. Besteht jedes Einzelobjekt eines Informationsobjektes aus den gleichen Komponenten, so handelt es sich um eine vollständige Aggregation (dargestellt durch den ausgefüllten Pfeil auf das Aggregationsdarstellungselement). Bei einer nicht-vollständigen Aggregation können Einzelobjekte existieren, die nicht aus den angegebenen Komponenten bestehen (dargestellt durch den nicht ausgefüllten Pfeil). Bei der Aggregation werden drei Typen unterschieden: Rollenaggregation, Mengenaggregation und Allgemeine Aggregation.

Rollenaggregation

Eine Rollenaggregation besteht aus einem aggregierten Informationsobjekt, dem mehrere Komponenten zugeordnet sind und die innerhalb der Aggregation jeweils eine bestimmte Rolle übernehmen. Rollen drücken jeweils ihre Verwendung als Bestandteil des aggregierten Objektes aus (Abb. 3.15). Die Beziehung vom aggregierten Informationsobjekt zur Komponente ist immer von der Kardinalität :C oder :1. Unterscheiden sich Komponenten- und Rollenname, so müssen beide ausgewiesen werden; sind sie gleich, wird nur der Komponentenname angegeben.

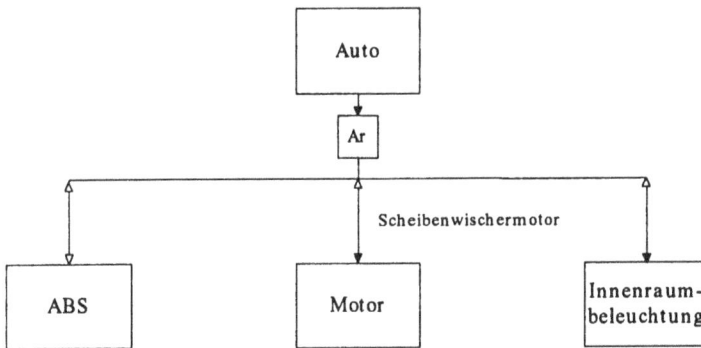

Abb. 3.15: Beispiel für eine Rollenaggregation

Mengenaggregation

Eine Mengenaggregation besteht aus einem aggregierten Informationsobjekt, dem eine einzige Komponente zugeordnet ist (Abb. 3.16). Ein Einzelobjekt des aggregierten Informationsobjektes ist Stellvertreter einer Teilmenge von Einzelobjekten der Komponente. Die Beziehung vom aggregierten Informationsobjekt zur Komponente ist immer von der Kardinalität :N.

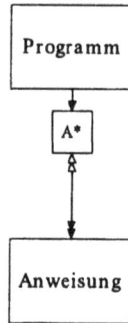

Abb. 3.16: Beispiel für eine Mengenaggregation

Allgemeine Aggregation

Die allgemeine Aggregation vereinigt Mengen- und Rollenaggregation
(Abb. 3.17). Für das aggregierte Informationsobjekt gibt es eine oder mehrere
Komponenten; die Beziehungsart ist beliebig.

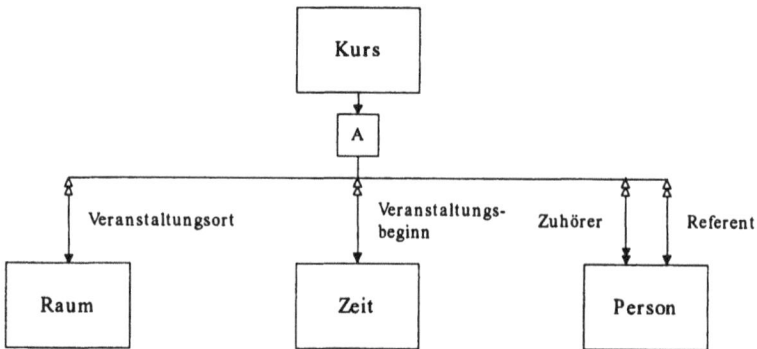

Abb. 3.17: Beispiel für eine allgemeine Aggregation

Regeln zur Aggregation

Folgende Regeln zur Aggregation sind zu beachten:

*   Beziehungen mit der Semantik "besteht aus" oder "gehört zu" weisen auf
    das Vorliegen einer Aggregation.
*   Besitzen Eigenschaften ihrerseits Eigenschaften, so kann dieser Zusam-
    menhang mit Hilfe einer Mengenaggregation aus Typ und Ausprägung dar-
    gestellt werden.

- Die Uminterpretation von Beziehungen zu Informationsobjekten (Beziehungen besitzen Eigenschaften oder mehrstellige Beziehungen) kann mit Hilfe einer Rollenaggregation explizit dargestellt werden.
- Mehrstufige Aggregationen sind erlaubt.
- Ein Gruppe von Informationsobjekten wird zu einem aggregierten Objekt zusammengefaßt, wenn die Gruppe insgesamt Eigenschaften besitzt, insgesamt Beziehungen zu anderen Informationsobjekten aufweist oder wenn die Informationsobjekte der Gruppe durch eine Beziehung miteinander verknüpft sind.

Integritätsbedingungen

Eine Integritätsbedingung ist eine Regel, die den Inhalt und die Änderung der Informationsbasis in bezug auf semantische Richtigkeit kontrolliert. Integritätsbedingungen können Informationsobjekte, Beziehungen, Datenelemente und Datenelementtypen betreffen. Grundsätzlich können folgende Integritätsbedingungen unterschieden werden:

- Implizite Integritätsbedingungen sind in der Informationsstruktur bereits enthalten, z.B. begrenzen die Beziehungskardinalitäten die mögliche Beziehungsanzahl zwischen Einzelobjekten.
- Explizite Integritätsbedingungen sind aus der Informationsstruktur nicht zu entnehmen, sie müssen explizit formuliert werden. Explizite Integritätsbedingungen können implizite nicht aufheben, sondern sie gelten zusätzlich. In Abb. 3.18 ist die Informationsstruktur zur Abbildung organisatorischer Einheiten, z.B. Hauptabteilung, Abteilung, Sachbearbeitung, dargestellt. Um organisatorische Einheiten zu vermeiden, die sich außerhalb einer Organisationshierarchie befinden (isolierte Stellen), muß eine zusätzliche explizite Integritätsbedingung formuliert werden, die den Zusammenhang erzwingt.

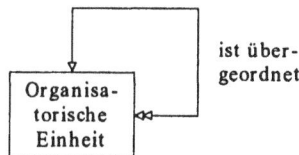

Abb. 3.18: Beispiel für eine explizite Integritätsregel

3.1.3 Strukturierung von Prozessen

Neben der einheitlichen Behandlung unterschiedlicher Informationsbestände ist eine standardisierte Strukturierung und Darstellung der Transformationsprozesse die zweite wichtige Komponente zur Festlegung einer allgemeinen Vorgehensweise zum Reengineering. Methoden zum Prozeßentwurf sind seit Beginn der elektronischen Datenverarbeitung ein zentrales Thema innerhalb der Software-Entwicklung, angefangen beim Programmentwurf bis hin zum Entwurf fachlicher Funktionen im Bereich Systemanalyse. Daher ist es nicht verwunderlich, daß in diesem Zusammenhang eine Vielzahl unterschiedlicher, teilweise kontrovers diskutierter Methoden entstanden sind, die heute noch aktuell oder auch schon "fast" vergessen sind. Gemeinsam ist diesen Methoden, daß sie bestimmte Prozeßtypen oder spezielle Teilaspekte beim Prozeßentwurf besonders gut abbilden konnten, während andere Aspekte in den Hintergrund rückten oder ganz vernachlässigt wurden. Es gibt zwar auch Ansätze, die durch Kombination verschiedener Prozeßentwurfsmethoden eine umfassende und allgemeine Vorgehensweise zur Prozeßstrukturierung bereitstellen, jedoch konnten auch sie sich weder in Theorie noch Praxis durchsetzen. Was bei der Informationsstrukturierung durch den Entity-Relationship-Ansatz gelang, nämlich eine allgemeingültige, breit akzeptierte Methode vorzugeben, steht im Bereich der Prozeßstrukturierung noch aus.[15] Darüber hinaus ist es auch nur ansatzweise gelungen, eine Integration zwischen dem Entity-Relationship-Ansatz und Entwurfsmethoden zur Prozeßstrukturierung zu realisieren.[16]

Bei der Vorgabe eines allgemeinen Ansatzes zur Spezifikation und Darstellung von Reengineering-Transformationsprozessen kann somit nicht auf eine allgemeingültige Methode zurückgegriffen werden, sondern es ist eine spezielle festzulegen, welche die spezifischen Gegebenheiten und Zielsetzungen des Reengineering berücksichtigt. Eine solche Methode setzt auf bekannten Ansätzen auf, jedoch werden diese anwendungsspezifisch angepaßt und kombiniert. Ausgangspunkt für eine solche Methodenauswahl und -anpassung müssen die Informa-

---

[15] Möglicherweise kann dieses Ziel auch gar nicht erreicht werden, da die funktionalen Anforderungen von Anwendung zu Anwendung so unterschiedlich sind, daß eine allgemeine, in hohem Maße abstrakt formulierte Methode keine relevanten Strukturen mehr liefert. In diesem Fall bleibt nur die Sammlung unterschiedlicher Methoden übrig, deren Einsatz anwendungsspezifisch festgelegt werden muß.

[16] Innerhalb des Modern Structured Analysis verwendet man die Entity-Relationship-Modellierung zur Strukturierung der Speicherinhalte in Datenflußspezifikationen [Yourdon/89, S. 233 ff.].

tionsbestände und deren Strukturierung mit Hilfe des zuvor beschriebenen Entity-Relationship-Ansatzes sein, welche die Ein- und Ausgabe der betrachteten
Transformationsprozesse bilden. Betrachtet man die Informationsstrukturen als
feste Vorgaben und strebt einen möglichst integrativen Ansatz an, läßt sich daraus ableiten, daß die auszuwählenden Methoden zur Prozeßstrukturierung
datenorientiert sein müssen. Darüber hinaus wird gefordert, daß die Methode
- ausgehend von einem Reengineering-Vorhaben in seiner Gesamtheit -
"top down" bis zur Spezifikation elementarer Transformationsprozesse einen
systematischen Entwurf unterstützt. Diese Forderungen werden im Hinblick auf
eine Top-down-Strukturierung durch die Methode der Datenflußanalyse erfüllt;
eine datenorientierte Prozeßbeschreibung könnte mit Hilfe des Prozeßentwurfs
nach Jackson [Jackson/75 und Jackson/83] bzw. mittels Datennaviga-
tionsdiagrammen nach Martin [Martin/88, S. 325 ff.] oder Batini [Batini/92, S.
238 ff.] vorgenommen werden. Da diese Spezifikationsarten jedoch mit sehr
umfangreichen formalen Beschreibungen verbunden sind, wird aus Übersichtlichkeitsgründen eine prosatextliche Prozeßformulierung vorgenommen.

Analyse von Datenflüssen

Die Datenflußanalyse oder -modellierung mit ihrer graphischen Darstellung,
dem Datenflußdiagramm, ist der Kern der Strukturierten Analyse (Structured
Analyses), deren Anfänge bis in die siebziger Jahre reichen [Yourdon/76;
Ross/77; DeMarco/78; Gane/79]. Mit Hilfe von Datenflüssen können sowohl der
gesamte Datenfluß oder einzelne Datenflüsse in bestimmten Bereichen innerhalb
eines Unternehmens als auch die Flüsse innerhalb eines Computersystems
beschrieben werden, d.h., die Methode besitzt im Hinblick auf das Anwendungs-
gebiet eine hohe Allgemeingültigkeit. Die Elemente eines Datenflußmodells sind:

- Prozeß: Prozesse dienen zur Ausführung des übergeordneten Prozesses und
  sind ihrerseits beliebig zerlegbar.
- Externer Partner (terminator): Externe Partner sind außerhalb des
  betrachteten Modells; sie sind jedoch in der Lage, Daten mit den Modellpro-
  zessen auszutauschen (senden und empfangen).
- Datenspeicher: Datenspeicher dienen zur Aufnahme von Daten, die durch
  Prozesse produziert werden und weiteren Aktivitäten (Prozessen) zur Ver-
  fügung stehen.
- Fluß: Flüsse transportieren Daten zwischen Prozessen, Datenspeichern und
  Externen Partnern.
- Verbindung: Verbindungen dienen zur Organisation und Vereinfachung der
  Diagramme. Divergente Verbindungen teilen einen Datenfluß in mehrere

Datenflüsse auf, während konvergente Verbindungen mehrere Flüsse kombinieren. Lineare Verbindungen erzeugen einen ausgehenden aus einem eingehenden Datenfluß. Verbindungen dürfen nicht als Datenquelle oder -senke verwendet werden.

- Kontextverbindung: Kontextverbindungen repräsentieren die Datenflüsse, die der übergeordnete Prozeß empfängt oder sendet.

Die graphische Präsentation der Datenflußelemente ist der Abb. 3.19 zu entnehmen.

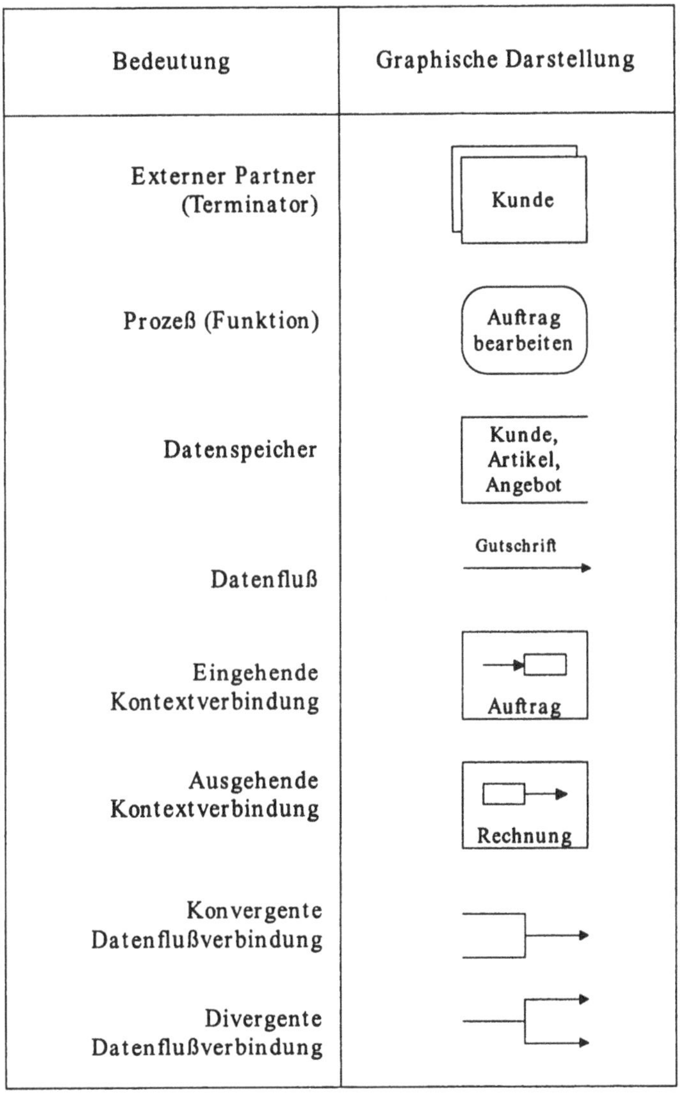

Bedeutung	Graphische Darstellung
Externer Partner (Terminator)	Kunde
Prozeß (Funktion)	Auftrag bearbeiten
Datenspeicher	Kunde, Artikel, Angebot
Datenfluß	Gutschrift
Eingehende Kontextverbindung	Auftrag
Ausgehende Kontextverbindung	Rechnung
Konvergente Datenflußverbindung	
Divergente Datenflußverbindung	

Abb. 3.19: Elemente von Datenflußmodellen

Das Beispiel, das in Abb. 3.20 dargestellt wird, ist wie folgt zu interpretieren: Der von außen in das Teilsystem eingehende Datenfluß "Auftrag", z.B. von dem Externen Partner "Kunde" (was jedoch auf dieser Ebene nicht mehr ersichtlich ist), wird vom Prozeß "Auftrag bearbeiten" empfangen und mit Hilfe von gespei-

cherten Kunden-, Artikel- und Angebotsdaten informationell ausgeführt.[17] Dabei
werden zum einen neue, zu speichernde Daten erzeugt und zum anderen die
Daten des ausgeführten Auftrags dem Prozeß "Rechnung bearbeiten" zugesandt.
Dieser Prozeß verarbeitet die Auftragsdaten zu Rechnungen, die als Datenfluß
das Teilsystem verlassen. Darüber hinaus erhält dieser Prozeß Gutschriften von
außen, z.B. von einer Bank, mit denen offenstehende Rechnungen ausgeglichen
werden.

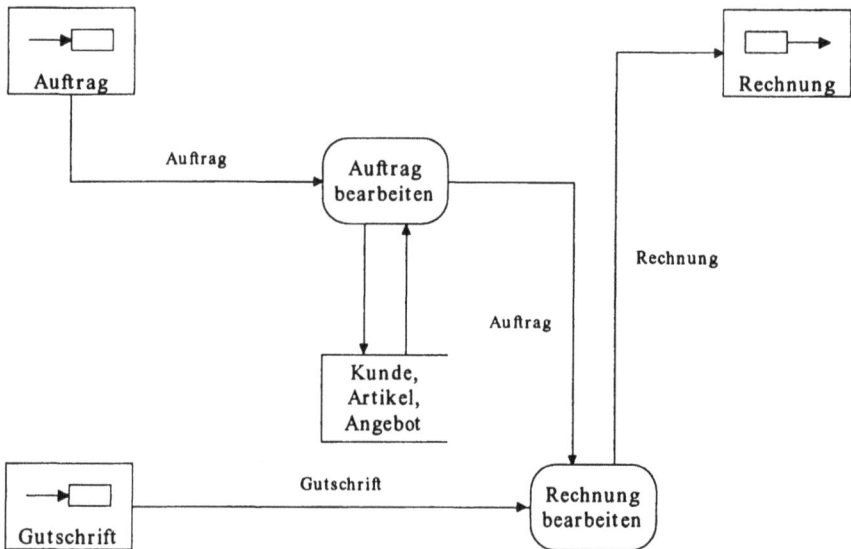

Abb. 3.20: Beispiel eines Datenflußdiagramms

Gestaltungsregeln für Datenflußdiagramme:

*   Jedem Datenflußdiagramm liegt ein übergeordneter Prozeß zugrunde, wel-
    cher der Vater aller in dem Datenflußdiagramm enthaltenen Prozesse ist.
*   Zur Darstellung der Verarbeitungsreihenfolge werden in einem Datenfluß-
    diagramm die betreffenden Elemente in ihrer Folge von links nach rechts
    angeordnet.

---

[17] Physische und finanzielle Aspekte der Auftragsbearbeitung sind nicht Gegenstand
    eines Datenflußdiagramms und werden daher auch hier nicht dargestellt, obwohl eine
    Auftragsausführung auch diese Teilsichten umfaßt.

- Innerhalb des gesamten Modells ist die Zuordnung von mehreren Exemplaren desselben Datenspeichers zu unterschiedlichen Prozessen nicht zulässig.

Datenflüsse können über mehrere Ebenen definiert werden (Abb. 3.21), wobei folgende Aspekte zu beachten sind:

- Datenflüsse, die einen Prozeß erreichen oder verlassen, sind Verbindungsflüsse, die ebenfalls in Diagrammen auf höherer oder tieferer Ebene oder in anderen Prozessen derselben Ebene erscheinen.
- Übergeordnete Prozesse sind aus ihren Nachfolgern zusammengesetzt.
- Der Datenfluß zwischen den Nachfolgern ist im übergeordneten Prozeß enthalten.

Datenflußebene 1: Kontextdiagramm

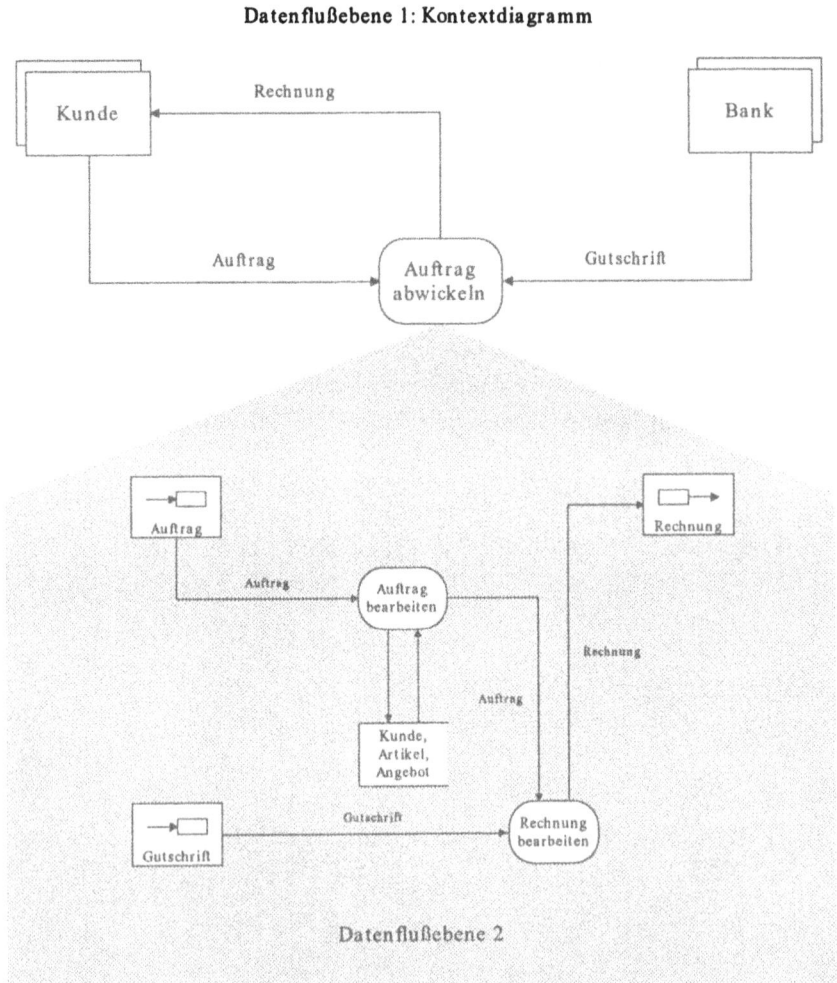

Abb. 3.21: Datenflußdiagramm über mehrere Ebenen

3.2 Allgemeines Vorgehensmodell zum Reengineering

Die Festlegung einer allgemeingültigen Vorgehensweise setzt auf den Komponenten und Strukturen auf, die allen Reengineering-Vorhaben gemeinsam sind,
d.h., es wird eine Abstraktion von konkreten Gegebenheiten vorgenommen. Ganz
allgemein definiert muß für ein ökonomisch motiviertes Vorhaben eine klare

Ziel/Ergebnis/Vorgehensweise-Struktur formuliert werden.[18] Ziele präsentieren dabei zukünftige Zustände, deren Erreichung von den maßgeblichen Entscheidungsträgern vorgegeben wird. Um Ziele zu erreichen, müssen bestimmte Ergebnisse (Mittel) erstellt werden, was mit Hilfe von Vorgehensweisen erfolgt. Dabei ist zu beachten, daß ein Ziel ggf. durch mehrere Ergebnisse erreicht werden kann, aber auch, daß Ziel und Ergebnis nicht deckungsgleich sein müssen, d.h., der Grad der Zielerreichung eines Ergebnisses liegt zwischen 0 und 100 Prozent. Auch zwischen Ergebnis und Vorgehensweise existiert ein ähnliches Verhältnis, bei dem ein Ergebnis durch mehrere Vorgehensweisen mit unterschiedlichen Deckungsgraden zu erreichen ist. Demgemäß ist nicht nur eine exakte Formulierung von Ziel, Ergebnis und Vorgehensweise, sondern auch die explizite Analyse, Bewertung und Akzeptanz der Ziel- und Ergebniserreichungsgrade notwendig, um den Erfolg eines Vorhabens sicherzustellen.

Der beschriebene Zusammenhang wird mit Hilfe eines ER-Ansatzes in Abb. 3.22 dargestellt. Ziele, Ergebnisse und Vorgehensweisen können jeweils weiter verfeinert, klassifiziert und zueinander in Beziehung gesetzt werden, was zu entsprechenden Systemen (Zielsysteme sowie Ergebnis- und Prozeßstrukturen) führt, die im Idealfall eine Baumform aufweisen.

---

[18] In der Praxis wird oft keine oder nur eine unzureichend präzise Formulierung vorgenommen, woraus sich dann bei der Realisierung des Vorhabens eine Vielzahl von Problemen ergeben, die bis zu einer kompletten Fehlinvestition führen können.

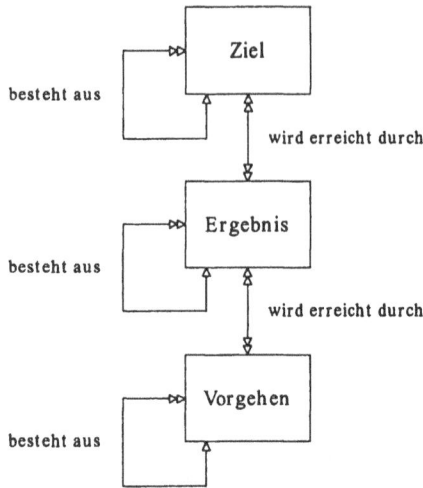

Abb. 3.22: Zusammenhang zwischen Ziel, Ergebnis und Vorgehensweise

Auch Reengineering-Vorhaben müssen - unabhängig, ob es sich um eine Analyse, eine Restrukturierung oder eine Reverse-Engineering-Maßnahme handelt - gemäß dieser Grundstruktur formuliert werden. Mögliche Reengineering-Ziele können die Bereitstellung einer Entscheidungsgrundlage zur Software-Pflege- und -Ersetzungsstrategie oder die erhöhte Wartbarkeit von Programmsystemen sein (Abb. 3.23). Um diese Ziele zu konkretisieren, ist es ggf. notwendig, - auch über mehrere Ebenen hinweg - Teilziele festzulegen, deren Erreichung identisch mit der Erreichung der entsprechend übergeordneten Ziele gesetzt wird,[19] z.B. kann die erhöhte Wartbarkeit in die Teilziele übersichtlichere Programmstrukturen (lesbare Programmquellen) und vollständige Programmdokumentation zerlegt werden. Meist sind diesen Zielen nicht nur ein Ergebnis, sondern eine Fülle unterschiedlicher Ergebnisse mit speziellen Zielerreichungsgraden zuordenbar. Im vorliegenden Beispiel wird unterstellt, daß das Reengineering-Ziel "Entscheidungsgrundlage für eine Pflege- und Ersetzungsstrategie" durch das Ergebnis "Vorliegen aussagefähiger Wartbarkeitskennzahlen für die vorhandenen Software-Systeme" bzw. die beiden Teilziele "lesbare Programmquellen" und "vollständige Dokumentation" durch die Ergebnisse "alle Programmquellen enthalten nur strukturierte Kontrollkonstrukte" und "Vorliegen der fachlichen Datenmodelle für alle Dateien" erreicht werden können. Zur Erstellung der Ergebnisse sind im Normalfall ebenfalls unterschiedlichste Vorgehensweisen

---

[19] Die Ziel-Mittel-Beziehung zwischen Oberziel und Unterzielen muß vom Grad der Zielerreichung her als ausreichend akzeptiert sein.

einsetzbar. Ein wesentlicher Einflußfaktor, der die möglichen Vorgehensweisen maßgeblich bestimmt, ist die gegebene Situation, von der ausgehend das Ergebnis erreicht werden muß. Hier wird unterstellt, daß Programme in prozeduraler Form vorliegen, die mit Hilfe des zyklomatischen Komplexitätsmaßes von McCabe [McCabe/76], der Restrukturierungsmethode von Mills [Mills/72] und des Daten-Reverse-Engineering-Ansatzes von Navathe und Awong [Navathe/87] in die gewünschten Ergebnisse überführt werden.

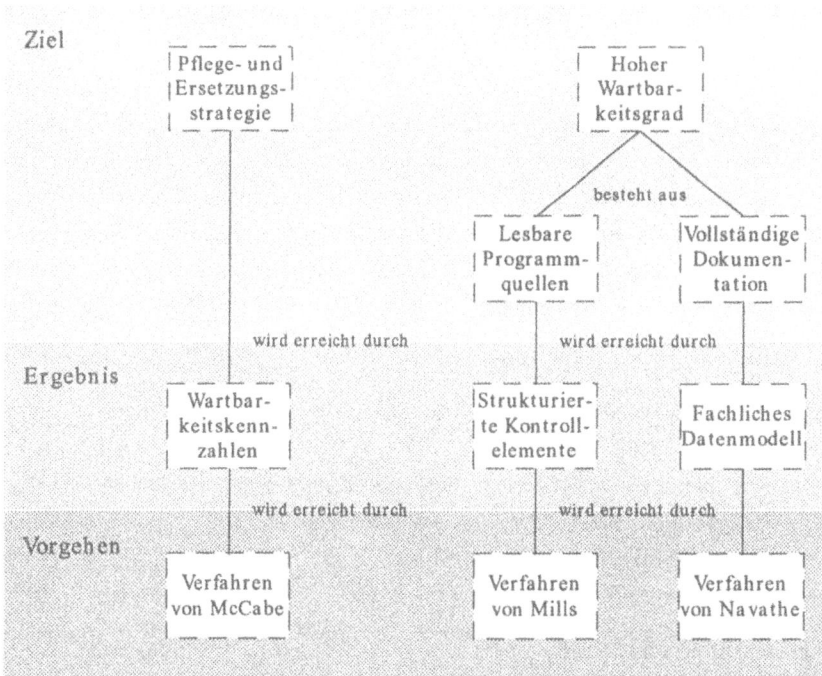

Abb. 3.23: Beispiele für Ziele, Ergebnisse und Vorgehensweisen zum Reengineering

Reengineering-Ziele und Ziel-Ergebnis-Beziehungen als primäre Informationsmanagement-Aspekte werden hier nicht weitergehend methodisch untersucht bzw. vorgehensbezogen festgelegt, sondern der operative Zusammenhang zwischen Ausgangssituation, Vorgehensweise und Ergebnis ist Gegenstand der folgenden Ausführungen. Allen Reengineering-Vorhaben ist gemeinsam, daß sie auf Informationsbeständen in Form von Altsystemen aufsetzen und diese in neue Strukturen transformieren (vgl. Definition von Reengineering, S. 6). Dieser Zusammenhang ist ganz allgemein als Datenflußdiagramm gemäß Abb. 3.24

darstellbar, wobei die Ausgangsbasis (Altsystem) als Ausgangssystem und das
Ergebnis des Reengineering-Prozesses als Zielsystem bezeichnet wird.

Abb. 3.24: Basis-Datenfluß eines Reengineering-Vorhabens

Die Formulierung eines speziellen Reengineering-Vorhabens gemäß diesem
Basis-Datenfluß kann als Einstieg für eine schrittweise Top-down-Prozeß-
dekomposition verwendet werden. Die Verfeinerung ist bis auf die Ebene elementarer Datentransformationen durchführbar, die dann direkt in Operationen
umgesetzt und implementiert werden können. Über diese grundsätzliche Vorgehensweise sowie die Spezifikation von Datenflüssen und deren Elementen hinaus werden von dieser "klassischen" Methode des Software-Engineering keine
weiteren auf alle Reengineering-Vorhaben anwendbaren Verallgemeinerungen
angeboten.

3.2.1 Grundstruktur der modellorientierten Vorgehensweise

In Analogie zur modellorientierten Software-Entwicklung ist jedoch auch hier
eine weitergehende Abstraktion durch die Verwendung einer zusätzlichen
Modellebene möglich, mit der eine weitgehende Vereinheitlichung der Vorgehensweise, aber auch der Darstellung unterschiedlicher Reengineering-Vorhaben
verbunden ist. Dazu müssen die für ein Reengineering-Vorhaben relevanten
Strukturen des Ziel- und Ausgangssystems mit Hilfe einer Modellierungsmethode in entsprechende Modelle und der Reenineering-Prozeß in Modelltransformationen umgesetzt werden. Da es sich hierbei um Modelle von Informationsbeständen, d.h. Datenstrukturen, handelt, bietet es sich an, den ER-Ansatz zur
Spezifikation sowohl für das Ziel- als auch das Ausgangsmodell zu verwenden.[20]
Durch diese einheitliche Modellspezifikation aller Informationsbestände ist auch
eine weitgehende Standardisierung der Modelltransformationen und ein hohes
Maß an Wiederverwendbarkeit möglich. Gemäß diesem Grundgedanken sind fol-

---

[20] Es könnte auch jede andere Modellierungsmethode verwendet werden, die geeignet
ist, statische Datenzusammenhänge abzubilden, z.B. das Relationenmodell oder ein
hierarchisches Datenmodell. Die Wahl des ER-Ansatzes ist jedoch damit begründet,
daß diese Methode wichtige fachliche Zusammenhänge offenlegt, sehr einfach und
breit akzeptiert ist.

gende Schritte zur Ableitung einer Basisvorgehensweise im Rahmen des modellorientierten Reengineering notwendig (Abb. 3.25):

* Spezifikation des Zielmodells
* Spezifikation des Ausgangsmodells
* Spezifikation der Erfassungstransformation
* Spezifikation der Modelltransformation
* Spezifikation der Realisierungstransformation.

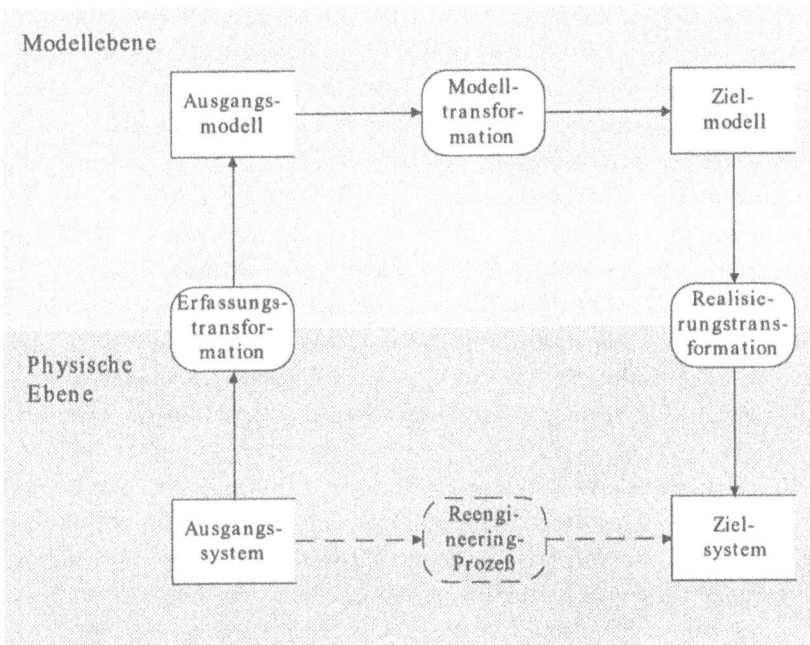

Abb. 3.25: Basis-Datenfluß eines modellorientierten Reengineering-Vorhabens

Spezifikation des Zielmodells

Das angestrebte Zielsystem muß im Hinblick auf seine relevanten Elemente und
Beziehungen untersucht und in Form eines ER-Modells dargestellt werden.
Handelt es sich bei dem Zielsystem bereits um ein in ER-Form spezifiziertes
Modell, sind Zielsystem und -modell identisch.

Spezifikation des Ausgangsmodells

Bei der Festlegung des Ausgangsmodells sind zwei grundsätzliche Vorgehensweisen mit speziellen Vor- und Nachteilen unterscheidbar, die jedoch bei einer
konkreten Modellierung auch in Kombination angewendet werden können. Es
handelt sich dabei zum einen um eine zielmodellorientierte und zum anderen um
eine zielmodellneutrale Vorgehensweise.

Grundlage der zielmodellorientierten Vorgehensweise sind das Ausgangssystem
und das Zielmodell, die im Hinblick auf korrespondierende Strukturen untersucht werden. Bei einer systematischen Vorgehensweise müssen für jedes einzelne Informationsobjekt und jede Beziehung des Zielmodells alle Komponenten
und Strukturen des Ausgangssystems auf ihren Informationsgehalt bewertet
und bei Relevanz durch entsprechende Elemente innerhalb des Ausgangsmodells
abgebildet werden. Erschwerend wirkt sich bei der Identifikation von Korre-
spondenzen aus, daß Struktur und Darstellung von Zielmodell und Ausgangssystem normalerweise nicht auf einer einheitlichen Methode basieren. Dieses
Vorgehen ist bei Reengineering-Vorhaben, die sehr spezielle Ausgangs- und Zielsysteme aufweisen und einmaligen Charakter besitzen, z.B. die Wiederaufarbei-
tung unternehmensspezifischer Organisationsdokumente, aufwandsminimal, da
nur die unmittelbar benötigten Strukturen betrachtet und bearbeitet werden.

Die zielmodellorientierte Vorgehensweise kann darüber hinaus zur Identifikation und Bereitstellung der notwendigen Ausgangssysteme wichtige Beiträge liefern. Ausgehend von den Strukturen des Zielmodells sind die informationellen
Anforderungen an ein Soll-Ausgangssystem ableitbar, die dann zur Analyse und
Bewertung der vorhandenen Informationsbestände herangezogen werden können.[21] Sind die notwendigen Informationen über mehrere Informationsquellen
verteilt, ist es gemäß dem Soll-Ausgangssystem möglich, einen geeigneten
Bestand aufzubauen. Das zielmodellorientierte Vorgehen kann auch zum Aufbau
einer zielmodellneutralen Strukturierung des Ausgangsmodells verwendet werden, indem es mittels mehrerer Reengineering-Vorhaben, welche dieselbe Aus-

---

[21] Werden nur realisierbare Zielsysteme betrachtet, d.h. solche, die durch Reengineering
oder Neuerhebung aufgebaut werden können, so ist es immer möglich, geeignete
Informationsquellen zu finden und zu erschließen. Liegen keine formalisierten Informationsbestände vor, muß der Mensch in seiner Experteneigenschaft als Informationsquelle herangezogen werden. Dabei kann die Zielorientierung helfen, die nicht-
formalisierte "Informationsquelle" Mensch strukturiert zu nutzen.

gangssystemklasse, z.B. eine bestimmte Programmiersprache, verwenden, sukzessive erweitert und verallgemeinert wird.

Ausgangsbasis der zielmodellneutralen Vorgehensweise ist nur das Ausgangssystem, aus dem alle identifizierbaren Komponenten und Strukturen zur Formulierung des Ausgangsmodells verwendet werden. Es entsteht dadurch ein von speziellen Zielmodellen unabhängiges Modell für eine bestimmte Klasse von Informationsbeständen, z.B. für alle FORTRAN-77-Programme. Diese Vorgehensweise ist unter Umständen sehr aufwendig, da sehr viele Details identifiziert und modelliert werden müssen. Auch besteht die Gefahr, daß wichtige Einzelheiten nicht oder unvollständig erfaßt werden. Die wesentlichen Vorteile eines allgemeinen Ausgangsmodells liegen zum einen in der hohen Wiederverwendbarkeit und zum anderen in der einfachen Identifikation von korrespondierenden Ausgangs- und Zielmodellstrukturen. Dazu ist nur notwendig, alle Elemente und Beziehungen des Ausgangsmodells auf ihren Informationsgehalt in bezug auf das Zielmodell zu untersuchen, was durch die einheitliche Modellierungsmethode wesentlich vereinfacht wird. Kann der Informationsbedarf im Zielmodell nicht vollständig abgedeckt werden, ist eine Überprüfung des Ausgangssystems nötig, um die oben erwähnten Unzulänglichkeiten des Ausgangsmodells zu erkennen und durch eine entsprechende Überarbeitung zu vermeiden. Diese allgemeine Modellierung eignet sich besonders für weitverbreitete Programmiersprachen, deren Syntax, Semantik und Pragmatik jeweils als Standardmodell dargestellt werden können, so daß diese bei Verwendung entsprechender Quellprogramme unmittelbar als Ausgangsmodelle zu verwenden sind. Liegen bei den Quellprogrammen noch spezielle, nicht programmiersprachenbedingte Standards vor, die für das Zielmodell relevante Informationen beinhalten, so ist eine entsprechende Erweiterung des Standard-Ausgangsmodells möglich. In diesem Fall handelt es sich um eine Kombination zwischen zielmodellneutraler und -orientierter Vorgehensweise.

Spezifikation der Erfassungstransformation

Um die Einzelkomponenten des Ausgangsmodells zu erzeugen, müssen die entsprechenden Bestandteile des Ausgangssystems erkannt, separiert und zu Objekten des Ausgangsmodells zusammengeführt werden.

Spezifikation der Modelltransformation

Zwischen Ausgangs- und Zielmodell müssen die relevanten Transformationsprozesse identifiziert und spezifiziert werden, um aus den Informationen des Ausgangsmodells den Inhalt des Zielmodells generieren zu können. Dabei ist die

Identifikation sehr eng mit der Spezifikation des Ausgangsmodells verbunden, so daß eine parallele Bearbeitung vorteilhaft ist. Um die Komplexität eines Transformationsprozesses zu reduzieren, ist meist eine - auch über mehrere Ebene hinwegreichende - Top-down-Zerlegung der Gesamttransformation in Teiltransformationen möglich (Abb. 3.26). Die Unabhängigkeit der Teiltransformationen voneinander, d.h. keine gegenseitige Beeinflussung, sollte dabei als Zerlegungskriterium gewählt werden. Die Dekomposition wird beendet, wenn alle unabhängigen Teiltransformationen mit eigenen Sichten auf Ausgangs- und Zielmodell herausgearbeitet sind. Grundsätzlich können diese Transformationen dann immer noch sehr komplex sein,[22] jedoch wird in vielen Fällen die Gesamttransformation in eine Menge einfach zu spezifizierender Basistransformationen zerfallen.

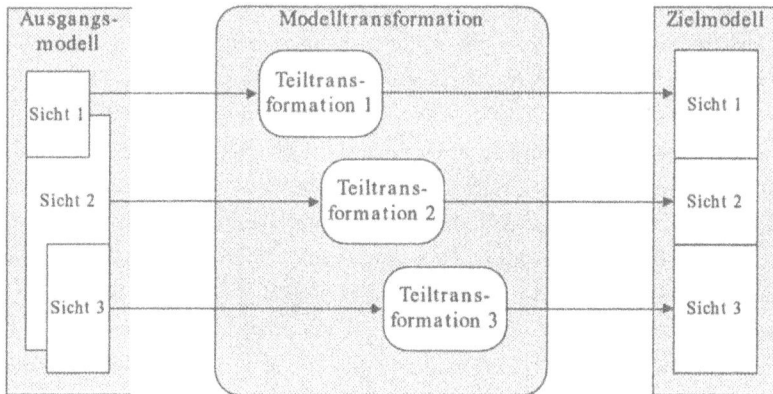

Abb. 3.26: Zerlegung einer Modelltransformation in Teiltransformationen

Transformationsprozesse können gemäß ihrer Wahrscheinlichkeit in deterministische und stochastische und gemäß ihrer Bestimmtheit in eindeutige und mehrdeutige eingeteilt werden. Existieren zwischen dezidierten Teilstrukturen des Ausgangs- und Zielmodells eindeutige Zusammenhänge - unabhängig von ihrer Wahrscheinlichkeit -, handelt es sich um eine deterministische Transformation. Ist dagegen die Wahrscheinlichkeit einer Abbildung kleiner als eins, liegt eine stochastische Transformation vor. Diese Transformationsart ist insbesondere bei Reverse-Engineering-Vorhaben nicht ungewöhnlich, da hier normalerweise zwischen den verschiedenen Abstraktionsebenen Inhalt und Umfang

---

[22] Komplizierte Transformationen können dann immer noch gemäß der klassischen SA-Methode weiter zerlegt und damit in ihrer Komplexität reduziert werden.

der Informationen nicht deckungsgleich sind. Werden die Ergebnisse eines Transformationsprozesses als Kandidaten bezeichnet, so kann dies ein Hinweis auf eine stochastische Abbildung sein. Um diese Prozesse zu spezifizieren, bedarf es einer zusätzlichen logischen Entscheidung. Eindeutige Transformationsprozesse sind durch einen funktionalen Zusammenhang zwischen Ausgangs- und Zielmodellteilen charakterisiert, so daß nach Spezifikation eine vollständig automatisierte Umsetzung erfolgen kann. Werden dagegen mehrere Komponenten des Zielmodells referenziert, von denen jedoch nur eine Alternative zutrifft, handelt es sich um eine mehrdeutige Abbildung. Um solche Prozesse zu spezifizieren, bedarf es zusätzlicher Informationen in Form von Auswahlentscheidungen. Grundsätzlich ist bei den vorgestellten Transformationsarten eine weitgehende Unterstützung durch automatisierte Verfahren möglich (Abb. 3.27).

Wahrscheinlichkeit Bestimmtheit	deterministisch	stochastisch
eindeutig	vollständig automatisierbar	automatisierbar + logische Entscheidung
mehrdeutig	automatisierbar + Auswahlentscheidung	automatisierbar + Auswahlentscheidung + logische Entscheidung

Abb. 3.27: Automatisierungspotentiale bei Transformationsprozessen

Die bei den stochastischen und mehrdeutigen Transformationen notwendigen Entscheidungen können automatisiert soweit vor- und aufbereitet werden, daß der Aufwand zur Erfassung des Sachverhaltes und zum Treffen der Entscheidung für einen Fachmann minimal wird, z.B. durch einen Mensch-Maschine-Dialog, bei dem sich auf der Basis entsprechender Auswahl- und Entscheidungsmasken die Entscheidung auf eine Tastenbestätigung reduziert. Auch ist eine vollständige Automatisierung möglich, wenn Expertensysteme eingesetzt werden, die mit Hilfe einer Wissensbasis die notwendigen Entscheidungen treffen. Abb. 3.28 zeigt den Datenfluß für eine Modelltransformation, der um einen Prozeß zum Treffen der notwendigen Entscheidungen, realisiert durch einen Fachmann oder ein Expertensystem, erweitert wurde. Werden feste Entscheidungsannahmen getroffen, ist ebenfalls eine vollständig automatisierte Realisierung des Transformationsprozesses möglich. Dies kann zwar zu einer fehlerhaften Zielmodellversion führen, deren Informationsqualität jedoch für die Reengineer-

ing-Zielsetzung oder für nachfolgende Tätigkeiten, z.B. weitere Transformationsprozesse, als ausreichend akzeptiert wird.

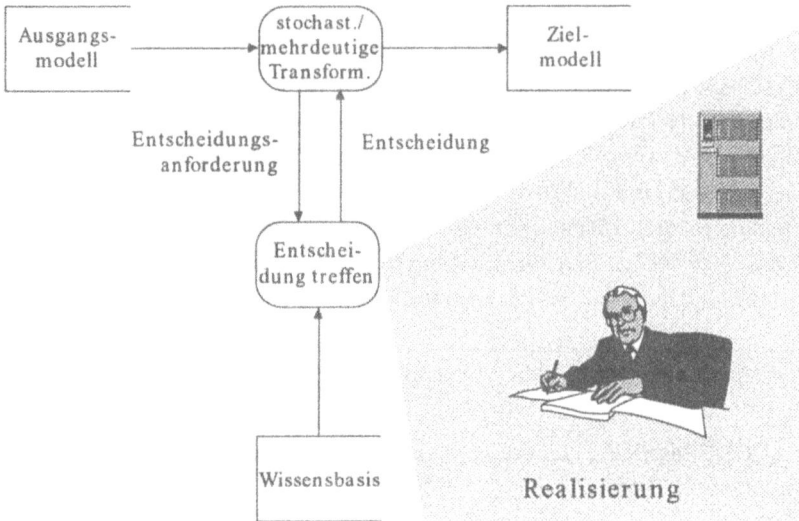

Abb. 3.28: Entscheidungsorientierte Modelltransformation

Wurden bisher die Abbildungsprozesse vom Ausgangs- zum Zielmodell betrachtet, so ist auch die umgekehrte Sichtweise vom Ziel- zum Ausgangsmodell für
eine weitere Transformationsklassifikation von Interesse. Grundsätzlich besteht
die Forderung, alle Einzelstrukturen des Zielmodells zu generieren, was vom
Inhalt und Umfang der Ausgangsmodellinformationen abhängig ist. Transformationsprozesse können nun im Hinblick auf die Übereinstimmung von Informationsbedarf des Zielmodells und -angebot des Ausgangsmodells in unvollständig und vollständig eingeteilt werden. Bei vollständigen Transformationen
sind der Informationsinhalt und -umfang ausreichend zur Generierung aller
Einzelobjekte, -beziehungen und Eigenschaftswerte des Zielmodells, während bei
unvollständigen Transformationen die Informationen des Ausgangsmodells nicht
ausreichen. Unvollständigkeit kann dabei in zwei Formen auftreten: Zum einen
in einer starken Ausprägung, bei der aufgrund fehlender Informationen innerhalb des Ausgangsmodells Teile des Zielmodells nicht erzeugt werden können,
und zum anderen in einer schwächeren Ausprägung, bei der zwar für alle Einzelstrukturen des Zielmodells Informationen im Ausgangsmodell vorhanden
sind, jedoch nicht in solchem Umfang, um sie vollständig zu generieren. Da bei
stochastischen oder mehrdeutigen Transformationsprozessen zusätzliche Informationen zur Generierung der Zielmodellinhalte notwendig sind, gehören auch

sie bei strikter Anwendung des Unterscheidungskriteriums zu den unvollständigen Transformationen; nur eindeutig-deterministische Abbildungen wären vollständig, jedoch wird im folgenden eine weitere Auslegung verwendet, bei der
Transformationsprozesse mit zusätzlichem Entscheidungsbedarf noch als vollständig bezeichnet werden. Um unvollständige Transformationen in vollständige
zu überführen, müssen zusätzliche Informationsquellen erschlossen und genutzt
werden, wobei im schlechtesten Fall eine Neuerhebung die benötigten Informationen liefert (Abb. 3.29). Bei schwacher Unvollständigkeit ist es normalerweise
sehr effizient, ganz gezielt die Restinformation verfügbar zu machen, indem z.B.
die vorhandenen Informationen im Hinblick auf das Zielmodell so aufbereitet
werden, daß sie unmittelbar als Hilfsmittel zur Informationserhebung verwendet
werden können. Zur Behebung von starker Unvollständigkeit müssen über die
bereits dargestellte zielmodellorientierte Vorgehensweise zur Spezifikation des
Ausgangsmodells die notwendigen Informationen zur Verfügung gestellt werden.

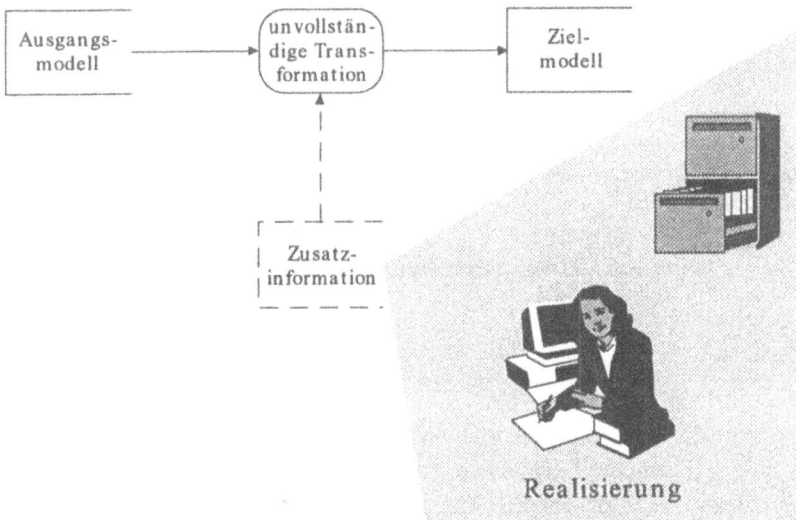

Abb. 3.29: Unvollständige Modelltransformation

Bei einer Analyse der Intraprozeßstruktur der Modelltransformationen wird
ersichtlich, daß eine für alle Prozesse geltende Zerlegung vorgenommen werden
kann. Jede Modelltransformation besteht dabei aus folgenden Teilen (Abb. 3.30):

- Selektion der Informationen aus dem Ausgangsmodell
- Transformation der Informationen
- Generierung der Informationen innerhalb des Zielmodells.

Die Informationsselektion aus dem Ausgangsmodell stellt das Front-End der Modelltransformation dar und hat als Aufgabe, die Versorgung der für die Transformation notwendigen Einzelobjekte, -beziehungen, Eigenschaftswerte sowie Strukturinformationen, z.B. die Mächtigkeit einer Einzelobjektmenge, sicherzustellen. Im Idealfall handelt es sich dabei um ein für alle Modelltransformationen identisches Modul der verallgemeinerten Funktionalität: ER-Struktur x Anforderung -> ER-Struktur oder ER-Struktur x Anforderung -> Wert. Die Informationsgenerierung innerhalb des Zielmodells stellt das Back-End der Modelltransformation dar und hat die Aufgabe, die Einzelstrukturen und Eigenschaftswerte des Zielmodells zu erzeugen und ggf. zu modifizieren. Ebenso wie bei Front-End sollte idealerweise ein allgemeines Modul für alle Modelltransformationen spezifiziert und realisiert werden.

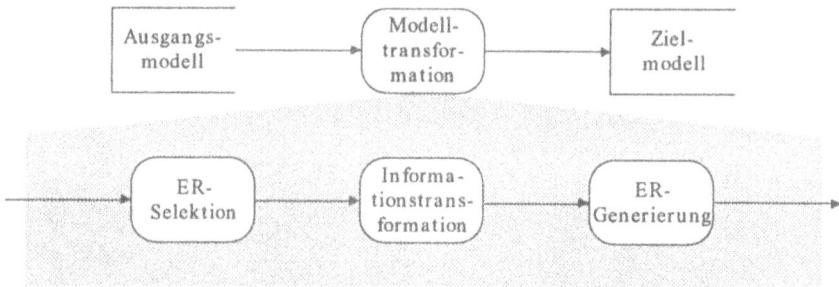

Abb. 3.30: Intraprozeßstruktur einer Modelltransformation

Spezifikation der Realisierungstransformation

Dieser Transformationsprozeß stellt normalerweise eine recht einfache Umsetzung, z.B. in Form von Schablonen, dar, jedoch können auch komplexe Navigationsprozesse innerhalb der Strukturen des Zielmodells notwendig sein, welche die Transformationsalgorithmen wesentlich verkomplizieren können. Handelt es sich bei dem Zielmodell selbst um ein Modell in ER-Form, so entfällt die Transformation.

3.2.2 Erweiterte modellorientierte Vorgehensweise

Die dargestellte grundsätzliche modellorientierte Reengineering-Vorgehensweise beinhaltet zum einen die Zerlegung von Modelltransformationen in voneinander unabhängige Teiltransformationen und zum anderen in die Standardbestandteile Front-End, Informationstransformation und Back-End, wobei Front-End und

Back-End für alle Transformationsprozesse identisch definiert werden können. Diese Dekompositionsstrategie geht von jeweils einem konstanten Ausgangs- und Zielmodell aus[23] und betrachtet ausschließlich die Zerlegung der zwischen den beiden Modellen definierten Transformationsprozesse. Über diese im weiteren als vertikal bezeichnete Prozeßzerlegung hinaus muß bei einem Reengineering-Vorhaben geprüft werden, ob bei der Transformation vom Ausgangs- zum Zielmodell weitere Modelle als Zwischenschritte verwendet werden sollen. Dieses Vorgehen, die Komplexität der Gesamttransformation mit Hilfe von Zwischenmodellen zu reduzieren, wird als horizontale Zerlegung bezeichnet und normalerweise vor der vertikalen Dekomposition durchgeführt. Die Transformationsprozesse zwischen Ausgangsmodell, Zwischenmodellen und Zielmodell müssen dabei nicht in einer strengen Folge hintereinander angeordnet werden, sondern für eine Transformation können alle vorhandenen Modelle als Informationsquellen und -senken verwendet werden, was auch aus Abb. 3.31 ersichtlich wird.

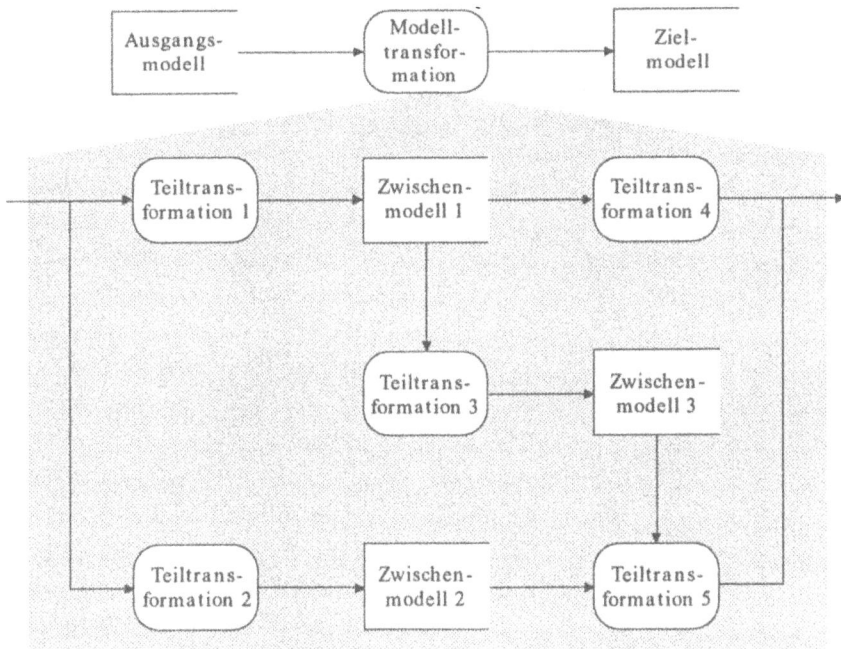

Abb. 3.31: Horizontale Zerlegung einer Modelltransformation

---

[23] Ausgangs- und Zielmodell werden auch innerhalb der grundsätzlichen Vorgehensweise definiert, jedoch erfolgt ihre Festlegung prinzipiell vor der Transforma-

Für die Einführung von Zwischenmodellen können ganz unterschiedliche Gründe maßgeblich sein. Erstreckt sich z.B. ein Reengineering-Vorhaben über mehrere Abstraktionsebenen mit unterschiedlichen Darstellungsformen oder nicht deckungsgleichen Informationsinhalten, ist es sinnvoll, für jede Abstraktionsebene ein eigenes Zwischenmodell vorzusehen. Dies betrifft insbesondere Reverse-Engineering-Maßnahmen, die sich per Definition (vgl. S. 9) über mehrere Abstraktionsebenen erstrecken, aber auch Maßnahmen zur Restrukturierung, wenn dabei ein mittelbares Vorgehen über eine höhere Abstraktionsebene gewählt wurde. Abb. 3.32 beinhaltet die grundsätzlichen Modelle und Transformationsprozesse einer Restrukturierung, um FORTRAN- in C++-Quellprogramme zu überführen. Dabei werden zwei Zwischenmodelle verwendet, welche die aus den jeweiligen Paradigmen von prozeduralen und objektorientierten Programmiersprachen resultierenden unterschiedlichen Designstrukturen[24] abbilden. Mit Hilfe einer Redesign-Transformation werden aus den erfaßten FORTRAN-Objekten die vorhandenen Designinformationen extrahiert und dann in einem weiteren Transformationsprozeß in einen objektorientierten Entwurf überführt. Anschließend werden aus diesen Strukturen in einem gewöhnlichen Forward-Engineering-Prozeß C++-Programmobjekte erzeugt, die mittels einfacher Schablonen in Quellprogramme umgesetzt werden können.

---

tionszerlegung, so daß sie für diese als konstant betrachtet werden kann.

[24] So z.B. bei prozeduralem Design die Trennung von Funktionen (Modulstruktur) und Daten (Datenstruktur), während bei objektorientiertem Design Daten und zugehörige Funktionen (Methoden) in Objekten zusammengefaßt und in einer Objektstruktur verknüpft werden.

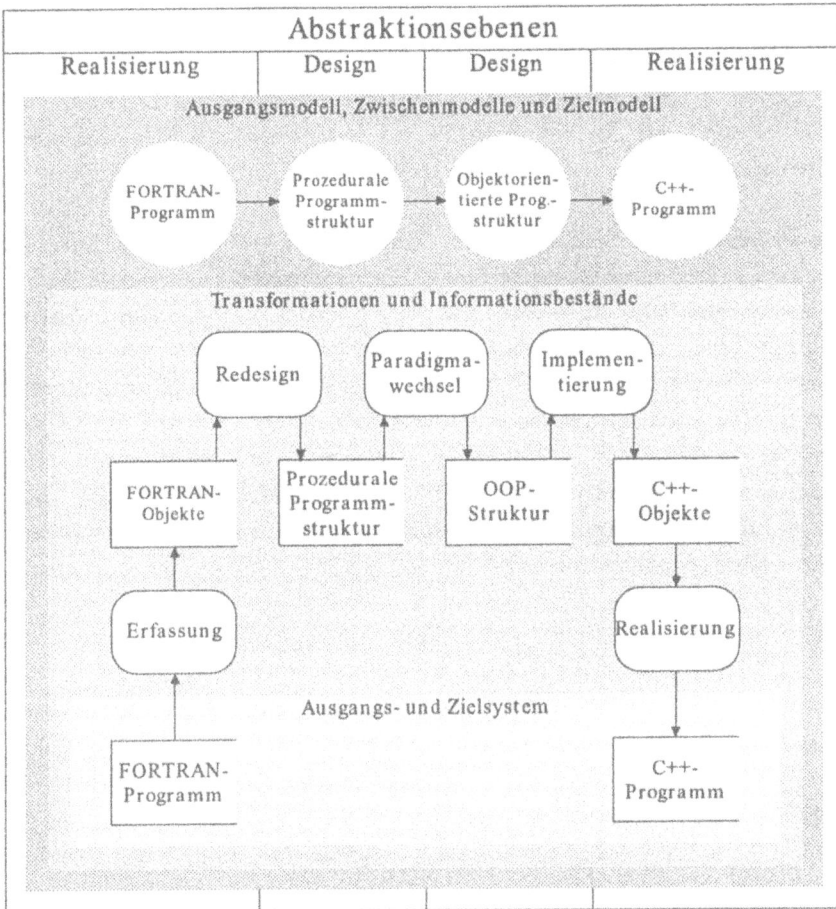

Abstraktionsebenen			
Realisierung	Design	Design	Realisierung

Ausgangsmodell, Zwischenmodelle und Zielmodell

FORTRAN-Programm → Prozedurale Programmstruktur → Objektorientierte Prog.-struktur → C++-Programm

Transformationen und Informationsbestände

Redesign   Paradigmawechsel   Implementierung

FORTRAN-Objekte   Prozedurale Programmstruktur   OOP-Struktur   C++-Objekte

Erfassung   Realisierung

Ausgangs- und Zielsystem

FORTRAN-Programm   C++-Programm

Abb. 3.32: Zwischenmodelle bei einer Restrukturierungsmaßnahme

Werden bei einem Reengineering-Vorhaben Zwischenergebnisse erstellt, die als Grundlage zur Erhebung und Verarbeitung weiterer Informationen dienen, spricht dies auch für eine erweiterte Vorgehensweise, wobei die Zwischenergebnisse durch entsprechende -modelle beschrieben werden. So kann in einem ersten Schritt aus den Spezifikationen (z.B. DDL-Anweisungen) der in Produktion befindlichen physischen Datenbanken mit Hilfe von plausiblen Annahmen vollständig deterministisch und somit automatisch ein technisch orientiertes Datenmodell der elektronisch-gespeicherten Informationsbestände abgeleitet werden. In einem zweiten Schritt wird dieses Datenmodell als Diskussions- und Erhebungsgrundlage mit Fachspezialisten zur Erstellung eines vollständigen und verifizierten fachlichen Datenmodells verwendet. Gegenüber einer Vorge-

hensweise, die - ausgehend von den verfügbaren Dateiinformationen und dem
Spezialisten-Know-how - zusammen in einem "Anlauf" zum angestrebten fachlichen Datenmodell führt, ist dieser zweistufige Reengineering-Ansatz methodisch wesentlich stärker durchdrungen und damit auch prinzipiell mit weniger
Risiken behaftet.

Darüber hinaus bietet sich die Verwendung der erweiterten Vorgehensweise an,
wenn bereits Transformationsprozesse mit entsprechend vordefinierten Modellen
vorhanden sind oder in Zukunft wiederverwendet werden sollen. Es wird
dadurch möglich, relativ allgemeine Standardtransformationen mit einer hohen
Wiederverwendbarkeit zu definieren und sie auch zu umfangreicheren Prozessen
zu kombinieren. Im Idealfall reduziert sich dadurch der Aufwand für ein Reengineering-Vorhaben auf die spezifische Modellierung des Ausgangs- und Zielsystems sowie die Festlegung der Erfassungs- und Realisierungstransformation.
Voraussetzung für eine solche bausteinartige Verwendung ist jedoch eine angemessene Werkzeugunterstützung.

3.2.3 Phasenstruktur der modellorientierten Vorgehensweise

Zur Verbesserung der Übersichtlichkeit über die Vielzahl der Transformationsprozesse und Zwischenergebnisse (Modelle) bietet sich eine ablauforganisatori-
sche Strukturierung in Form von Phasenmodellen an. Faßt man alle gleichzeitig
durchführbaren Abbildungsvorgänge, die sich auf ein Zwischen- oder das Zielmodell beziehen, zu einer Phase zusammen und ordnet diese Phasen nach der
Reihenfolge der sachlich hintereinanderliegenden Modellübergänge, so erhält
man ein Phasenmodell für dieses spezielle Reengineering-Vorhaben. Bei der
sachlichen Anordnung der Phasen ist zu beachten, daß mehrere Phasen parallel
ausgeführt werden können.[25] Dadurch ergibt sich bei einer konkreten Umsetzung die Freiheit, die Phasen sowohl gleichzeitig als auch zeitlich hintereinan-
derliegend auszuführen.

Die bereits bei der erweiterten Vorgehensweise erwähnte Rationalisierung durch
Definition und Nutzung von Standardtransformationen kann bei der Festlegung
von Phasenmodellen weiter ausgebaut werden. Mittels Verallgemeinerung spe-
zieller Reengineering-Maßnahmen auf ihre essentiellen Modellkomponenten und

---

[25] Hätte man alle gleichzeitig durchführbaren Abbildungsprozesse - ohne Berücksichtigung des jeweiligen Ergebnismodells - zu einer Phase vereinigt, so wäre eine sequentielle Folge von Phasen entstanden, die jedoch sachlich unabhängige Transformationen einer Phase verdeckt.

Transformationsprozesse sowie deren ablauforganisatorischer Gestaltung können Basisvorgehensmodelle definiert werden, die dann bei zahlreichen Reengineering-Vorhaben einsetzbar sind. Dabei stellt ein solches Basisvorgehensmodell
mit seinen Phasen einen für eine gesamte Reengineering-Klasse geltenden
Ablauf dar, der jedoch bei einem konkreten Vorhaben an spezielle Projektziele
und -gegebenheiten individuell angepaßt werden muß, z.B. durch Erweiterung
um zusätzliche Tätigkeiten oder auch ganze Phasen zur Beschaffung und Sich-
tung zusätzlicher Informationen oder zur Verifikation und Überarbeitung von
Ergebnissen.[26]

Nach Festlegung aller Transformationsregeln liegt eine Schablone vor, welche
die grundsätzlichen Arbeitsgänge und (Zwischen-)Ergebnisse beschreibt, nach
denen der Reengineering-Prozeß abläuft. Es ist bisher noch keine Annahme
getroffen worden, wie der Prozeß implementiert werden soll. Ob nun dieser Prozeß ausschließlich manuell ausgeführt oder durch automatisierte Teile mehr
oder weniger weit unterstützt wird, hängt sowohl vom Automatisierungsaufwand
im Verhältnis zum manuellen Aufwand als auch vom Umfang der einbezogenen
Anwendungssysteme ab. Automatisierung bedeutet hierbei nicht nur die ausschließlich algorithmisch durchgeführte Strukturumsetzung, sondern auch die
Aufbereitung, Analyse und Bewertung von Informationen, um Entscheidungs-
vorbereitungen, -hilfen und -alternativen anzubieten.

---

[26] Der Zusammenhang zwischen Basisvorgehensmodell und Projektvorgehensweise
(Projektstrukturplan) ist ähnlich wie bei der klassischen Software-Entwicklung,
jedoch sind bei dieser Reengineering-Vorgehensweise zusätzlich konkrete Ergebnis-
typen in Form von Modellstrukturen vordefiniert, was ansatzweise bei modernen
CASE-Systemen ebenfalls zu finden ist, z.B. zur automatischen Generierung von
Datenbankschemata aus fachlichen ER-Modellen.

4. Kapitel

Spezielle Vorgehensmodelle zum Reengineering

Die dargestellte allgemeine Vorgehensweise wird im folgenden auf verschiedene
Reengineering-Vorhaben übertragen und führt damit zu speziellen Basisvorge-
hensmodellen, die für entsprechende Problemstellungen unmittelbar anzuwenden sind. Aufgrund der großen Fülle möglicher Reengineering-Maßnahmen und
unterschiedlichster konkreter Gegebenheiten kann keine umfassende Darstellung und Klassifikation vorgenommen werden, sondern einige zentrale Problemstellungen werden exemplarisch beschrieben, die aufgrund ihrer Art und Komplexität stellvertretend für eine Vielzahl ähnlicher Fälle stehen. Wesentlich ist
dabei, daß hierdurch die universelle Anwendbarkeit des allgemeinen Vorgehens
demonstriert wird und die dargestellten Basisvorgehensmodelle unmittelbar
praktisch umsetzbar sind.[1] Darüber hinaus beinhalten die Beispiele Teilstrukturen (Teilmodelle), die Bausteincharakter besitzen und somit auch bei anderen
Reengineering-Vorhaben eingesetzt werden können.

Die folgende - aus Kapitel 2 übernommene - Einteilung der speziellen Vorgehensmodelle (vgl. S. 22) in Analyse, Restrukturierung und Reverse-Engineering
dient nur zur Orientierung und ist nicht als strenge Abgrenzung zu interpretieren. Die verschiedenen Beispiele sind zwar von ihrem Grundcharakter einer der
Klassen zuordenbar, jedoch können innerhalb einer Vorgehensweise oft Teilschritte identifiziert werden, die zu einer anderen Klasse gehören. Auch die oft
in der Literatur anzutreffende Einschränkung von Reengineering-Maßnahmen
auf Programmsysteme (Quellkode und Dokumentation) wird fallengelassen, da
die allgemeine Vorgehensweise auf komplette Anwendungssysteme, d.h. alle
Informationen, die für eine Anwendung vorliegen, anwendbar ist.

4.1 Analyse von Anwendungssystemen

Die Notwendigkeit zur Analyse von Anwendungssystemen kann vielfältiger Art
sein. Ein Grund, der häufig genannt wird, ist die Untersuchung, ob die Programme eines Systems wartbar sind bzw. wie sich der Grad der Wartbarkeit dar-

---

[1] Damit unterscheiden sich diese Vorgehensweisen wesentlich von den meisten in der
Literatur genannten Verfahren zum Reengineering, die so unscharf beschrieben sind,
daß beim Leser im besten Fall nur die "Ahnung" einer praktischen Umsetzung entsteht.

stellt. Originäres Ziel zur Analyse der Wartbarkeit von Programmen ist die Schaffung einer wirtschaftlich begründbaren Entscheidungsgrundlage, ob Programme weiter gepflegt, aufgearbeitet oder durch Neuentwicklungen ersetzt werden sollen.

Festlegung des Ziel- und Ausgangsmodells

Da Programmwartung primär in Form menschlicher Arbeitsleistung erbracht und dabei das Verstehen des Programms als zentraler Aufwandsfaktor betrachtet wird (vgl. Abschnitt 2.1), ist die Problemstellung allgemein auf die Verständlichkeit der Programmquellen, d.h. auf die Anzahl und Art der Programmelemente und die Komplexität der Programmstrukturen, reduzierbar. Für die Beurteilung der Programmwartbarkeit werden daher folgende Einflußgrößen[2] zugrundegelegt [Basili/75]:

- Programmgröße
- Datenkomplexität (Datenstruktur- und Datenflußkomplexität)
- Ablaufkomplexität.

Beim Entwurf eines entsprechenden Zielmodells wird ersichtlich, daß die Programmwartbarkeit eine beschreibende Eigenschaft jedes einzelnen Programms ist, die sich aus mehreren Komponenten (Eigenschaften) zusammensetzt. Gemäß den Regeln zur Informationsstrukturierung (vgl. Abschnitt 3.1.2) muß in einem solchen Fall ein neues Informationsobjekt gebildet werden, so daß als allgemeines Zielmodell für dieses Reengineering-Vorhaben die Struktur in Abb. 4.1 entsteht.

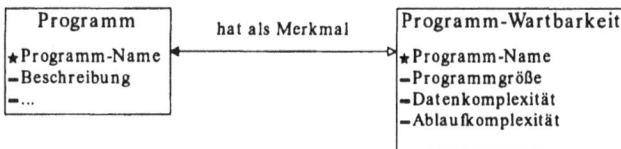

Abb. 4.1: Zielmodell zur Analyse der Programmwartbarkeit

---

2 Eine Diskussion, inwieweit diese Einflußgrößen tatsächlich Aussagen über den Grad der Wartbarkeit von Programmen liefern, wird nicht vorgenommen, da die prinzipielle methodische Vorgehensweise im Vordergrund steht, die auch auf andere Einflußgrößen angewendet werden kann.

Zur Darstellung dieser Analysemethode wird davon ausgegangen, daß es sich um
Programme handelt, die in einer prozeduralen Sprache verfaßt wurden. Das
Ausgangsmodell (Abb. 4.2) beinhaltet das Informationsobjekt Programm, das
seinerseits mit dem Objekt Anweisung/Kommentar mittels einer Rollenaggregation verbunden ist. Dieser Zusammenhang bedeutet auf Ausprägungsebene, daß
ein einzelnes Programm (Einzelobjekt) aus einer oder mehreren Anweisungen
oder Kommentaren besteht. Das zusammengesetzte Informationsobjekt Anwei-
sung/Kommentar muß in das Modell aufgenommen werden, um die Information
über die textliche Reihenfolge von Anweisungen und Kommentaren innerhalb
des betreffenden Quellprogrammtextes darzustellen, was durch die rekursive
Beziehung "ist Nachfolger von" beschrieben wird. Dabei unterstellt man, daß
jede Anweisung von einfacher Art ist, d.h. eine textlich zusammenhängende
Einheit bildet, die keine weiteren Kommandos beinhaltet.[3] Ältere FORTRAN-
und COBOL-Versionen weisen eine solch einfache Anweisungsstruktur auf, im
Gegensatz zu blockorientierten Programmiersprachen (ALGOL, PASCAL usw.),
bei denen Verbundanweisungen (compound statements) weitere Kommandos
einschließen können.

Das Informationsobjekt Anweisung als Aggregat aus Schlüsselwort, Konstante
und Bezeichner (vom Programmierer vergebene Namen) besagt, daß eine Anweisung mindestens aus einem Schlüsselwort besteht und darüber hinaus Konstante oder Bezeichner beinhalten kann. Bezeichner innerhalb eines Programmtextes können vielfältiger Art sein; von den möglichen Teilmengen interessieren
jedoch im weiteren nur die Datennamen (Variablen des Programms), so daß eine
nicht-vollständige Spezialisierung vom Informationsobjekt "Bezeichner" zum
"Datum" vorgenommen wird. Bei Anweisungen handelt es sich entweder um
Deklarationen, mit denen die Art und der Typ von Bezeichnern festgelegt werden, oder um ausführbare Kommandos (prozedurale Anweisungen), die den Ablauf und die Operationen des Programmalgorithmus' bestimmen. Die prozeduralen Anweisungen werden in Wertzuweisungen, Kontroll- und Ein-/Ausgabe-
anweisungen disjunkt spezialisiert. Bei den Kontrollanweisungen sind darüber
hinaus Sprunganweisungen - unbedingte (GOTO n) und bedingte (IF Bedingung
GOTO n) - sowie Schleifenanweisungen (DO, FOR, PERFORM) zu unterscheiden, wobei die Anweisungen innerhalb einer Schleife bestimmt sind durch die
textliche Folge, die mit der ersten Schleifenanweisung beginnt und mit der letzten endet.

---

[3] Diese Annahme hätte man auch innerhalb des ER-Modells durch entsprechende
     Strukturen abbilden können; aus Übersichtlichkeitsgründen wird aber hier darauf
     verzichtet.

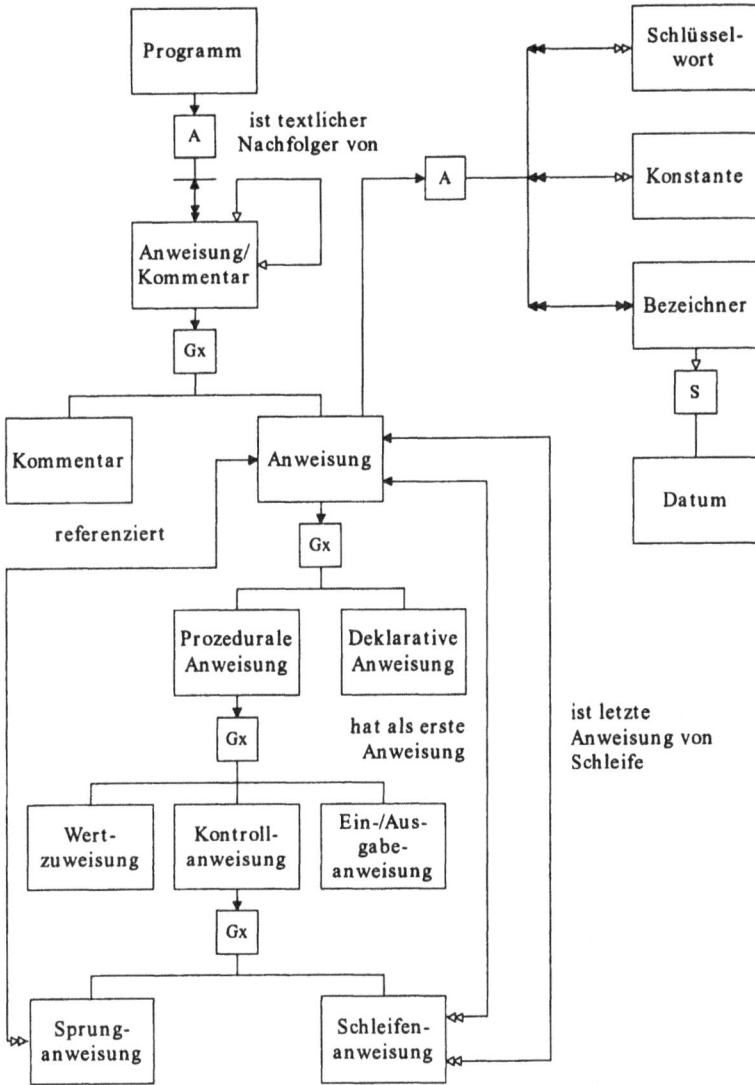

Abb. 4.2: Ausgangsmodell zur Analyse der Programmwartbarkeit

Festlegung der Zwischenmodelle und Transformationen

Verknüpft man nun Ausgangs- und Zielmodell mit dem Transformationsprozeß
"Wartbarkeit berechnen", so erhält man den in Abb. 4.3 dargestellten Gesamtzusammenhang für diese Programmanalyse-Maßnahme, der im weiteren durch
die Zerlegung in Teilprozesse und deren Spezifikationen konkretisiert wird.

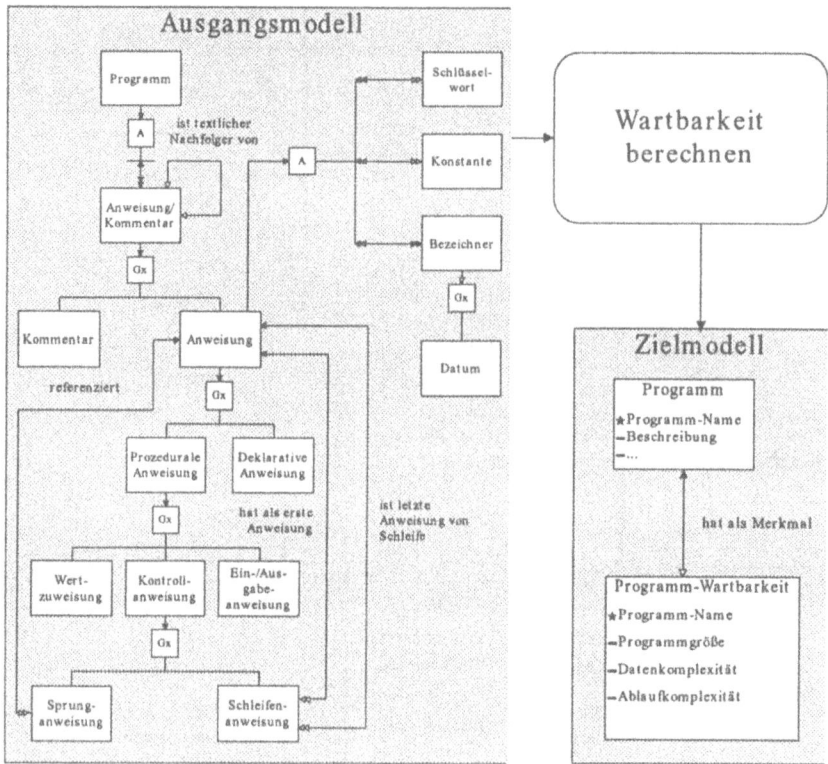

Abb. 4.3: Gesamttransformation zur Analyse der Programmwartbarkeit

Folgt man dem Vorschlag von Harrison u.a. [Harrison/82], zur Berechnung der
für die Wartbarkeit maßgeblichen Einflußfaktoren unterschiedliche und unabhängige Maße zu verwenden, kann die Gesamtberechnung in drei voneinander
unabhängige Teilrechnungen zerlegt werden. Somit ist der Gesamtprozeß in die
drei unabhängigen Teilprozesse "Programmgröße berechnen", "Datenkomplexität
berechnen" und "Ablaufkomplexität berechnen" aufteilbar, mit denen jeweils
eine Einflußgröße bestimmt wird (vgl. Abb. 4.4). Die Sichten der Teilprozesse auf
das Zielmodell sind disjunkt aufgeteilt, während eine Sichtreduzierung auf das
Ausgangsmodell zu diesem Zeitpunkt noch nicht vorgenommen werden kann, so
daß die Gesamtstruktur für alle Teilprozesse relevant ist.

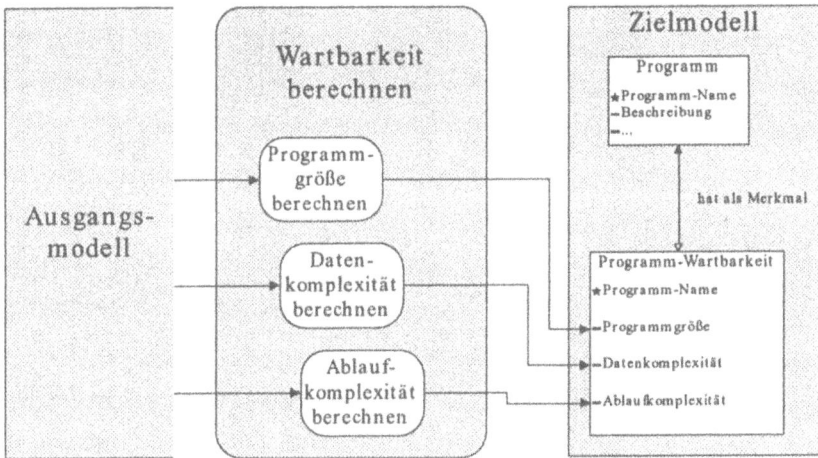

Abb. 4.4: Zerlegung des Prozesses "Wartbarkeit berechnen"

Zur Messung der Programmgröße werden unterschiedliche Maße angeboten; zu den bekanntesten zählen die Anzahl der Programmzeilen (LOC) [Fenton/91, S. 157 ff.] und die Programmlänge nach Halstead [Halstead/75]; letztere wird im weiteren als Beispiel verwendet. Halstead definiert ein Programm als Menge von Operationen und Operanden, deren tatsächliches Vorkommen innerhalb des Programmtextes die Programmlänge bestimmt. Überführt man diesen Zusammenhang in eine Informationsstruktur, so erhält man eine Aggregationsbeziehung, bei der sich ein Programm aus Operationen und Operanden zusammensetzt (vgl. Abb. 4.5, Modell 1). Da die Information, ob sich eine Operation bzw. ein Operand in einem Programm befindet oder nicht, nicht ausreicht, sondern die Häufigkeit des Vorkommens von Operationen und Operanden von Interesse ist, wird die Beziehung attributiert, was dann jeweils zu einem eigenständigen, assoziativen Informationsobjekt führt (vgl. Abb. 4.5, Modell 2).

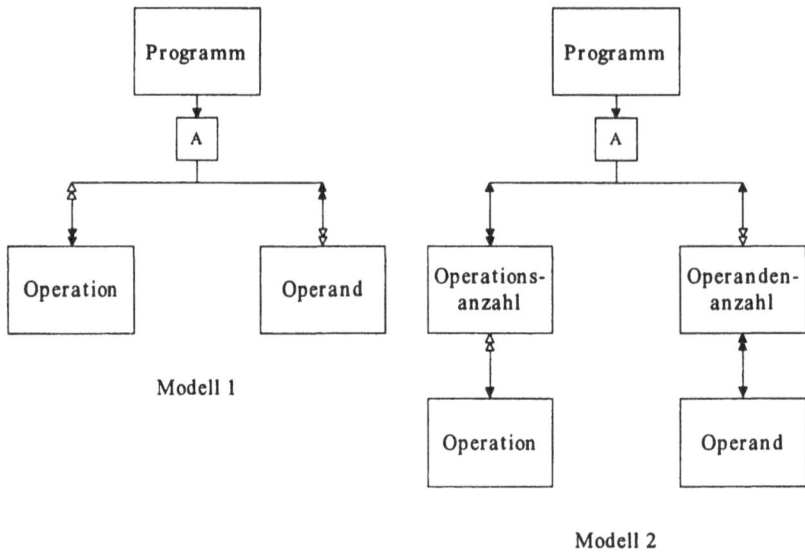

Modell 1

Modell 2

Abb. 4.5: Halstead-Modell zur Bestimmung der Programmlänge

Aufgrund der Halstead-Definition und der daraus resultierenden Informationsstruktur wird der Teilprozeß zur Berechnung der Programmgröße weiter in zwei
Verarbeitungsschritte zerlegt, die durch das beschriebene Zwischenmodell miteinander verknüpft sind (vgl. Abb. 4.6). Der erste Schritt beinhaltet den Prozeß
"Halstead-Modell erstellen" zur Transformation der Strukturen des allgemeinen
Programm-Modells in die Struktur des Halstead-Modells und der zweite Schritt
den Prozeß "Programmlänge berechnen", mit dem der Wert der Programmgröße
bestimmt und im Zielmodell hinterlegt wird.

Bei der Spezifikation des Prozesses "Halstead-Modell erstellen" sind folgende
Punkte zu beachten: Die Sicht auf das Ausgangsmodell reduziert sich auf Programm, Anweisung/Kommentar, Anweisung, Schlüsselwort, Konstante und
Bezeichner sowie auf die zwischen diesen Objekten bestehenden Aggregatbezie-
hungen. Innerhalb des Ausgangssystems wird über die Objekte vom Typ Programm, Anweisung/Kommentar und Anweisung auf die in Verbindung stehenden Schlüsselwörter, Konstanten und Bezeichner zugegriffen. Jedes selektierte
Programm aus dem Ausgangsmodell führt zu einem Programmobjekt im Zwischenmodell, Schlüsselwörter werden jeweils zu Operationen und Konstanten
zusammen mit Bezeichnern zu Operanden. Ist im Ausgangsmodell ein Programm
über eine Anweisung mit einem Schlüsselwort verknüpft, wird geprüft, ob im
Zwischenmodell bereits eine entsprechende Beziehung zwischen Programm und

Operation via Operationsanzahl existiert. Wenn die Verbindung noch nicht vorhanden ist, werden ein Einzelobjekt "Operationsanzahl" mit der Häufigkeit eins sowie die beiden Beziehungen zu Programm und Operation angelegt. Ist dagegen die Verbindung vorhanden, so wird nur die Häufigkeit um eins erhöht. In analoger Weise führen die Bezeichner und Konstanten zur Festlegung der Operandenanzahl. Ausgehend von den Informationen des Zwischenmodells ist die Berechnung der Programmlänge sehr einfach: Die Länge eines Programms als Summe des Auftretens von Operationen und Operanden ergibt sich durch Addieren aller Werte der Eigenschaft Häufigkeit jeweils in den Objekten "Operations-" und "Operandenanzahl", die für ein Programm vorhanden sind.

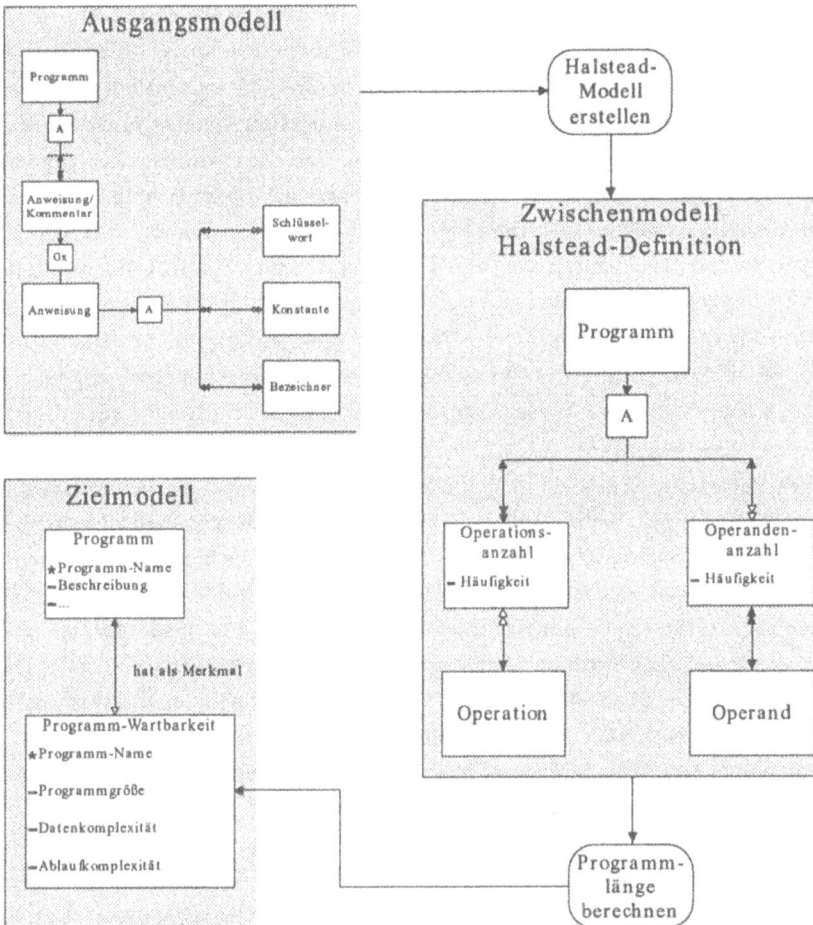

Abb. 4.6: Modelle und Prozesse zur Berechnung der Programmlänge

Es ist auch möglich, einen Prozeß zur Berechnung der Programmlänge ohne das
dargestellte Zwischenmodell der Halstead-Definition zu spezifizieren. Jedoch
ergibt sich durch diese Vorgehensweise der Vorteil, daß der zweite Schritt auch
für andere - z.B. objektorientierte - Programmstrukturen wiederzuverwenden ist.
In einem solchen Fall müßte nur der Prozeß zur Erstellung des Halstead-Modells
entsprechend angepaßt werden.

Zur Beurteilung der Datenkomplexität werden von Harrison u.a. [Harrison/82,
S. 67-69] drei Maße, die "Datenreferenz-Spanne" von Elshoff, das "Segment-
Global Usage Pair" von Basili und das "Q-Maß" von Chapin, aufgeführt, welche
die Klassifikation, Nutzung und Referenzierung von Daten innerhalb von Programmsystemen bewerten. Die beiden letztgenannten Maße quantifizieren sehr
spezifisch die Kommunikation zwischen Programmeinheiten (Modulen, Pro-
grammsegmenten), während die Datenreferenz-Spanne[4] wesentlich allgemeiner
- insbesondere auch auf die Daten innerhalb eines Programms - anwendbar ist.[5]
Sie wird daher im folgenden zur Berechnung der Datenkomplexität zugrundegelegt, ohne jedoch damit eine vergleichende Beurteilung im Hinblick auf praktische Relevanz und Aussagefähigkeit zu präjudizieren. Elshoff hat bei einer
empirischen Untersuchung von 120 PL/I-Programmen Häufigkeitsverteilungen
für verschiedene, sehr große Datenreferenz-Spannen aufgestellt und daraus qualitative Schlußfolgerungen für den Aufwand gezogen, der zum Nachvollziehen
eines Quelltextes und damit Verstehen eines Programms notwendig ist.[6] Um
jedoch eine quantitative Aussage mittels eines einzigen Wertes für ein Programm

---

[4] Eine Datenreferenz-Spanne ist die Anzahl der Anweisungen, die sich zwischen dem
     unmittelbar wiederholten Auftreten eines Datennamens innerhalb der textlichen
     Folge eines Quellprogramms befinden. Datennamen innerhalb von Deklarationen und
     Kommentaren werden nicht berücksichtigt, bei mehrfachem Auftreten eines Daten-
     namens innerhalb einer Anweisung wird der Bezug nur einmal berücksichtigt.

[5] In bezug auf Datenstruktur- und Datenflußkomplexität besitzen die beiden Maße
     Segment-Global Usage Pair und Q-Maß einen hybriden Charakter, da sie sowohl eine
     Typisierung der Daten als auch deren Kommunikationsfluß berücksichtigen. Die
     Datenreferenz-Spanne ist dagegen in die Kategorie der Datenflußmaße einzuordnen.

[6] Elshoff [Elshoff/76, S. 116] führt aus, daß bei 109 von 120 Programmen mit mehr als
     100 Anweisungen Quellkode durchschnittlich 162 Datenreferenz-Spannen mit mehr
     als 100 überspannten Anweisungen zu erwarten sind, d.h., alle sechs Anweisungen
     beginnt eine dieser Spannen und wenn man 100 hintereinanderliegende Anweisun-
     gen analysiert, sind 16 dieser komplexen Daten zu beachten. "Aus diesem Grund
     sieht man gelegentlich Programmierer, die so verwirrt aussehen mit allen ihren Fin-
     gern überall verteilt in ihrem Program-Listing."

zu erhalten - was gemäß dem definierten Zielmodell notwendig ist -, wird über die Ausführungen von Elshoff hinaus die durchschnittliche Datenreferenz-Spanne $\overline{DRS}_P$ je Programm P berechnet und als Maß für die Datenkomplexität verwendet.

$$\overline{DRS}_P = \frac{1}{n+m} * \sum_{i,j} DRS_{Px_{i,j}} \text{ mit}$$

alle Datennamen Px_i, i = 1 ... n, im Programm P und
alle Datenreferenz-Spannen $DRS_{Px_{i,j}}$, j = 1 ... m, für den Datennamen Px_i.

Um die Datenreferenz-Spannen für die Variablen eines Programms berechnen zu können, müssen die Anweisungen in ihrer programmtextlichen Folge und das Auftreten der Datennamen innerhalb der einzelnen prozeduralen Anweisungen bekannt sein. Diese Informationen liegen alle innerhalb des Ausgangsmodells in geeigneter Form vor, so daß eine unmittelbare Transformation vom Ausgangs- zum Zielmodell - ohne Zwischenstruktur - vorgenommen werden kann. Die Sicht des Prozesses "Datenkomplexität berechnen" auf das Ausgangsmodell (vgl. Abb. 4.7) beschränkt sich somit auf das Informationsobjekt Programm, bestehend aus einer Folge von Anweisungen und Kommentaren, von denen nur die prozeduralen Anweisungen von Interesse sind. Weiterhin müssen alle Datenbezeichner des Programms und deren Zuordnung zu den Anweisungen bekannt sein.

Der grundsätzliche Ablauf zur Berechnung der durchschnittlichen Datenreferenz-Spanne für jeweils ein Programm stellt sich nun wie folgt dar: Alle prozeduralen Anweisungen des betreffenden Programms werden mit Hilfe der Nachfolgerbeziehung in Form einer Liste aus dem Ausgangsmodell selektiert und jeder Anweisung wird die Positionsnummer innerhalb der Liste zugeordnet. Ausgehend von dieser Liste werden die Datennamen der Anweisungen bestimmt und für jeden gefundenen Datennamen wird eine eigene Liste erstellt, in der die Positionsnummern der referenzierten Anweisungen enthalten sind. Bei mehrfachem Auftreten eines Datennamens innerhalb einer Anweisung wird in der Datenliste jedoch nur einmal die Position erfaßt. Existiert in einer Datenliste nur eine Position, so wird diese Liste nicht mehr berücksichtigt. Die übrigen Datenlisten werden nun einzeln - für jeden Datennamen getrennt - zur Bestimmung der Datenreferenz-Spanne verwendet, indem zwischen zwei benachbarten Positionen durch Differenzenbildung der Abstand ermittelt wird. Sind die Datenreferenz-Spannen für alle Datennamen bestimmt, berechnet sich die durchschnittliche Spanne gemäß der oben dargestellten Formel.

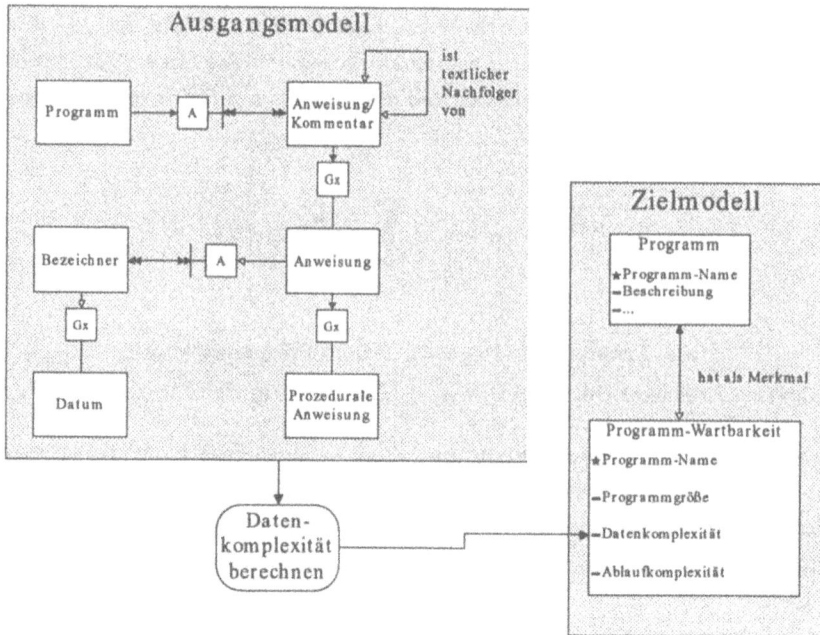

Abb. 4.7: Modelle und Prozeß zur Berechnung der Datenkomplexität

Das letzte zu berechnende Maß im Rahmen der Wartbarkeitsanalyse ist die Ablaufkomplexität, mit der eine quantitative Aussage über den Schwierigkeitsgrad vorgenommen wird, die Befehlsstruktur eines Programmtextes in ihrem Ablauf und ihrer Wirkung nachzuvollziehen.[7] Harrison u.a. [Harrison/82, S. 69-74] schlagen hier mehrere Berechnungsverfahren vor, von denen jedoch aufgrund der einfachen Berechenbarkeit und breiten Akzeptanz nur das Zyklomatische Komplexitätsmaß von McCabe betrachtet wird. Da dieses Maß auf graphentheoretischer Grundlage mit der Definition von Knoten und Kanten aufsetzt, ist es sinnvoll, ein entsprechendes Zwischenmodell zu definieren, um die Informationen des Ausgangsprogramms in einen graphentheoretischen Formalismus zu überführen. Grundobjekt des Modells (vgl. Abb. 4.8) ist der Programmfluß, der aus Knoten und gerichteten Kanten besteht. Da jede Kante genau zwei Knoten miteinander verbindet - und zwar in einer festgelegten Richtung -, sind zwei Bestandteile einer Kante, die Ausgangs- und Eingangskante, zu unterscheiden.

---

[7] Neben dieser psychologischen Komplexität kann Ablaufkomplexität auch in anderer Hinsicht interpretiert werden, z.B. in bezug auf die Ressourcenbeanspruchung bei der Programmausführung.

Jedem Knoten werden die Eingangs- und Ausgangskanten zugeordnet, mit
denen er verknüpft ist.

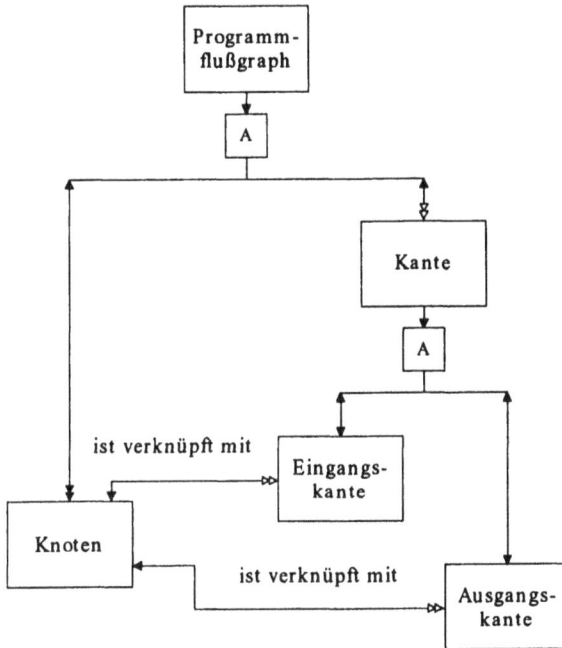

Abb. 4.8: Flußgraphen-Modell zur Bestimmung der Ablaufkomplexität

Die Berechnung der Ablaufkomplexität vollzieht sich somit in zwei Teilschritten,
die durch das Flußgraphen-Modell miteinander verknüpft sind (vgl. Abb. 4.9). Im
ersten Schritt werden durch den Prozeß "Flußgraph erstellen" die Strukturen des
allgemeinen Programmodells in die des Zwischenmodells übertragen und im
zweiten Schritt die Zyklomatische Komplexität berechnet und der Wert in die
Eigenschaft Ablaufkomplexität des Zielmodells übertragen.

Bei der Spezifikation des Prozesses "Flußgraph erstellen" sind folgende Punkte
zu beachten: Die Knoten innerhalb eines Flußgraphen umfassen normalerweise
ganze Anweisungsblöcke [Aho/86, S. 528], die in sich abgeschlossen sind und
intern nur eine sequentielle Ablaufstruktur (keine alternativen Kontrollwege)
aufweisen dürfen. Abgeschlossenheit bedeutet dabei, daß ablaufbezogen die
Folge über die erste Anweisung "betreten" und die letzte "verlassen" werden
muß. Dies würde für die Berechnung der Ablaufkomplexität bedeuten, daß die
vorgegebenen Programmquellen entsprechend transformiert (reduziert) werden

müßten. An dieser Stelle kann man sich jedoch zur Aufwandsreduzierung eine
Eigenschaft des McCabe-Maßes zunutze machen. Da zusätzliche Nicht-Kontroll-
konstrukte das Maß nicht beeinflussen, werden alle für ein Programm vorhandenen prozeduralen Anweisungen jeweils als Knoten definiert und die textliche
Folge der Anweisungen wird durch entsprechende Kanten im Flußgraphen-
Modell abgebildet. Alternative Abläufe können nur durch Kontrollanweisungen
bewirkt werden, so daß die Verzweigungen innerhalb der Sprung- und Schleifenanweisungen durch entsprechende Kanten darzustellen sind. Nach Erstellung des Zwischenmodells beschränkt sich der Ablauf des Prozesses
"Ablaufkomplexität berechnen" auf die Bestimmung der Mächtigkeit der Knoten-
und Kantenmenge, die Berechnung der McCabe-Formel und das Übertragen des
errechneten Wertes in die Eigenschaft "Ablaufkomplexität" des Zielmodells.

Die dargestellte Analyse der Wartbarkeit von Programmsystemen ist mit dieser
letzten Teiltransformation abgeschlossen.

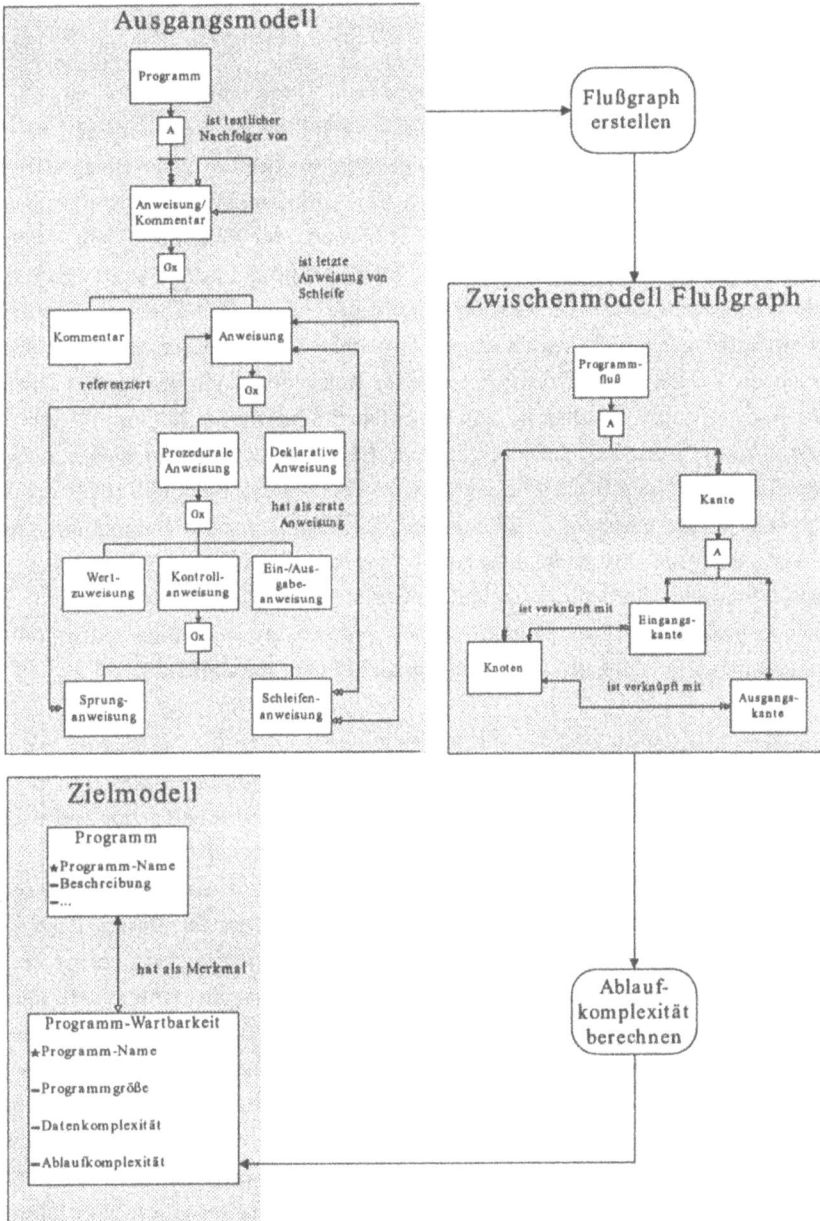

Abb. 4.9: Modelle und Prozesse zur Berechnung der Ablaufkomplexität

4.2 Restrukturierung von Anwendungssystemen

Restrukturierungen von Anwendungssystemen bilden wohl zur Zeit die Mehrzahl der Reengineering-Maßnahmen, wobei auch hier der Schwerpunkt auf der Programmrestrukturierung liegt. Im folgenden werden an zwei Beispielen die Anwendbarkeit und Allgemeingültigkeit der vorgeschlagenen Vorgehensweise demonstriert. Das erste Beispiel "Restrukturierung der Programmlogik" stammt aus dem Kernbereich der Informatik und beschäftigte länger als zehn Jahre führende Wissenschaftler und Praktiker auf diesem Gebiet. Das Thema hat zwar an Aktualität wesentlich eingebüßt, da die Ergebnisse nicht den erwarteten Nutzen erbrachten, jedoch bildet es aufgrund seiner Komplexität ein sehr gutes Demonstrationsobjekt und die Modelle und Prozesse, die bei dieser Maßnahme benutzt werden, können darüber hinaus als Grundlage oder Bausteine vieler anderer Programm-Reengineering-Vorhaben dienen. Das zweite Beispiel "Restrukturierung einer Großstichprobe" zeigt auf, daß beliebige Informationsquellen gemäß der vorgegebenen Methode bearbeitet werden können. Dabei werden für personenbezogene Informationen, die durch Befragung erhoben wurden, mit Hilfe von Umstrukturierung nicht nur vereinfachte Auswertungsmöglichkeiten, sondern auch eine Vielzahl von Konsistenzprüfungen ermöglicht.

4.2.1 Restrukturierung der Programmlogik

Restrukturierung der Programmlogik umfaßt eine breite Palette von Zielen und Maßnahmen (vgl. S. 35), die alle auf den Kontrollstrukturen innerhalb des Quellkodes eines Programmsystems aufsetzen und diese in eine für das menschliche Verständnis besser geeignete Darstellungsform transformieren. Eine zentrale und seit langem angestrebte Zielsetzung des Software-Engineering ist es, die Lesbarkeit von Programmquellen durch Begrenzung auf eine verständliche Anzahl von Konstruktionselementen (Bausteinen) und Vorgabe geeigneter Konstruktionsregeln zum Aufbau umfangreicherer Strukturen zu gewährleisten. Zwei Merkmale charakterisieren die Eignung von Konstruktionsregeln; zum einen muß auch bei komplexen Zusammensetzungen die Struktur ersichtlich und zum anderen mit ihnen das abzubildende System vollständig spezifizierbar sein. Diese Prinzipien zur Software-Entwicklung - bekannt unter dem Namen Strukturierte Programmierung - sind heute allgemein anerkanntes Qualitätsmerkmal, was ein gut wartbares von einem schlecht wartbaren Programm unterscheidet. Als Schlußfolgerung läßt sich daraus ableiten, daß die Umsetzung von schlecht strukturierten Programmen in gut strukturierte Programme eine

Reduzierung des Wartungsaufwands bewirken muß.[8] An dieser Stelle soll nicht die Allgemeingültigkeit dieser Folgerung diskutiert werden, sondern es wird der Weg aufgezeigt, wie aus der unstrukturierten Kontrollogik eines Programmoduls[9] ein strukturierter Ablauf erzeugt werden kann.

Festlegen des Ziel- und Ausgangsmodells

Das Zielmodell muß die textliche Anordnung von Anweisungen und Kommentaren innerhalb einer Programmeinheit gemäß den Regeln der Strukturierten Programmierung (vgl. S. 35) umfassen. Zur Formalisierung dieser Regeln wird eine allgemeine Definition für den Begriff "Strukturiertheit" eingeführt [Fenton/91, S. 169-174]. Grundlage ist die mengenmäßige Begrenzung der Anzahl der Basiskontrollkonstrukte, die außerdem von elementarer Struktur sein müssen, d.h., kein Basiskonstrukt kann durch Aneinanderreihung (sequencing) oder Schachtelung (nesting) aus anderen oder sich selbst zusammengesetzt werden (Primabläufe). Aneinanderreihung bedeutet dabei, daß der Ausgang einer Kontrollstruktur mit dem Eingang einer anderen vereinigt wird. Schachtelung bedeutet das Ersetzen einer elementaren Anweisung innerhalb eines Basiskonstruktes durch ein weiteres komplettes Basiskonstrukt. Eine dezidierte Menge von Basiskontrollkonstrukten wird als S-Familie bezeichnet. Die Gesamtmenge der S-Kontrollkonstrukte setzt sich aus folgenden Elementen zusammen:

- alle Basiskonstrukte, die zur S-Familie gehören
- alle Kontrollstrukturen, die sich rekursiv aus den Basiskonstrukten durch Aneinanderreihung und Schachtelung konstruieren lassen.

---

[8] Ob diese Annahme in der Praxis tatsächlich zutrifft, muß in vielen Fällen bezweifelt werden, da meist der Personenkreis, der eine Programmentwicklung durchgeführt hat, anschließend auch die Wartung übernehmen muß. Die Arbeit mit restrukturierten Programmen kann dann zu einem höheren Aufwand führen als mit schlecht strukturierten, aber bestens bekannten Programmquellen.

[9] Die Einschränkung auf intermodulare Strukturen erfolgt aus Übersichtlichkeitsgründen. Es ist zwar mit relativ geringer Erhöhung der Komplexität möglich, in zwei hintereinanderliegenden Schritten zuerst die interne Modulrestrukturierung und anschließend nur noch die intermodulare Strukturierung durchzuführen. Jedoch sind für ein realistisches Moduldesign weitere Kriterien zu beachten (z.B. Lokalitätsprinzip, Kohäsion, Wiederverwendbarkeit), die eine gemeinsame Bearbeitung der inter- und intramodularen Strukturen nach sich ziehen würden, verbunden mit einer beträchtlichen Komplexitätssteigerung bei Modellen und Prozessen.

Ein Programm ist S-strukturiert, wenn sein Ablauf zu der Menge der S-Kontroll-strukturen gehört.[10] Die im weiteren zugrundegelegte S-Familie besteht aus den Elementen $S^D = \{P_2, D_1, D_2, D_3\}$ mit folgender Bedeutung [Kurbel/85, S. 16-18] und graphischer Darstellung als Kontrollstruktur und äquivalentem Strukto-gramm [Nassi/73]:

- P_2 (Sequenz): Dieses Basiskonstrukt besteht aus zwei unmittelbar hinter-einander auszuführenden Anweisungen (Abb. 4.10).

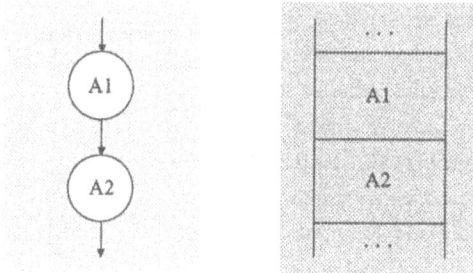

Abb. 4.10: Sequenz, dargestellt als Kontrollfluß und als Struktogramm

- D_1 (Selektion aus zwei Alternativen): Bei diesem Konstrukt wird in Abhängigkeit einer Bedingung (Beding.) im Wahrfall die Anweisung A1 und im Falschfall die Anweisung A2 ausgeführt. Nach der Fallunterschei-dung werden die alternativen Kontrollwege wieder vereinigt (Abb. 4.11).

---

[10] Aufgrund dieser Festlegungen sind die S-Familie und die S-Strukturiertheit nicht auf bestimmte Primabläufe begrenzt, so wie sie z.B. von Boehm/Jacopini [Boehm/66] und Dijkstra [Dijkstra/72a] vorgegeben wurden, sondern es kann berücksichtigt werden, daß im Laufe der Weiterentwicklung der Strukturierten Programmierung zusätzliche Basisabläufe als strukturiert akzeptiert wurden und daß das im folgenden darge-stellte Restrukturierungsverfahren sehr einfach auch auf andere als die hier verwen-deten Basiskonstrukte übertragen werden kann.

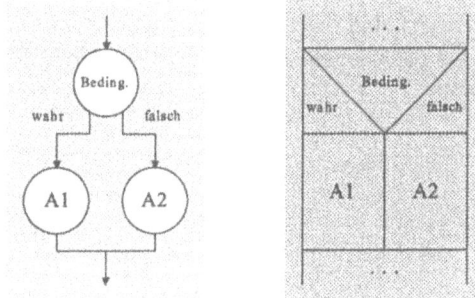

Abb. 4.11: Selektion, dargestellt als Kontrollfluß und als Struktogramm

* D_2 (Kopfgesteuerte Repetition): Bei diesem Konstrukt wird in Abhängigkeit einer Bedingung im Wahrfall eine Anweisung A1 ausgeführt und anschlie-ßend wieder zur Bedingung verzweigt, so daß der Ablauf wiederholt durch-laufen werden kann. Führt die Bedingungsauswertung zum Falschfall, wird zum nächsten, der Repetition folgenden Basiskonstrukt verzweigt (Abb. 4.12). Da die Anweisung A1 nur erreicht wird, wenn nach Eintritt in das Konstrukt die Auswertung der Bedingung den Wahrfall erbringt, ver-wendet man hierfür auch die Bezeichnung "Repetition mit abweisender Bedingung".

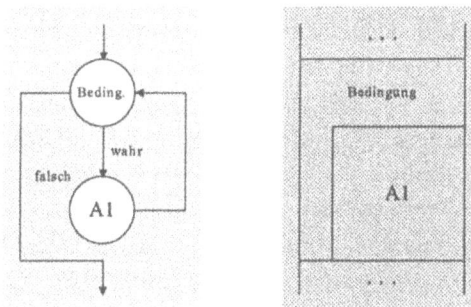

Abb. 4.12: Kopfgesteuerte Repetition, dargestellt als Kontrollfluß und als
Struktogramm

* D_3 (Fußgesteuerte Repetition): Bei diesem Konstrukt wird eine Anweisung A1 ausgeführt, der eine Bedingung folgt. Führt die Bedingungsauswertung zum Wahrfall, wird zum nächsten, der Repetition folgenden Basiskonstrukt verzweigt (Abb. 4.13). Ist die Bedingung dagegen falsch, wird die Anweisung wiederholt ausgeführt und anschließend eine erneute Bedin-

gungsauswertung mit den angegebenen Verzweigungskonsequenzen durchgeführt. Da die Anweisung A1 zumindest einmal ausgeführt wird, bezeichnet man dieses Konstrukt auch als "Repetition mit nicht abweisender
Bedingung".

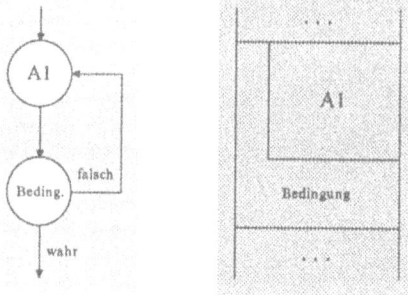

Abb. 4.13: Fußgesteuerte Repetition, dargestellt als Kontrollfluß und als
Struktogramm

Werden diese Basiskontrollkonstrukte und die Operatoren der Strukturierten
Programmierung innerhalb des Zielmodells (vgl. Abb. 4.14) abgebildet, so besteht
ein Programm aus einem oder mehreren Programmblöcken, die entweder von
einfacher oder komplexer Art sind. Einfache Blöcke können entweder elementare
Anweisungen einschließlich der leeren Anweisung, deren Ausführung keine
Programmzustandsänderung bewirkt, oder Kommentare[11] sein, während kom-
plexe vom Typ Sequenz, Selektion oder Repetition sein können. Jede dieser
Basiskontrollstrukturen - die im folgenden als Standardkonstrukte bezeichnet
werden - besteht aus einem Kopf und einem Rumpf, die miteinander in einer
direkten textlichen Nachfolgerbeziehungen stehen. Der Kopf ist im Fall der
Sequenz vom Typ Kommentar/Anweisung und beinhaltet bei der Sequenz und
Repetition Bedingungen, die den Ablauf bestimmen. Der Rumpf ist bei allen drei
Konstrukten vom Typ Programmblock. Bei Sequenz und Repetition besteht er
genau aus einem Programmblock, während es bei der Selektion zwei Blöcke
- gemäß den möglichen Fallunterscheidungen - sind. Das Zielmodell enthält
keine Sprung-Anweisung und jeder Programmblock besitzt aufgrund der Nachfolgerbeziehung der Kontrollkonstrukte nur einen Ein- und Ausgang. Das Zielsystem muß nicht notwendigerweise in Form einer blockorientierten Program-

---

[11] Da bei dieser Restrukturierungsaufgabe keine spezielle Bearbeitung von elementaren
     Anweisungen vorgesehen ist, können Kommentare in derselben Art und Weise wie
     Anweisungen behandelt werden.

miersprache realisiert werden, sondern es können auch andere Sprachen sein, bei denen die Verwendung von Kontrollkonstrukten in einer disziplinierten Art und Weise erfolgt (z.B. mit Hilfe von Umsetzschablonen), so daß als Ergebnis ebenfalls ein strukturiertes Programm entsteht.

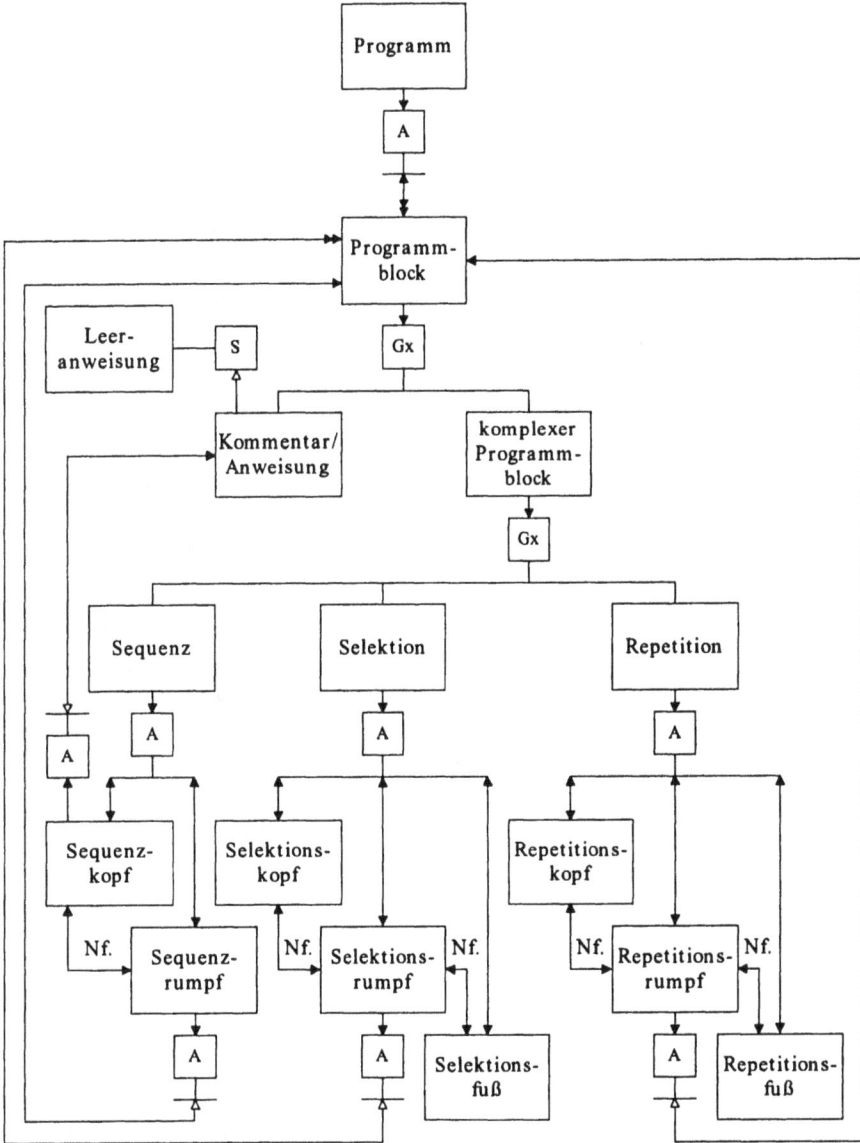

Nf.: ist direkter textlicher Nachfolger von

Abb. 4.14: Zielmodell zur Restrukturierung der Programmlogik

Beim Ausgangssystem wird unterstellt, daß es sich um Programme handelt, die unstrukturierte Kontrollelemente aufweisen, d.h., bedingte und unbedingte Programmverzweigungen können in nicht einheitlicher, undisziplinierter Form innerhalb des Programmtextes vorhanden sein. Dadurch bedingt ergibt sich sowohl ein Identifikations- als auch ein Umstrukturierungsproblem. Standardkontrollkonstrukte wie Selektion und Repetition liegen bei einem unstrukturierten Ausgangssystem normalerweise nicht eindeutig fest, sondern es gibt bei eng miteinander verknüpften Knotenclustern meist mehrere voneinander abhängige Alternativen zur Konstruktion solcher Standardabläufe. Somit beeinflußt die Festlegung auf bestimmte Alternativen in entscheidendem Maße die Gesamtstruktur. Nach der Identifikation von Standardkontrollkonstrukten sind jedoch nicht gleichzeitig alle unstrukturierten Verzweigungen eliminiert, sondern es sind noch unkontrollierte Sprünge in einen Standardablauf hinein oder aus einem heraus möglich. Diese müssen in einem weiteren Schritt durch strukturierte Standardabläufe ersetzt werden.

Da das bei der Wartbarkeitsanalyse festgelegte Programmodell (vgl. S. 99) unstrukturierte Anweisungsfolgen zuläßt, wird es auch hier verwendet. Zur Vereinfachung der folgenden Beschreibungen werden jedoch nur Kontrollanweisungen vom Typ bedingter und unbedingter Sprung zugelassen. Eine Umformung von Schleifen- in Sprunganweisungen ist dabei recht einfach: Der Schleifenkopf mit der Schleifenbedingung wird zu einer bedingten Sprunganweisung mit der Anweisung textlich nach dem Schleifenende als Ziel. Falls die erste Anweisung innerhalb der Schleife nicht unmittelbar nach dem Schleifenkopf folgt, muß nach der bedingten Anweisung noch eine unbedingte mit der ersten Schleifenanweisung als Ziel angegeben werden. Das Schleifenende wird durch einen unbedingten Sprung zum Schleifenkopf (bedingte Sprunganweisung) realisiert. Weiterhin sind Nicht-Kontrollanweisungen und ebenso Kommentare hier nur im Hinblick auf ihre textliche Plazierung von Interesse, so daß im folgenden keine explizite Unterscheidung notwendig ist. Jedes Programm ist beschränkt darauf, daß es nur einen Eingang am Anfang des Quellprogrammtextes und einen Ausgang am Ende aufweist.[12] Das Ausgangsmodell reduziert sich dadurch auf die in Abb. 4.15 dargestellte Informationsstruktur.

---

[12] Multiple Eingänge in ein Programm können durch einen gemeinsamen Eingang (ggf. ein künstliches Konstrukt mit variabler Parameterleiste) am Programmtextanfang und eine anschließende Fallunterscheidung ersetzt werden. In ähnlicher Weise werden multiple Ausgänge durch einen gemeinsamen Ausgang am Programmtextende und die Ersetzung der ursprünglichen Ausgänge durch eine Verzweigung zu diesem gemeinsamen Ausgang umgeformt.

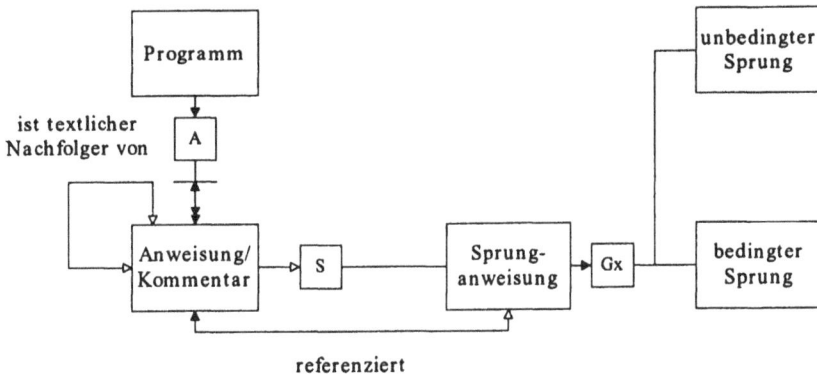

Abb. 4.15: Ausgangsmodell zur Restrukturierung der Programmlogik

Festlegung der Zwischenmodelle und Transformationen

Nachdem Ziel- und Ausgangsmodell zur Restrukturierung der Programmlogik
festgelegt sind, ist der Gesamttransformationsprozeß in Abb. 4.16 dargestellt.

Abb. 4.16: Gesamttransformation zur Restrukturierung der Programmlogik

Im weiteren muß die Gesamttransformation auf Teilprozesse hin analysiert werden. Dabei wird ersichtlich, daß in diesem Fall eine Restrukturierung mit Hilfe
einer Flußgraphendarstellung der Programmquellen vorteilhaft ist, damit gra-
phentheoretische Methoden angewendet werden können (vgl. S. 37). Im einzelnen sind dann folgende Teilschritte zu unterscheiden, die jeweils nacheinander
ausgeführt werden müssen:

- Transformation in eine Programmflußgraphen-Darstellung
- Eliminierung "toter" Kodestrecken

- Intervalleinteilung und Reduzierung der Flußgraphen (alternativ T_1- und T_2-Transformationen)
- Identifikation und Erzeugung von Standardkonstrukten sowie Eliminierung unstrukturierter Kontrollkonstrukte durch Kodeverdoppelung und die Verwendung von Kontrollvariablen
- Rücktransformationen in eine Programmiersprachen-Darstellung.

Damit ist die Gesamttransformation in eine Folge hintereinander auszuführender Teiltransformationen zerlegbar, die durch Zwischenmodelle miteinander verknüpft sind (vgl. Abb. 4.17). Die Transformation in eine Programmflußgraphen-Darstellung wird durch den Prozeß "Flußgraphen erstellen" realisiert. Ausgehend von der Flußgraphen-Darstellung des Programms werden mit Hilfe des Prozesses "Flußgraphen bereinigen" nicht vom Kontrollfluß erreichbare (tote) Quellkodestrecken erkannt und eliminiert, was zu einem bereinigten Flußgraphen führt. Mittels des Prozesses "Flußgraphen reduzieren" wird das erste unstrukturierte Kontrollkonstrukt, der Sprung von außen in eine Repetition hinein, identifiziert und durch Kodeverdopplung restrukturiert. Sind bei dem Ausgangsflußgraphen keine solchen unstrukturierten Konstrukte vorhanden, zeigt dieser Prozeß die Reduzierbarkeit des Flußgraphen auf; im anderen Fall erfolgt die Generierung eines reduzierbaren Äquivalents des Ausgangsgraphen. Der nächste Prozeß "Flußgraphen strukturieren" dient zur Identifikation und Erzeugung von Standardkontrollkonstrukten, wobei alle unstrukturierten Kontrollstrukturen in strukturierte umgewandelt werden müssen. Dazu sind eine Reihe weiterer Zwischenmodelle nötig, die jedoch aus Übersichtlichkeitsgründen nicht hier, sondern bei der Spezifikation des Prozesses dargestellt werden. Das Resultat dieser Transformation ist ein strukturierter Flußgraph, der durch den Prozeß "Flußgraphen übersetzen" in die Quellprogrammdarstellung übertragen wird.

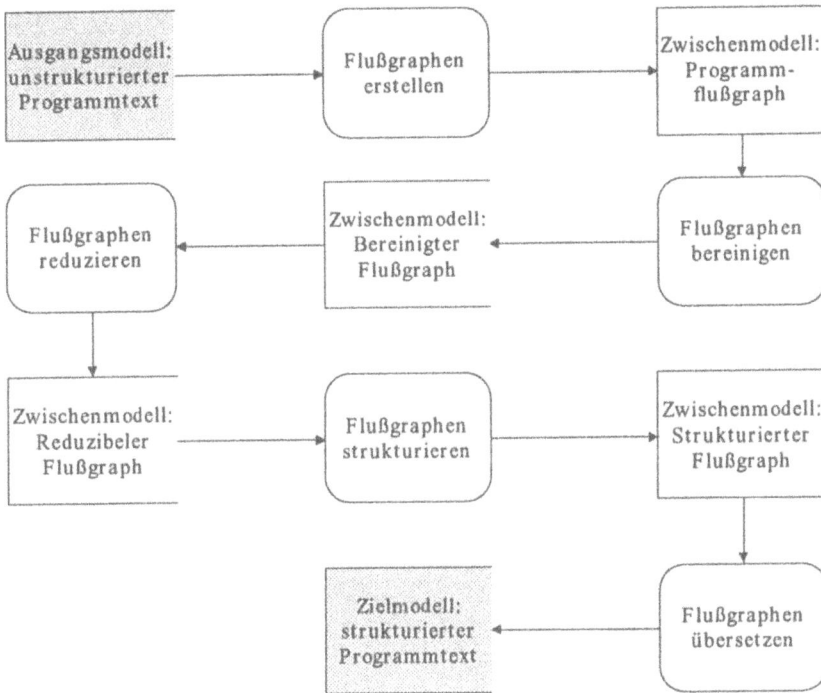

Abb. 4.17: Einzelprozesse zur Restrukturierung der Programmlogik

Um die verschiedenen Flußgraphentransformationen in ihrer Wirkung zu demonstrieren, wird das von Tausworthe [Tausworthe/77, S. 131] ebenfalls zur Darstellung von Strukturierungsmethoden[13] verwendete Beispiel "Flynn's Problem No. 5" herangezogen (vgl. Abb. 4.18); dabei stellen die Rechtecke Prozeß-, die Rauten Entscheidungs- und die Kreise Verbindungsknoten für Schleifen und Entscheidungen dar.

---

[13] Im Gegensatz zu der auf Flußgraphentransformationen beruhenden Strukturierungsmethoden innerhalb dieser Arbeit, beschreibt Tausworthe algorithmische Ansätze zur Strukturierung von Programmen, die im wesentlichen auf der Methode von Mills [Mills/72] basieren.

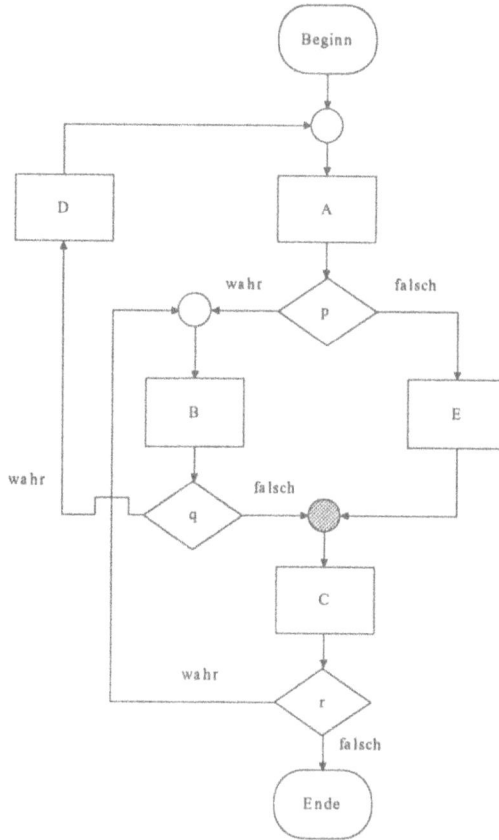

Abb. 4.18: "Flynn's Problem No. 5"

Das bei der Darstellungstransformation in einen Programmflußgraphen angestrebte Zwischenmodell entspricht im wesentlichen dem Flußgraphenmodell zur
Bestimmung der Ablaufkomplexität (vgl. S. 107), jedoch mit dem Unterschied,
daß ein Knoten des Flußgraphen aus mehreren originären Anweisungen bestehen kann. Daher muß das Modell (vgl. Abb. 4.19) um den Bezug zu den Anweisungen des ursprünglichen Programmtextes ergänzt werden, so daß die Informationen für eine spätere Rücktransformation erhalten bleiben.

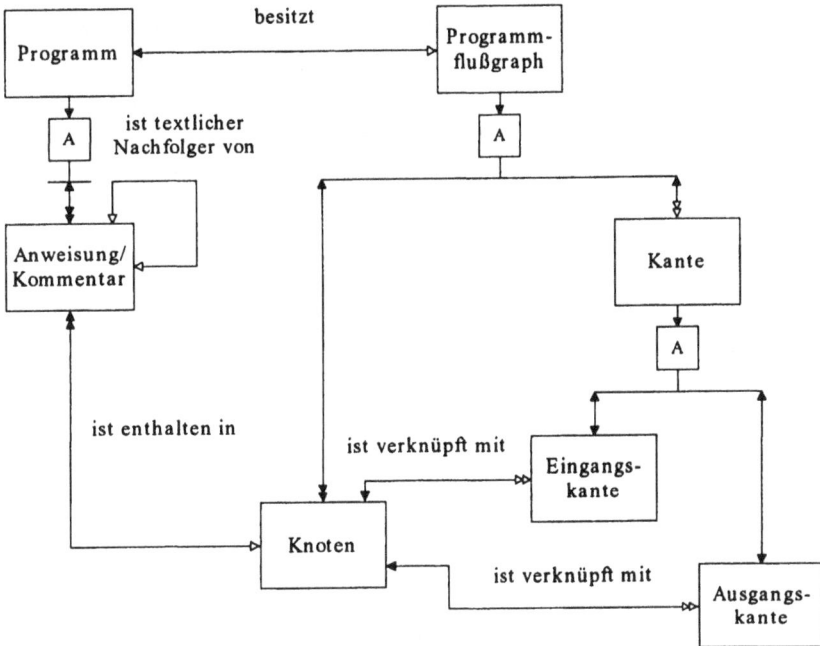

Abb. 4.19: Flußgraphen-Modell zur Restrukturierung der Programmlogik

Die Spezifikation des Prozesses "Flußgraphen erstellen" basiert auf dem Algorithmus von Aho u.a. [Aho/86, S. 529] zur Zerlegung eines Programms in Grund-
blöcke (Knoten des Flußgraphen). Für jedes Programm des Ausgangsmodells
werden die zugehörigen Anweisungen/Kommentare in textlicher Folge selektiert
und für jedes Programm, jede Anweisung bzw. jeden Kommentar werden die
gleichnamigen Einzelobjekte und -beziehungen im Flußgraphenmodell generiert.
Darüber hinaus führt jede Anweisung und jeder Kommentar - im folgenden nur
noch als Anweisung bezeichnet[14] - des Ausgangsmodells zu folgenden alternativen Verarbeitungsschritten:

---

[14] Da hier eine verarbeitungsbezogene Unterscheidung der verschiedenen Nicht-
Kontrollanweisungen nicht notwendig ist und Kommentare ebenso wie diese textlich
als Einheit identifiziert werden können, ist eine Gleichbehandlung möglich. Daraus
folgt jedoch, daß zur richtigen Zuordnung Kommentare nach den zugehörigen Anweisungen im Programmtext plaziert sein müssen. Eine Änderung dieser Voraussetzung
erfordert eine Erweiterung des Algorithmus' für die Flußgraphenerstellung, die zwar
nicht grundsätzlicher Art ist, aber die Übersichtlichkeit beeinträchtigt.

- Wenn es sich um die erste Anweisung des Programmtextes oder um eine Anweisung handelt, die von einer noch nicht bearbeiteten Sprunganweisung als Ziel referenziert wird (Rückwärtssprung), so wird ein neuer Knoten generiert und die betreffende Anweisung mit diesem durch die Beziehung "ist enthalten in" verknüpft. Existiert bereits ein aktueller Knoten, so wird von diesem zu dem neuen eine Kante angelegt. Der neue Knoten wird zum aktuellen.

- Ist die Anweisung ein Rückwärtssprung, wird ein neuer Knoten generiert und die textlich nachfolgende Anweisung diesem zugewiesen. Handelt es sich um einen bedingten Sprungbefehl, muß der neue Knoten mit dem aktuellen durch eine Kante verbunden werden. Der neue Knoten wird zum aktuellen.

- Handelt es sich um eine Sprunganweisung, deren Ziel eine noch nicht bearbeitete Anweisung ist (Vorwärtssprung), dann werden zwei neue Knoten generiert. Der erste wird mit der Anweisung, die direkt auf die Sprunganweisung folgt, durch die Beziehung "ist enthalten in" verknüpft und der zweite mit der Anweisung, die als Sprungziel referenziert ist. Vom aktuellen Knoten zum Zielknoten des Sprungbefehls wird eine Kante angelegt und bei einem bedingten Sprung zusätzlich eine Kante vom aktuellen zum ersten Knoten erzeugt. Der erste angelegte Knoten wird zum aktuellen.

- Bei einer Anweisung, die weder erste noch Ziel oder Ausgang eines Sprungs ist, muß geprüft werden, ob sie bereits in einer "ist enthalten in"-Verknüpfung zu einem Knoten steht. Ist dies der Fall, wird der bezogene Knoten zum aktuellen; wenn nicht, wird diese Verknüpfung zum aktuellen Knoten angelegt.

Sind alle Anweisungen/Kommentare des Ausgangsmodells für ein Programm in dieser Art und Weise bearbeitet, liegt der Flußgraph dafür vor und die Knoten referenzieren alle in ihnen enthaltenen Anweisungen/Kommentare. Die Reihenfolge der Anweisungen/Kommentare innerhalb eines Knotens entspricht der Sequenz, die durch die Beziehung "ist textlicher Nachfolger von" festgelegt ist, und kann auch mit deren Hilfe erzeugt werden. Eine entsprechende Transformation des Beispiels von Seite 120 führt zu dem Flußgraphen gemäß Abb. 4.20. Beginn- und Endeanweisung werden durch die Abkürzungen Bg und Ed präsentiert und die Knotenbezeichnungen setzen sich aus denen des ursprünglichen Algorithmus' zusammen, so daß auch bei weiteren Transformationen der Bezug zu den Ausgangskonstrukten ersichtlich bleibt. Bereits bei dieser Darstellung sind relativ einfach einige unstrukturierte Konstrukte zu erkennen, z.B. die Verzweigung vom Knoten "C,r" zu "B,q", die einen Sprung in die Schleife "A,p; B,q; D; A,p" darstellt.

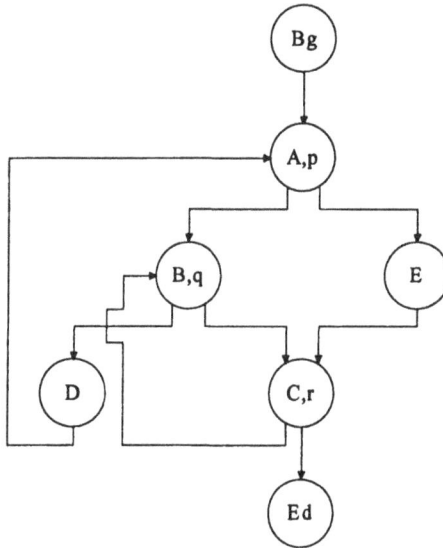

Abb. 4.20: Flußgraph zu "Flynn's Problem No. 5"

Der Prozeß "Flußgraphen bereinigen" modifiziert nur die Einzelinformationen des erweiterten Flußgraphenmodells, so daß dieses als Ein- und Ausgabemodell verwendet wird, und dient zur Eliminierung "toter" Kodestrecken, also Programmtextabschnitten, die aufgrund der Kontrollstrukturen nicht erreicht werden können.[15] Solche Programmanomalien sind daran zu erkennen, daß neben dem ersten Knoten (Eingangsknoten) weitere innerhalb eines Flußgraphen vorhanden sind, die keine Eingangskante aufweisen. Der von einem solchen Knoten ausgehende Teilflußgraph ist - einschließlich der referenzierten Anweisungen - zu löschen, mit Ausnahme der Knoten und Kanten, die auch vom Eingangsknoten her erreichbar sind.

Der Prozeß "Flußgraphen reduzieren" dient zur Identifikation und Eliminierung von nicht eindeutigen Ablaufstrukturen, so daß eine disjunkte Zerlegung eines Flußgraphen in einen gerichteten azyklischen Graphen und die Menge der Rückwärtskanten möglich ist. Daraus lassen sich dann eindeutig Schleifen innerhalb des Flußgraphen identifizieren. Ein Flußgraph, der diese Eigenschaf-

---

[15] Unerkannt bleiben hier jedoch Anweisungsstrecken, die durch Bedingungsfehler (z.B. Bedingung liefert nur einen Wahrheitswert) oder falsche Werte in Kontrollvariablen nicht durchlaufen werden.

ten besitzt, wird als reduzierbar bezeichnet. Die Vorgehensweise zur Erzeugung
eines reduzierbaren Flußgraphen besteht aus zwei grundsätzlichen Schritten:

- Reduzierung des Flußgraphen: Dabei wird die Verdichtung hierarchischer
  Teilgraphen zu einzelnen Knoten und deren Verknüpfung zu einem neuen,
  reduzierten Flußgraphen vorgenommen. Ist eine weitere Verdichtung nicht
  mehr möglich und das Ende der Reduzierung noch nicht erreicht, muß eine
  Knotenaufspaltung (Verdopplung) vorgenommen werden. Durch diese Aufspaltung wird aus einem nicht reduzierbaren ein äquivalenter, reduzierbarer Flußgraph erzeugt. Diese Knotenverdichtung und ggf. -aufspaltung
  wird so lange wiederholt, bis der Flußgraph nur noch aus einem einzelnen
  Knoten (trivialer Grenzflußgraph) besteht, der entweder den reduzierbaren
  originären Flußgraphen oder sein reduzierbares Äquivalent [Hecht/77,
  S. 114-115] abbildet.
- Expansion des Flußgraphen: Ist der originäre Flußgraph nicht reduzierbar,
  muß - ausgehend von dem im vorhergehenden Schritt generierten Grenzflußgraphen - das reduzierbare Äquivalent in seiner Gesamtheit erzeugt
  werden. Dazu ist es notwendig, die Reduzierungstransformationen schrittweise rückgängig zu machen, bis alle ursprünglich vorhandenen Knoten
  wieder expandiert sind.

Zur Durchführung der Reduzierung bedient man sich der Intervallanalyse, bei
der ein Flußgraph in eine hierarchische Struktur überführt wird, indem einzelne
zusammengehörige Schleifenkonstrukte - bestehend aus einem Kopfknoten und
einer zugehörigen azyklischen Struktur (Intervall) - identifiziert und anschließend zu einem neuen Flußgraphen, dem Intervallgraphen, zusammengefaßt
werden. Die Reduzierung eines Flußgraphen kann alternativ auch mit der T_1-T_2-
Analyse vorgenommen werden, die aus folgenden zwei sehr einfachen Flußgra-
phen-Transformationen besteht:

- T_1-Transformation: Falls ein Knoten eine auf sich selbst bezogene Kante
  besitzt (Schleife), wird diese gelöscht.
- T_2-Transformation: Falls ein Knoten einen eindeutigen Vorgänger besitzt,
  können alle ausgehenden Kanten diesem zugeordnet und der Knoten kann
  gelöscht werden.

Diese beiden Transformationen werden - ausgehend von dem ursprünglichen
Flußgraphen - in beliebiger Reihenfolge wiederholt auf den aktuell transformier-
ten Graphen angewendet, bis die Voraussetzungen für eine weitere Bearbeitung
nicht mehr vorliegen, d.h., bis der triviale Grenzflußgraph erreicht wurde oder

der Flußgraph nicht reduzierbar ist. Werden dagegen diese Transformationen in
einer festen Reihenfolge ausgeführt, so kann damit auch die Folge der Intervallgraphen - entsprechend den Ergebnissen der Intervallanalyse - erzeugt werden,
die für die spätere Rücktransformation des Flußgraphen wichtig sind. Um die
Folge der Intervallgraphen zu generieren, müssen für jeden einzelnen Übergang
zuerst alle T_2-Transformationen auf den Ausgangsgraphen angewendet werden
und anschließend auf das dabei erzielte Resultat alle T_1-Transformationen. Sind
auf einen Intervallgraphen keine weiteren T_1-Transformationen mehr durchführbar und ist der triviale Grenzflußgraph noch nicht erreicht, handelt es sich
um einen nicht reduzierbaren Graphen, der durch Knotenaufspaltung in einen
äquivalenten, reduzierbaren Graphen abgebildet werden muß. Um die Aufspaltung vornehmen zu können, muß ein Knotenpaar (x, y) bestimmt werden, das
unmittelbar wechselseitig miteinander verknüpft und zusätzlich noch jeweils von
anderen Knoten erreichbar ist. Einer dieser Knoten wird mit allen ausgehenden
Kanten kopiert, z.B. die Kopie von y mit dem Namen y', eine Kante von x nach y'
angelegt und die Kante von y nach x gelöscht. Nach Durchführung dieser Knotenaufspaltung wird mit der Intervallanalyse fortgefahren, wobei auch die Notwendigkeit einer weiteren Aufspaltung auftreten kann.

Die Anwendung der T_2- und T_1-Transformation auf den Flußgraphen von
Seite 123 führt zum ersten Intervallgraphen, der in Abb. 4.21 (1. Intervallgraph)
dargestellt ist. Da keine weiteren Intervallgraphen mehr davon abgeleitet werden können, handelt es sich um den Grenzflußgraphen für den Ausgangsalgo-
rithmus, der jedoch nicht trivialer Art ist. Durch die Aufspaltung des Knoten
"B,q,D" - alternativ hätte auch der Knoten "C,r,Ed" verwendet werden können -
wird der erste Intervallgraph in eine äquivalente Form überführt, aus der weitere Intervallgraphen ableitbar sind, wobei der dritte nur noch aus einem Knoten
besteht und damit den angestrebten trivialen Grenzflußgraphen darstellt.

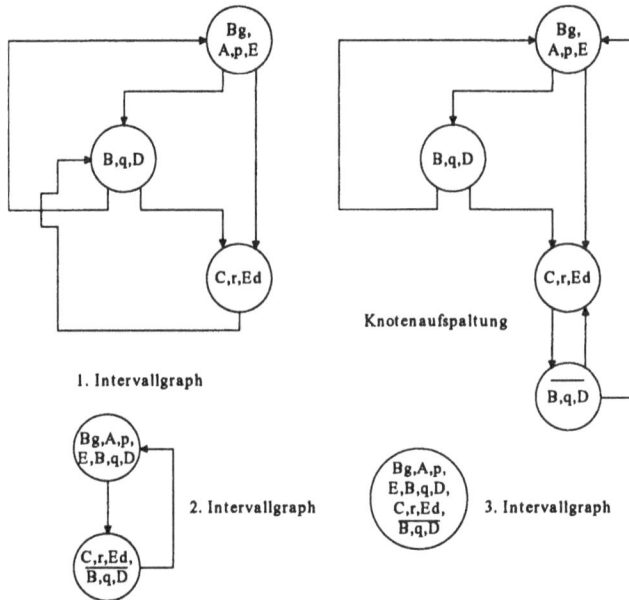

Abb. 4.21: Intervallgraphen zu "Flynn's Problem No. 5"

Die Reduzierung des Flußgraphen besteht folglich aus einer flußgraphenspezifi-
schen Anzahl von Repetitionen mit einer Folge von zugehörigen Intervallgraphen. Da diese selbst vom Typ Flußgraph sind, können sie ebenfalls gemäß der
Flußgraphenstruktur von Seite 121 abgelegt werden. Um jedoch die Knoten und
Kanten, die bei einer Intervallgraphenableitung nicht verändert werden, unter
gleichen Namen wiederzuverwenden, muß eine Modellerweiterung gemäß
Abb. 4.22 erfolgen. Ein Knoten oder eine Kante kann nun zu mehreren Flußgraphen gehören und ein Knoten kann der Repräsentant für einen gesamten Flußgraphen oder Teilgraphen sein. Ebenfalls ist es notwendig, die Information über
die Folge der Intervallgraphen vom Ausgangs- bis hin zum Grenzflußgraphen
sowie die Äquivalenzrelation zwischen Flußgraphen zu sichern.

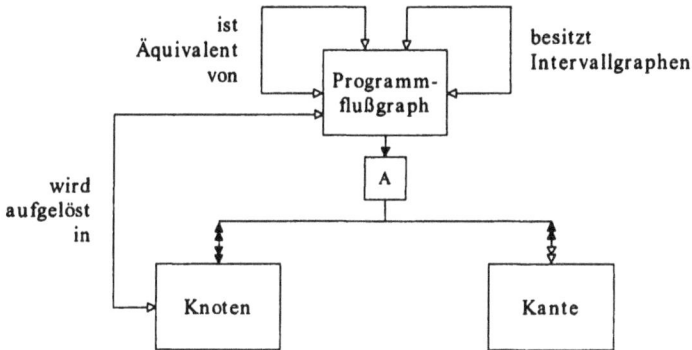

Abb. 4.22: Erweitertes Flußgraphen-Modell zur Restrukturierung der Programmlogik

Als Ergebnis dieses Transformationsprozesses kann für den Fall, daß keine Knotenaufspaltung vorgenommen wurde, unmittelbar der Ausgangsflußknoten aufgrund vorhandener Reduzierbarkeit übertragen werden. Sind jedoch eine oder
mehrere Knotenaufspaltungen notwendig gewesen, muß aus den abgeleiteten
Graphen das reduzierbare Äquivalent des Ausgangsflußgraphen erzeugt werden.
Dazu ist es notwendig, beginnend beim Ausgangsflußgraphen über die Beziehung "besitzt Intervallgraphen" den Grenzflußgraphen zu bestimmen; ist dieser
nicht trivial, muß mittels der Beziehung "ist Äquivalent von" der äquivalente
Flußgraph bestimmt werden. Diese Verarbeitung wird so lange wiederholt, bis
der triviale Grenzflußgraph bestimmt ist. Da dieser einem Knoten entspricht,
werden über die Beziehung "wird aufgelöst in" die ursprünglichen Flußgraphen
sukzessive wiederhergestellt, bis die ursprünglichen Knoten wieder vorhanden
sind. Damit ist das reduzierbare Äquivalent des Ausgangsflußgraphen erzeugt,
das dann als Ergebnisstruktur abgelegt wird und den folgenden Prozessen als
Ausgangsstruktur dient. Die Expansion des trivialen Beispielgrenzflußgraphen
ist in Abb. 4.23 dargestellt.

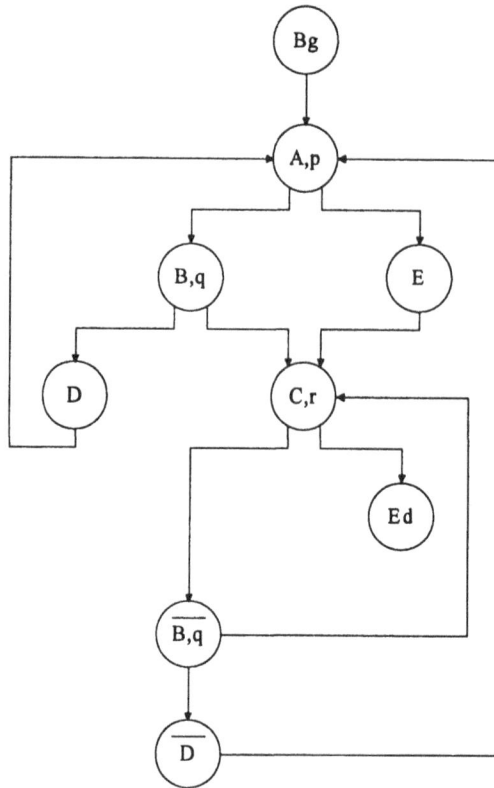

Abb. 4.23: Expandierter Flußgraph zu "Flynn's Problem No. 5"

Zur Durchführung der nachfolgenden Transformationen muß die für die Reduzierung notwendige Blockstruktur des Flußgraphen wieder aufgelöst werden,
indem die Blockknoten in die ursprünglichen Prozeß- und Bedingungsknoten
zerlegt und miteinander verknüpft werden. Wird diese Verfeinerung für das dargestellte Beispiel vorgenommen, so ergibt sich der detaillierte Flußgraph der
Abb. 4.24. Dabei wird auch erkannt, wenn - wie im Fall des Prozeßknotens D -
dieselben Knoten mit identischen Nachfolgern mehrfach innerhalb des Flußgraphen auftreten. Diese Knoten sind dann zu einem einzigen zu verdichten, der
alle Eingangskanten aller anderen auf sich vereint.

Der Prozeß "Flußgraphen strukturieren" dient
zur iterativen Ersetzung aller unstrukturierten Konstrukte durch strukturierte Standardabläufe. Ausgangsbasis ist ein reduzierbarer
Flußgraph, dessen Knoten insgesamt vom
Startknoten erreichbar sind, was durch die
zuvor vorgenommenen Transformationen
sichergestellt ist. Folgende Schritte sind im
einzelnen durchzuführen:

* Konstruktion von Repetitionen: Ausgehend von der Erkenntnis, daß rückführende Kanten in Flußgraphen einen
  Hinweis auf mögliche Schleifenkonstrukte darstellen [Aho/86, S. 603], werden alle
  vorhandenen Kanten auf diese Eigenschaft hin untersucht. Können dabei
  rückführende Kanten bestimmt werden,
  so sind mit deren Ziel- und Ausgangskno-
  ten Kandidaten für Schleifenköpfe und
  -füße festgelegt. Dominiert zusätzlich der
  Schleifenkopfkandidat den zugehörigen
  -fuß, so handelt es sich um eine Schleife,
  für die der Repetitionskopf und -fuß zu
  generieren sind. Mit Berechnung der zu

Abb. 4.24: Detaillierter Flußgraph
zu "Flynn's Problem No. 5"

einer Schleife gehörenden Knoten und Kanten ist der Repetitionsrumpf
ebenfalls fixiert. Danach wird aufgrund vorgegebener Schleifenmuster eine
standardisierte Überführung in WHILE- und UNTIL-Repetitionskonstrukte
vorgenommen.

* Konstruktion von Selektionen: Ebenso wie bei der Konstruktion von Repetitionen müssen auch hier zuerst Kandidaten für Selektionsköpfe und -füße
  identifiziert werden. Kandidaten für Selektionsköpfe sind alle Bedingungsknoten innerhalb des Flußgraphen, während die Selektionsfüße mit Hilfe
  der Dominanzrelation bestimmt werden müssen. Wird für einen Selek-
  tionskopfkandidaten ein Fuß gefunden, so handelt es sich um den Anfangs-
  und Endknoten einer Selektion, für die nun die Rumpfknoten und Kanten
  bestimmt werden. Eine Überführung mit Hilfe von Schablonen in eine
  standardisierte Selektionsdarstellung schließt sich an.

* Bereinigung der Standardkonstrukte: Nach Identifikation von Iterations-
  und Selektionskonstrukten sowie deren Überführung in eine standardisier-

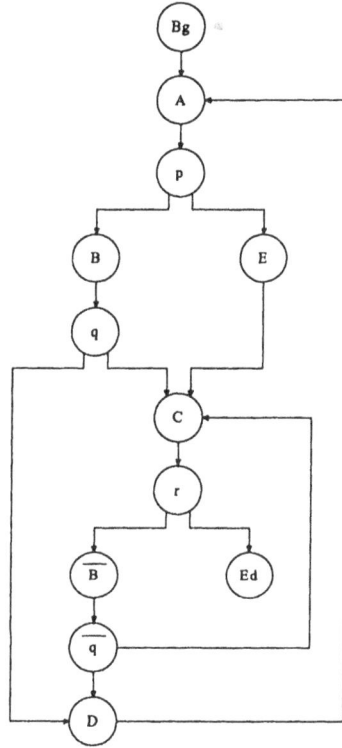

te Darstellung können noch immer unstrukturierte Verzweigungen innerhalb des Programmflusses enthalten sein. Ihre Eliminierung wird ebenfalls
mit Hilfe von Transformationsschablonen durchgeführt.

Die aufgeführten Schritte sollten in der angegebenen Reihenfolge auf die Knoten
und Kanten eines Flußgraphen angewendet werden. Als Ergebnis entsteht ein in
Teilen strukturierter Flußgraph, der jedoch noch immer unstrukturierte Konstrukte enthalten kann, da beim Schritt "Bereinigen der Standardkonstrukte"
Transformationen angewendet werden, die auf einer höheren Programmschach-
telungsebene zu neuen unstrukturierten Konstrukten führen können. Daher
muß die Gesamttransformation iterativ wiederholt werden, bis alle unstrukturierten Bestandteile eliminiert sind. Zur Erhöhung der Übersichtlichkeit bei den
einzelnen Bearbeitungsschritten und zur Vorbereitung des letzten Transformationsprozesses "Flußgraphen übersetzen", ist eine sukzessive Reduzierung der
Knoten- und Kantenanzahl möglich, indem in ihrer endgültigen Form fixierte
Standardkonstrukte durch einen einzelnen Flußgraphenknoten ersetzt werden.
Besteht der gesamte Flußgraph nur noch aus einem Knoten, ist diese Transformation beendet. Im folgenden werden die skizzierten Schritte ausführlich
beschrieben.

Zur Identifikation von Repetitionen muß mit Hilfe der Tiefensuche ein aufspannender Tiefenbaum für den betreffenden Flußgraphen konstruiert werden.
Bezieht man alle Kanten des Flußgraphen auf diesen Tiefenbaum, so können
rückführende (Kante führt zu einem Vorgänger innerhalb des Baums) und fortschreitende (Kante führt zu einem Nachfolger innerhalb des Baums) sowie
Kreuzkanten (Kante verbindet zwei Knoten, die in keiner Vorgänger-/Nachfol-
gerbeziehung stehen) unterschieden werden. Die rückführenden Kanten sind
identisch mit den Rückwärtskanten und damit mit den Repetitionen des (reduzierbaren) Flußgraphen. Für den expandierten Beispielflußgraphen ist in Abb.
4.25 der aufspannende Tiefenbaum (durchgezogene Kanten) dargestellt. Die
Knotennumerierung gibt die Tiefenordnung der Knoten an, die durch eine durchgezogene oder gepunktete Linie dargestellten Kanten sind fortschreitend, während die gestrichelten rückführende Kanten repräsentieren.

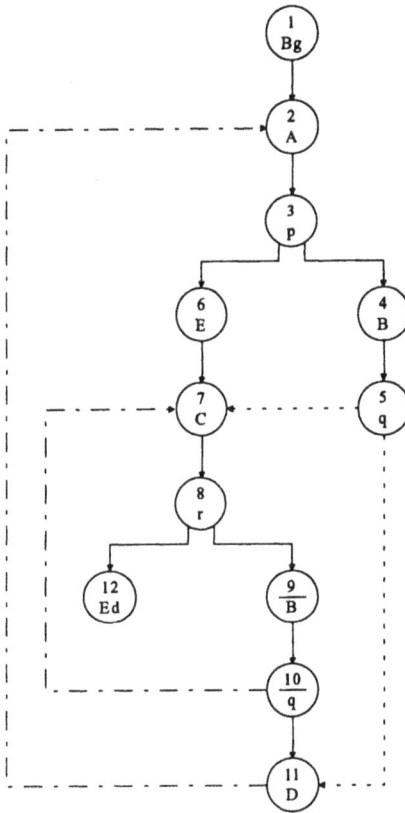

Abb. 4.25: Aufspannender Tiefenbaum zu "Flynn's Problem No. 5"

Um diesen Zusammenhang als Informationsstruktur abzubilden, ist das Modell von Seite 127 gemäß Abb. 4.26 zu ergänzen. Einem Programmflußgraphen kann ein Tiefenbaum zugeordnet werden, der wie der Flußgraph aus Knoten und Kanten besteht. Dabei sind die rückführenden Kanten von besonderem Interesse, was durch eine Spezialisierung von Kante zu rückführender Kante abgebildet wird. Um einen vollständigen Tiefenbaum zu konstruieren, wird zuerst der Wurzelknoten des Baums bestimmt, der dadurch charakterisiert ist, daß er nur Ausgangskanten besitzt. Über diese werden alle Knoten der nächsten Baumebene selektiert, die dann ebenfalls Knoten für Knoten nach Ausgangskanten überprüft werden. Durch diese Vorgehensweise können sowohl ebenenweise als auch gemäß der symmetrischen Reihenfolge die Knoten eines Baums bestimmt werden.

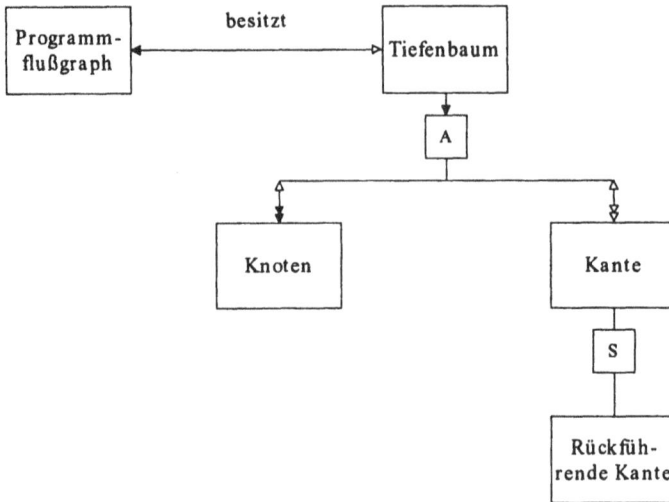

Abb. 4.26: Modell zur Abbildung eines Tiefenbaums

Aufgrund der identifizierten Rückwärtskanten liegen die Kandidaten für Schleifenköpfe und -füße fest. Im weiteren muß überprüft werden, ob es sich bei diesen
Kandidaten tatsächlich um Schleifen handelt oder nicht. Zu diesem Zweck wird
eine weitere Hilfsstruktur, der Dominatorbaum, erstellt, der sich aus der direkten Dominatorrelation zwischen zwei Knoten eines Flußgraphen ableiten läßt
[Aho/86, S. 602].[16] Der Dominatorbaum für "Flynn's Problem No. 5" ist in Abb.
4.27 dargestellt. Die Informationsstruktur zur Abbildung des Dominatorbaums
entspricht von ihrem Aufbau her der dieses Tiefenbaums und ist damit in analoger Art und Weise zu entwerfen, d.h., ein Dominatorbaum besteht aus Knoten
und Kanten und ist einem Flußgraphen zugeordnet.

---

[16] Ein Knoten x dominiert einen Knoten y, wenn alle Pfade vom Anfangsknoten des
Flußgraphen nach y über x verlaufen; x dominiert y direkt, wenn x der letzte Domina-
tor ist, bevor y erreicht wird.

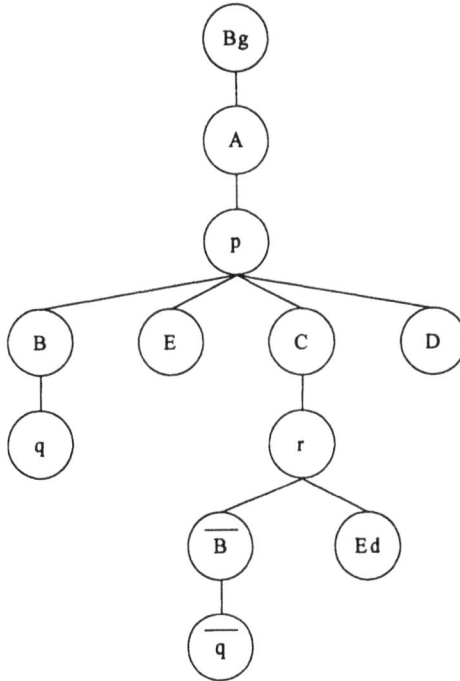

Abb. 4.27: Dominatorbaum zu "Flynn's Problem No. 5"

Für die identifizierten Schleifen werden innerhalb des Flußgraphen im weiteren explizite Repetitionskopf- und -fußknoten erzeugt. Die Kopfknoten werden vor dem Zielknoten einer Rückwärtskante positioniert, alle den Zielknoten referenzierenden Kanten dem Repetitionskopf zugeordnet und eine zusätzliche Kante wird zwischen Kopf- und Zielknoten generiert. Handelt es sich bei dem Ursprungsknoten der Rückwärtskante um einen Bedingungsknoten, so erhält dieser die Repetitionsfußeigenschaft, d.h., es handelt sich hierbei strukturell um eine UNTIL-Repetition. Ist dagegen der Ursprungsknoten vom Typ Prozeßknoten, muß ein zusätzlicher Knoten als Repetitionsfuß angelegt werden. Dieser Fußknoten wird durch eine fortschreitende Kante mit dem Ursprungsknoten verbunden und die rückführende Kante wird dem Repetitionsfuß zugeordnet. Die beiden Repetitionen des Programmflußgraphen von Seite 129 werden dementsprechend um Kopf- und Fußknoten ergänzt, was in Abb. 4.28 dargestellt ist. Die erste Repetition erhält einen neuen Kopf (Bezeichnung: Rk1) und Fuß (Rf1), während bei der zweiten Repetition nur ein neuer Kopf (Rk2) generiert wird und der Prozeßknoten $\overline{q}$ zusätzlich die Eigenschaft des Repetitionsfußes (Rf2, $\overline{q}$) zugewiesen bekommt.

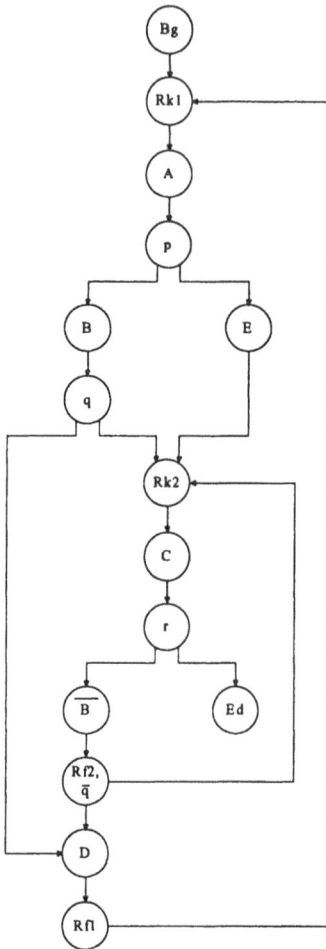

Abb. 4.28: Flußgraph zu "Flynn's Problem No. 5" mit Repetitionsköpfen und -füßen

Im folgenden werden nun alle Knoten und Kanten bestimmt, die zu einer Repetition gehören, um weitere Repetitionsausgänge zu identifizieren und zu eliminieren. Dazu wird der Algorithmus von Aho u.a. [Aho/86, S. 604] verwendet, der für die Rückwärtskante Rf→Rk alle Knoten der betreffenden Repetition (natürliche Schleife) berechnet. Ausgehend vom Fußknoten werden sukzessive alle Vorgänger der bereits erkannten Repetitionsknoten als neue Elemente der Repetition hinzugenommen, bis der Repetitionskopf erreicht ist.[17] Da die Vorgängerbestimmung über die Eingangskanten eines Repetitionsknotens vorgenommen wird, sind mit diesem Verfahren auch alle zur Repetition gehörenden Kanten bestimmt.

Nach dieser Berechnung liegen für jede Repetition die Informationen über ihre Kopf- und Fußknoten sowie über ihre Rumpfknoten und -kanten vor. Zur Abbildung dieser Zusammenhänge muß das erweiterte Flußgraphenmodell um die in Abb. 4.29 dargestellten Informationsstrukturen ergänzt werden. Ein Flußgraph besteht somit aus Repetitionen mit den Bestandteilen Kopf, Rumpf und Fuß. Kopf und Fuß sind Spezialisierungen des Informationsobjektes Knoten und der Rumpf setzt sich aus Knoten, Kanten und weiteren geschachtelten Repetitionen zusammen.

---

[17] Dieses Verfahren funktioniert nur bei reduzierbaren Flußgraphen, da durch die Reduzierbarkeit sichergestellt ist, daß in eine Repetition hinein keine Sprünge aus anderen Programmzweigen vorkommen können.

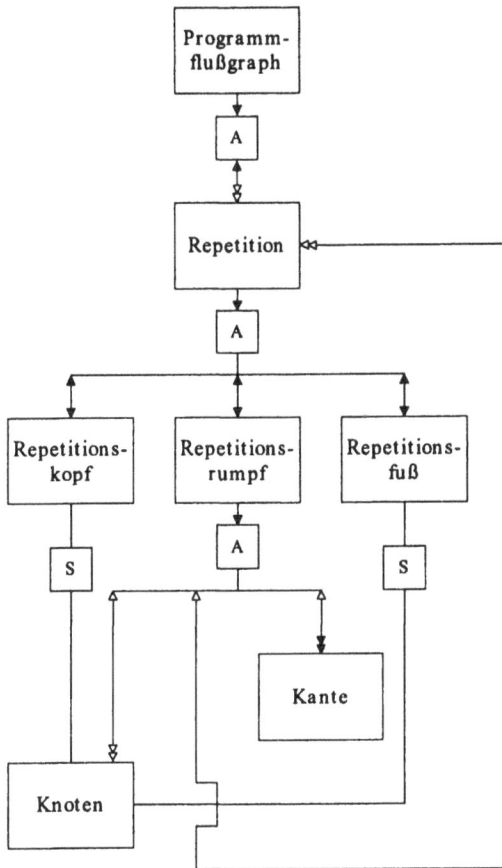

Abb. 4.29: Explizite Repetitionsdarstellung innerhalb eines Flußgraphen

Die Repetitionskonstrukte innerhalb eines Flußgraphen sind nun soweit vorbe-
reitet, daß mit Hilfe von Schablonen eine einfache Transformation in Until- und
While-Konstrukte möglich ist. Bis auf die bereits dargestellten Repetitionen mit
Bedingungsfuß besitzen alle anderen Ausgangsstrukturen keinen Kopf- oder
Fußausgang, sondern die Bedingung zum Verlassen der Schleife ist innerhalb
des Rumpfes positioniert.[18] Das Ziel dieser Transformation ist eine strukturell
geschickte Überführung der innerhalb der Repetition liegenden Bedingungen in

---

[18] Existiert kein Kopf- oder Fußausgang und keine nach außerhalb der Repetition verzweigende Bedingung innerhalb des Rumpfes, so handelt es sich um eine Endlos-
schleife und damit prinzipiell um einen Programmfehler, der manuell zu eliminieren
ist.

äquivalente Kopf- oder Fußausgänge. Exemplarisch wird für jeden Zielrepeti-
tionstyp eine solche Schablone vorgestellt; diese sind jedoch nicht auf alle möglichen Konstellationen anwendbar bzw. stellen nicht die strukturell beste
Umformung dar, so daß bei einer konkreten Umsetzung weitere Schablonen
spezifiziert und in den Verarbeitungsprozeß integriert werden müssen. Die erste
Schablone setzt ein Grundmuster der Ausgangsstruktur voraus, bei dem unmittelbar nach dem Repetitionskopf eine Bedingung (Beding.) mit einer den Schlei-
fenkörper verlassenden Kante folgt (vgl. Abb. 4.30). Der nach dieser Bedingung
folgende Teilgraph des Repetitionsrumpfs ist für diese Transformation ohne
Einfluß, was durch den Platzhalterknoten "..." ausgedrückt wird. Diese Konstruktion wird in eine While-Repetition überführt, bei der die nach außen gerichtete Bedingung in den Kopf aufzunehmen ist und der Repetitionskopf (Rk) und
-fuß (Rf) in Wk bzw. Wf umzubenennen sind.

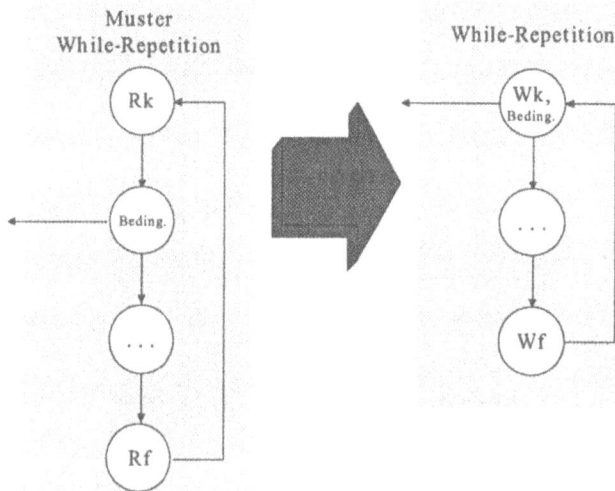

Abb. 4.30: Schablone zur Überführung in eine While-Repetition

Bei der Ausgangsstruktur für die zweite Schablone handelt es sich um eine
Repetition, deren Rumpf in drei Teile zerfällt (vgl. Abb. 4.31). Die Strukturen des
ersten und letzten Teils sind beliebig, während sich zwischen diesen eine nach
außen gerichtete Bedingung befinden muß. Sind innerhalb des Schleifenkörpers
mehrere Bedingungen mit repetitionsverlassenden Kanten vorhanden, so ist im
Sinne einer möglichst verständlichen Ergebnisstruktur diejenige auszuwählen,
die möglichst weit vom Kopf und möglichst nahe am Fuß positioniert ist. Bei der

Transformation werden alle Kanten der betreffenden Bedingungen in repetitionsinterne überführt, indem zum einen vor dem Repetitionskopf eine Kontrollvariable K auf den Wert f (falsch) gesetzt und zum anderen die ursprüngliche Kante auf einen neuen Prozeßknoten mit der Wertzuweisung w (wahr) zu K und anschließend auf den Repetitionsfuß gerichtet wird. Die Ergebnisrepetition wird fußgesteuert beendet, wenn der Wert der Kontrollvariablen K auf w gesetzt ist. Analog der ersten Schablone erfolgt die Umbenennung von Repetitionskopf (Rk) und -fuß (Rf) in Uk und Uf.

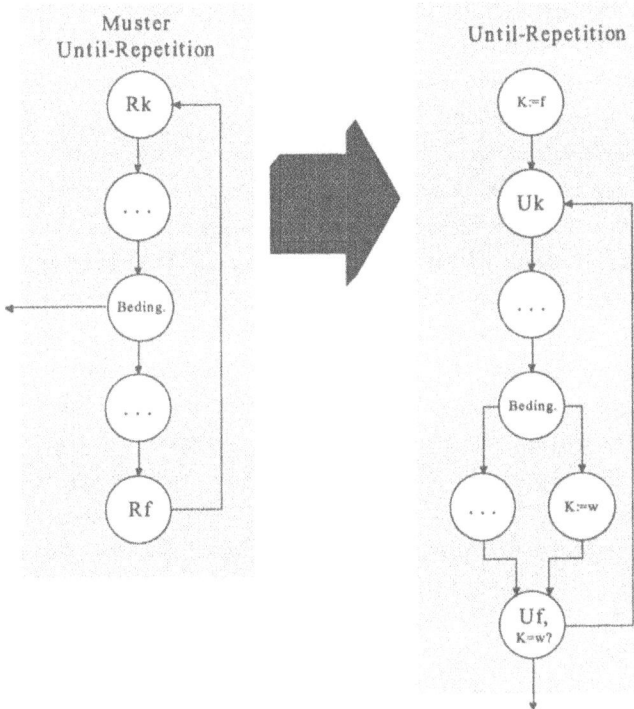

Abb. 4.31: Schablone zur Überführung in eine Until-Repetition

Das Ausgangsmuster dieser Schablone ist sehr allgemein gewählt und damit auf viele Repetitionskonstrukte anwendbar. Würde man diese Transformationsart vor anderen durchführen, entstünden ausschließlich Until-Konstrukte mit teilweise unübersichtlichen internen Kontrollflüssen. Daraus wird ersichtlich, daß auch die Reihenfolge, in der verschiedene Schablonen auf den Flußgraphen angewendet werden, die endgültige Form der Zielstruktur wesentlich beeinflussen kann.

Nachdem die ursprünglichen Schleifen des Flußgraphen in die Zielstruktur
überführt sind, müssen die Selektionen in ähnlicher Art und Weise konstruiert
werden. Zuerst sind explizite Kopf- und Fußknoten für eine Selektion zu
bestimmen. Kandidaten für Selektionsköpfe sind alle Bedingungsknoten, während die Selektionsfüße mit Hilfe des Dominatorbaums von Seite 133 bestimmt
werden. Weiterhin müssen die aufeinander bezogenen Kandidaten für Selektionsköpfe und -füße zur selben Standardkontrollstruktur gehören,[19] so z.B.
Selektionskopf und -fuß zum Rumpf derselben Repetition. Durch diese Vorgehensweise wird sichergestellt, daß alle zu einer Selektion gehörenden Knoten
und Kanten in eine bereits konstruierte Standardstruktur eingebettet sind.[20]
Der Fuß einer Selektion ist dadurch charakterisiert, daß es einen Knoten Sf gibt,
der durch den Kopf Sk dominiert wird und mehr als eine Eingangskante besitzt.
Existiert für einen Kopfkandidaten kein Fuß, kann daraus keine Selektions-
struktur generiert werden. Sind dagegen mehrere Fußkandidaten vorhanden,
kann einer von ihnen als Selektionsfuß festgelegt werden. Zum Rumpf gehören
alle Knoten und Kanten, die ausgehend vom Selektionsfußknoten - in analoger
Art und Weise wie beim Repetitionsrumpf - mit Hilfe der Rückwärtskanten sukzessive bestimmt werden können. Durch diese Selektionskonstruktion wird
gewährleistet, daß kein Sprung von außerhalb in eine Selektion erfolgt. Nach
Festlegung der Eingangs- und Endknoten einer Selektion werden die expliziten
Kopf- und Fußknoten generiert und in den Graphen eingebunden. In Abb. 4.32
ist das Muster für die Selektionskonstruktion dargestellt, bei der - ausgehend
von einer Bedingung - zwei Fallunterscheidungen mit beliebigen Teilgraphen,
die anschließend wieder vereinigt und zu einem dritten beliebigen Teilgraphen
verzweigen, als Ausgangsstruktur zu einem Selektionskonstrukt mit
Selektionskopf und -fuß führen. Die Bedingung wird als Selektionskopf
gekennzeichnet, während ein neuer Knoten als Selektionsfuß am Ende
eingeführt wird.

---

[19] Durch die Forderung, daß die zu bearbeitenden Programme nur einen Ein- und Ausgang aufweisen, existiert zumindest das gesamte Programm als strukturierte Kontrollstruktur, innerhalb der alle internen Abläufe restrukturiert werden.

[20] Wesentliches Merkmal der Strukturierten Programmierung ist, daß zwischen Kontrollstrukturen nur Schachtelungen oder Reihungen möglich sind.

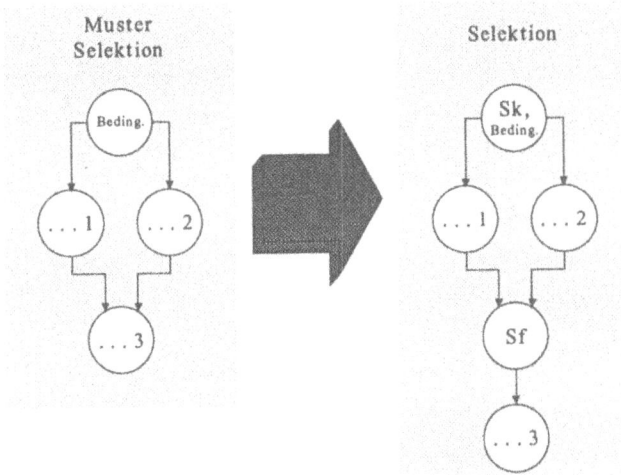

Abb. 4.32: Schablone zur Überführung in eine Selektion

Die bei der Selektionstransformation erzeugten Informationen sind - ebenso wie die der Repetitionen - in Form einer Informationsstruktur abzubilden. Dadurch wird die Struktur von Seite 135 gemäß Abb. 4.33 erweitert und ergänzt. Zu beachten ist dabei, daß aufgrund der Ähnlichkeit im Aufbau der beiden Kontrollkonstrukte eine Verallgemeinerung vorgenommen werden kann. Ein Standardkontrollkonstrukt ist entweder eine Repetition oder Selektion und besteht jeweils aus Kopf, Rumpf und Fuß.

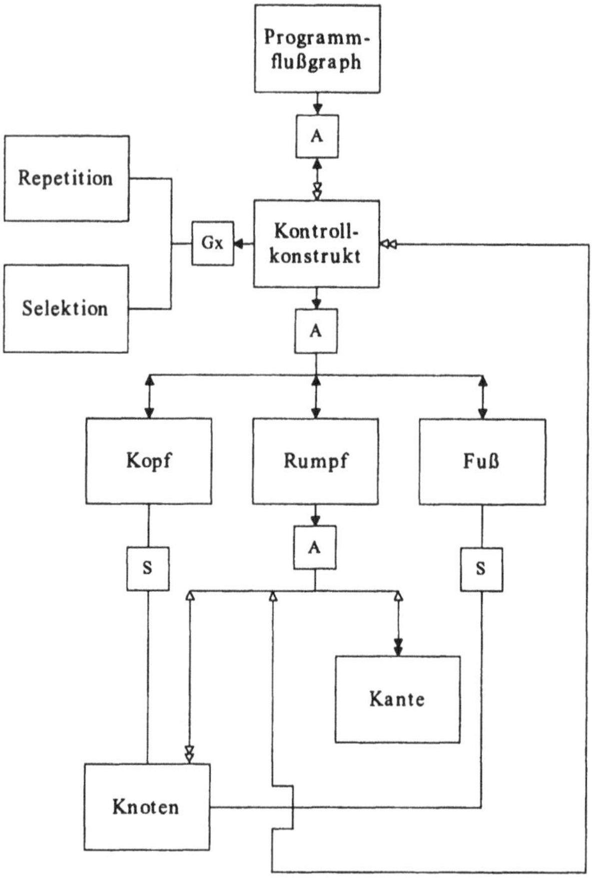

Abb. 4.33: Explizite Selektionsdarstellung innerhalb eines Flußgraphen

Nach dieser Transformation ist ein Teil der Knoten und Kanten mit den erzeugten Standardkontrollkonstrukten fest verbunden; dies gilt für deren Kopf- und
Fußknoten, für geschachtelte Standardabläufe sowie für Prozeßknoten mit nur
einer Ein- und Ausgangskante. Darüber hinaus können noch Knoten innerhalb
der Standardkonstrukte existieren, die in Form einer Bedingung mit einem

außerhalb des eigenen Ablaufs liegenden Knoten verknüpft sind. Dementsprechend können drei Fälle unterschieden werden:[21]

- Sprung aus einer Repetition
- Sprung aus einer Selektion
- Sprung zwischen den beiden Zweigen einer Selektion.

Eine Eliminierung dieser unkontrollierten Verzweigungen erfolgt ebenfalls mit
Hilfe von Schablonen, die auf charakteristischen Ausgangsstrukturen aufsetzen
und diese in strukturierte überführen. Als Beispiel werden zwei Schablonen im
folgenden dargestellt. Die eine dient zur Bereinigung von Sprüngen aus Repeti-
tionskonstrukten heraus und die zweite demonstriert die Eliminierung von
Sprüngen zwischen den Zweigen einer Selektion. Bei dem Repetitionskonstrukt
ist es unwesentlich, ob es sich um eine While- oder Until-Struktur handelt
(vgl. Abb. 4.34). Die nach außen verzweigende Kante wird in eine repetitionsinterne umgewandelt, die eine Kontrollvariable K auf den Wert w (wahr) setzt
und dann ans Ende der Repetition verzweigt. Die Repetitionsbedingung muß um
die Überprüfung dieser Kontrollvariablen durch eine Oder-Verknüpfung erweitert werden, so daß im Wahrfall die Schleife verlassen wird. Die Initialisierung
der Kontrollvariablen auf den Wert f (falsch) muß unmittelbar vor dem Repetitionskopf plaziert werden. Die ursprüngliche Verzweigung wird nun nach dem
Repetitionskonstrukt positioniert, wobei die Entscheidung nur noch vom Wert
der Kontrollvariablen K abhängig ist. Die Umsetzung eines Sprungs aus der
Selektion kann mit Hilfe einer Kontrollvariablen und durch Verlagern der Verzweigung nach dem Selektionskonstrukt in analoger Art und Weise vorgenommen werden.

---

[21] Die Möglichkeit eines Sprungs aus einem anderen Programmpfad in eine Repetition
wird durch die Flußgrapheneigenschaft der Reduzierbarkeit und ein Sprung aus einer
Schleife desselben Pfades in eine Repetition (überlappende Schleifen) durch die Forderung, daß der Repetitionskopf den -fuß dominiert, ausgeschlossen. Die Dominator-
eigenschaft verhindert auch den Sprung aus einem anderen Programmpfad in eine
Selektion hinein.

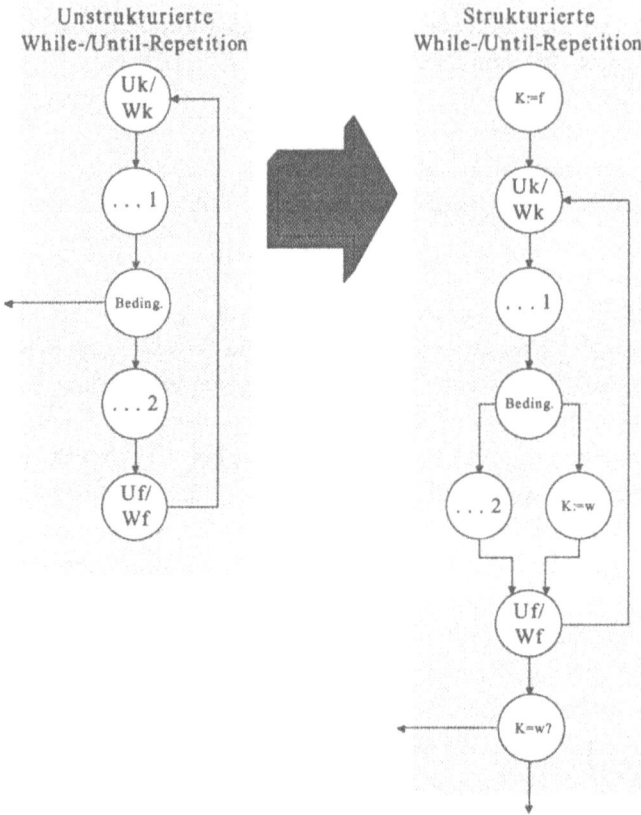

Abb. 4.34: Schablone zur Überführung in eine strukturierte Repetition

Im Gegensatz zur Repetitionsbereinigung, die mit Hilfe einer Kontrollvariablen erfolgt, wird bei der Eliminierung eines Sprungs zwischen den beiden Kontrollpfaden einer Selektion eine weitere auch in vielen anderen Fällen anwendbare Technik verwendet (vgl. Abb. 4.35). Die unstrukturierte Bedingung wird in ein eigenständiges Selektionskonstrukt umgewandelt, indem der durch die zweigübergreifende Kante referenzierte Teilablauf "...3" bis zum Selektionsfuß kopiert und als eigener Zweig in die neu erzeugte Selektion integriert wird.

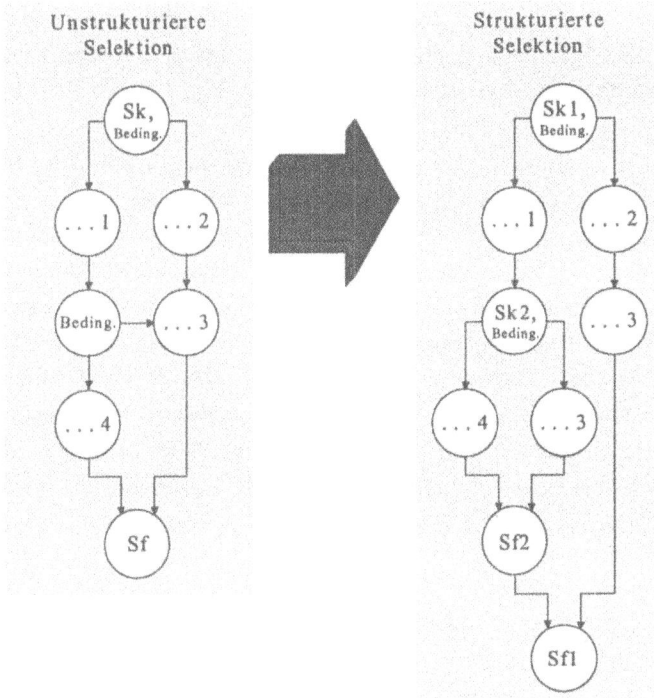

Abb. 4.35: Schablone zur Überführung in eine strukturierte Selektion

Wendet man die dargestellten Transformationen auf das Beispiel von Seite 134 an, so erhält man den in Abb. 4.36 als Syntaxbaum dargestellten strukturierten Ablauf für "Flynn's Problem No. 5". Bei den grau hinterlegten Knoten handelt es sich um die originären Knoten des reduzierbaren Flußgraphen, während die weißen die zusätzlich durch die Strukturierung hinzugekommenen repräsentieren. Der Baum ist von links nach rechts ablauforientiert entworfen und enthält für jeden Nicht-Blattknoten in der nächsten Ebene dessen gesamte geordnete Bestandteile ("besteht-aus"-Beziehung). Repetitions- und Selektionskonstrukte werden durch W(hile) bzw. U(ntil) und S(elektion) - verbunden mit einer Nummer - identifiziert. Auf der nächsten darunter liegenden Ebene erfolgt die Auflösung der Standardkonstrukte in ihre Kopf- und Fußknoten sowie den Rumpf. Bei einer Repetition besteht der Rumpf aus einem oder mehreren Knoten, während die Selektion in einen Wahr-Zweig (THEN) und einen Falsch-Zweig (ELSE) zerlegt wird, die jeweils in der nächsten Ebene in ihre Bestandteile aufgelöst werden. Die Informationen zum Aufbau eines Syntaxbaumes für einen Flußgraphen entstehen ohne zusätzlichen Aufwand, wenn - wie bereits auf Seite 130 beschrieben - sukzessive alle bereinigten Standardkonstrukte auf einen einzelnen Knoten reduziert werden, wobei diese Knoten die Nicht-Blattknoten eines Baums darstellen. Die zusammengesetzten Informationsstrukturen von Seite 127 und Seite 140 ermöglichen eine entsprechende Abbildung.

Die beiden Until-Repetitionen U1 und U2 sind bereits im Ausgangsgraphen offensichtlich, während für die Konstruktion der Selektion mit dem Kopf p sowohl der Knoten C als auch D als Fuß ausgewählt werden können. Als Selektionsende ausgewählt wurde hier der Knoten C und daraus die Selektion S1 konstruiert. Die zahlreiche Verwendung von Kontrollvariablen ist darauf zurückzuführen, daß das Programmende Ed ursprünglich als unkontrollierte Verzweigung in der inneren Repetition U2 positioniert ist und durch Hinzufügen von weiteren Selektionen bis auf die erste Schachtelungsebene des Programms übertragen werden mußte.[22] Der Ablauf kann noch im Hinblick auf "Kodereduzierung" wesentlich vereinfacht werden, z.B. lassen sich die Konstrukte S5 und S6 in die Selektion S4 überführen; dies wird jedoch nicht weiter betrachtet.

---

[22] Hätte man als Standardkontrollkonstrukte auch kontrollierte Repetitions- und Selektionsabbrüche (exits) zugelassen, so wäre eine viel geringere Schachtelungstiefe, verbunden mit weniger Kontrollvariablen und -konstrukten, zur Darstellung des Ablaufs notwendig gewesen, was eine höhere Übersichtlichkeit bedeutet hätte.

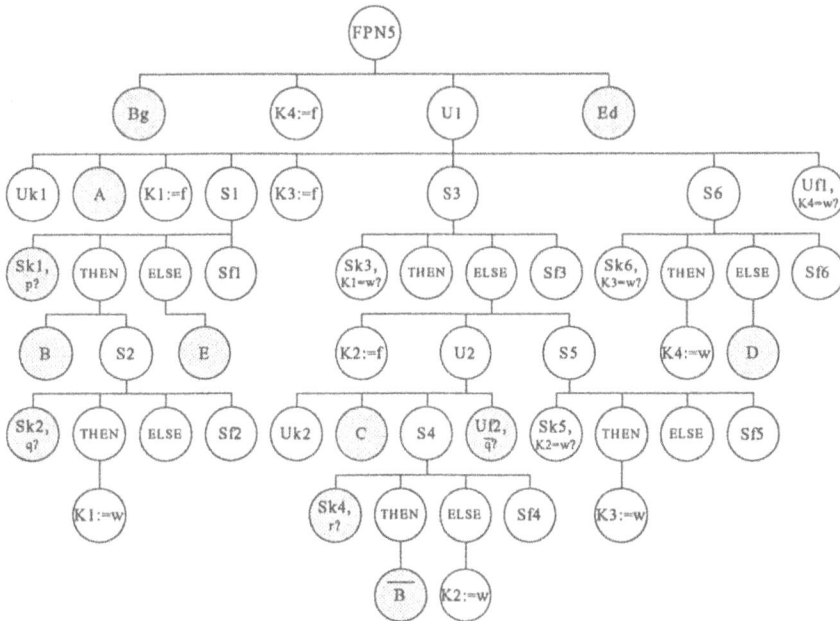

Abb. 4.36: Strukturierte Version von "Flynn's Problem No. 5"

Der letzte zu spezifizierende Prozeß "Flußgraphen übersetzen" dient zur Transformation des strukturierten Flußgraphen in die Zielprogrammiersprache. Betrachtet man das Zwischenmodell von Seite 140, so sind die strukturellen Parallelen zum Zielmodell auf Seite 115 offensichtlich. Wurden in dem zuvor beschriebenen Prozeß zur Strukturierung von Flußgraphen die Informationen für den Aufbau eines Syntaxbaumes erzeugt, läßt sich die Übersetzung relativ einfach mit Hilfe eines Top-down-Vorgehens realisieren. Für alle Standardkonstrukte des Flußgraphen müssen entsprechende Übersetzungsschablonen bereitgestellt werden. Aus dem Zwischenmodell für den strukturierten Flußgraphen werden die Knoten des Syntaxbaums - beginnend mit dem umfassenden Programmknoten - ebenenweise traversiert und gemäß der zutreffenden Schablone in die Zielstruktur übertragen. Sind alle Knoten des Baums bearbeitet, wird der Übersetzungsprozeß und damit auch die gesamte Restrukturierung beendet.

Neben dem dargestellten Verfahren zur Strukturierung unstrukturierter Programmquellen existieren noch weitere Ansätze mit teilweise unterschiedlichen methodischen Vorgehensweisen (s. z.B. Ashcroft und Manna [Ashcroft/75], Mills [Mills/72], Baker [Baker/77], Bush [Bush/85] und Fenton [Fenton/91, S. 174 f.]). Grundsätzlich ist jedoch zu beachten, daß die endgültige Form eines strukturierten Flußgraphen nicht eindeutig, sondern von der Art und Reihenfolge der angewandten Transformationen abhängig ist.[23] Ebenso sind keine Aussagen über die Erreichung der Zielsetzung "Verringerung der psychologischen Komplexität" vorgenommen worden, da es hier nur um eine verfahrensmäßige Darstellung geht. Bei einer konkreten Restrukturierung ist dies jedoch von zentraler Bedeutung und muß demgemäß die Gestaltung der Transformationsprozesse maßgeblich beeinflussen. Es ist jedoch auch zu berücksichtigen, daß Fluß- und Baumdarstellungen von Programmen auch ohne das Ziel einer Restrukturierung einen Eigenwert besitzen, z.B. im Hinblick auf die Extraktion und Aufbereitung von Teilsichten (vgl. S. 35). Letztlich ist eine Programmflußdarstellung auch eine geeignete Basis, um Programme zu migrieren. Bei dem dargestellten Restrukturierungsverfahren würde z.B. die Migration in eine andere prozedurale und strukturierte Programmiersprache nur den letzten Transformationsprozeß betreffen, der um standardisierte Übersetzung der elementaren Anweisungen (Prozeßknoten des Baums) und Bedingungen erweitert werden müßte.

4.2.2 Restrukturierung einer Großstichprobe

Im folgenden wird dargestellt, wie mit Hilfe von Restrukturierung das sozio-ökonomische Panel (SOEP), das vom Deutschen Institut für Wirtschaftsforschung (DIW) in Berlin erhoben und gepflegt wird, von einer Fragebogenstruktur in eine semantisch übersichtlichere, fachlich orientierte Struktur überführt wird. Die dabei verfolgte Zielsetzung ist zum einen, die Auswertungsmöglichkeiten durch eine Datenhaltung gemäß dem Relationenmodell zu erhöhen, und zum anderen, strukturelle und datenbezogene Inkonsistenzen zu identifizieren und zu eliminieren.

Festlegung des Ausgangs- und Zielmodells

Bei dem Ausgangssystem handelt es sich um eine Großstichprobe, in der die Mikrodaten von ca. 6.000 Haushalten mit ca. 16.000 erfaßten Personen sowohl in Form von Querschnitt- als auch Längsschnittdaten enthalten sind. Insgesamt werden je Haushalt ca. 450 und je Person bis zu 1.200 Merkmale erhoben.[24] Sie sind verschiedenen Themenbereichen zugeordnet: Veränderung der Haushalts-

---

[23] Tausworthe [Tausworthe/77, S. 137 ff.] stellt eine Reihe von Strukturierungsalternativen zu "Flynn's Problem No. 5" dar und problematisiert die verschiedenen Ergebnisse.

[24] Die Stichprobe wird jährlich seit 1984 bei möglichst denselben Haushalten erhoben, um auch deren historische Entwicklung nachvollziehen und auswerten zu können.

zusammensetzung, Erwerbsbeteiligung, berufliche Mobilität, Einkommensver-
läufe, Wohnsituation, Bildung und Weiterbildung, Gesundheit, Zeitverwendung,
Zufriedenheit und Werteinstellung. Weiterhin unterscheidet man bei den Erhebungseinheiten zwischen Bruttobestand, in dem bezogen auf ein Erhebungsjahr
(Welle) alle mit dem Panel in Beziehung stehenden Haushalte und Personen
erfaßt sind, und Nettobestand, der die tatsächlich befragten Erhebungseinheiten
beinhaltet. Der Bruttobestand dient zur Verfolgung der Haushalte und Personen
über die einzelnen Erhebungsjahre hinweg.

Die Primäraufnahme der Merkmale für einen Haushalt wird von einem Interviewer organisiert und führt zu einem ausgefüllten, aus mehreren Teilen bestehenden Fragebogen (vgl. Abb. 4.37). Ein dem Haushalts-Bruttobestand zugehöriger Teil - das Adreßprotokoll - fertigt der Interviewer an, indem er über die
Lage des Haushaltes und den Ablauf der Befragung Auskunft gibt. Im Haus-
haltsfragebogen werden haushaltsspezifische Merkmale, z.B. Haushaltsmitglie-
der, Wohnungseinrichtung und Vermögen, erfaßt, die sowohl in den Haushalts-
Nettobestand als auch in den Personen-Bruttobestand eingehen. Je Person eines
Haushalts - mit Ausnahme von Kindern unter 16 Jahren - wird ein eigener Per-
sonenfragebogen ausgefüllt, dessen Daten, z.B. Aus- und Weiterbildung, Gesundheit und Einkommen, in den Personen-Nettobestand eingehen. Dazu gehört auch
die Erwerbsbeteiligung, die jedoch für jeden Monat separat erhoben wird, z.B.,
ob eine Person erwerbstätig, arbeitslos, Hausfrau oder Rentner war. Darüber
hinaus existieren noch Sonderfragestellungen, z.B. Biographie und Vermögens-
bestand, die in speziellen Fragebögen einmalig oder in unregelmäßigen Zeitab-
ständen erhoben werden. Die Zusammenfassungen der Befragungsteile für
jeweils einen Haushalt und aller erhobenen Haushalte ergeben die Stichprobe
der jeweiligen Welle.

Die Speicherung des gesamten Panels erfolgt in mehreren physischen Dateien,
die ebenfalls in Abb. 4.37 in ihrem Zusammenhang zur Fragebogenstruktur dargestellt sind. Die Informationen aus den von den Interviewern verfaßten Adreß-
protokollen werden in die Bruttobestände von Haushalt und Person abgelegt. Die
Daten der Haushaltsfragebögen fließen zum einen Teil in den Haushalts-Nettobestand und zum anderen in eine Datei mit allen Kindermerkmalen. Die Inhalte
der Personenfragebögen werden im Personen-Nettobestand und zusätzlich bei
den monatlich erhobenen Erwerbsbeteiligungsmerkmalen in der Kalenderdatei
abgespeichert. Für die Daten der Sonderfragebögen gibt es jeweils eigene Datei-
en. All diese Bestände sind wellenspezifisch, d.h., für jeden Erhebungszeitraum

werden diese Daten in separaten physischen Dateien abgelegt.[25] Weitere wellenübergreifende Informationen werden in zusätzlichen Dateien gespeichert. Dazu gehören die Pfadbestände, die zur Verfolgung der Haushalte und Personen über die Wellen hinweg dienen. Der Personenpfad enthält alle Personen, die mindestens in einem Personen-Bruttobestand einer Welle erfaßt wurden; zu diesen Personen zählen auch die Kinder eines Haushaltes. Der Haushaltspfad beinhaltet ebenfalls alle Vorkommen des Haushalts-Bruttobestandes und zusätzlich Informationen über die Haushaltsentwicklung im Hinblick auf Abspaltungen und Löschungen. Die Dateien mit den Hochrechnungsparametern für Haushalte und Personen enthalten Informationen, mit denen bestimmte Merkmale wie z.B. Parteipräferenzen auf das Niveau einer Gesamtbevölkerung übertragen werden können.

---

[25] Die in Abb. 4.37 durch die in Klammern gesetzten Zeichenketten dargestellten wellenspezifischen Dateinamen enthalten als erstes Zeichen eine Wellenidentifikation (der Buchstabe y fungiert als Variable für diese Kennung). Alle Dateien einer Welle erhalten denselben Buchstaben, der beginnend mit "A" für die erste Welle 1984 fortlaufend aus dem Alphabet entnommen wird. Gemäß dieser Festlegung erkennt man, daß die Sondererhebung "Biographie" in der Welle 1984 und die "Vermögensbilanz" 1988 erhoben wurden.

Fragebogenebene (Erhebungsebene)

| Adreßprotokoll | Haushalts-fragebogen | Personenfrage-bogen für 1. Person / Personenfrage-bogen für n-te Person | Sonder-frage-bogen |

Haushalts-Bruttobestand (yHBRU)

Personen-Bruttobestand (yPBRU)

Vermögens-bilanz (EV)

Haushalts-Nettobestand (yH)

Personen-Nettobestand (yP)

Biographie (APBIO)

Kalender (yPKAL)

Haushalts-hochrechnung (HHRF)

Kinder (yKIND)

Wellenspezifische Dateien

Haushaltspfad (HPFAD)

Wellenübergreifende Dateien

Personenhochrechnung (PHRF)

Personenpfad (PPFAD)

Datenebene (Speicherebene)

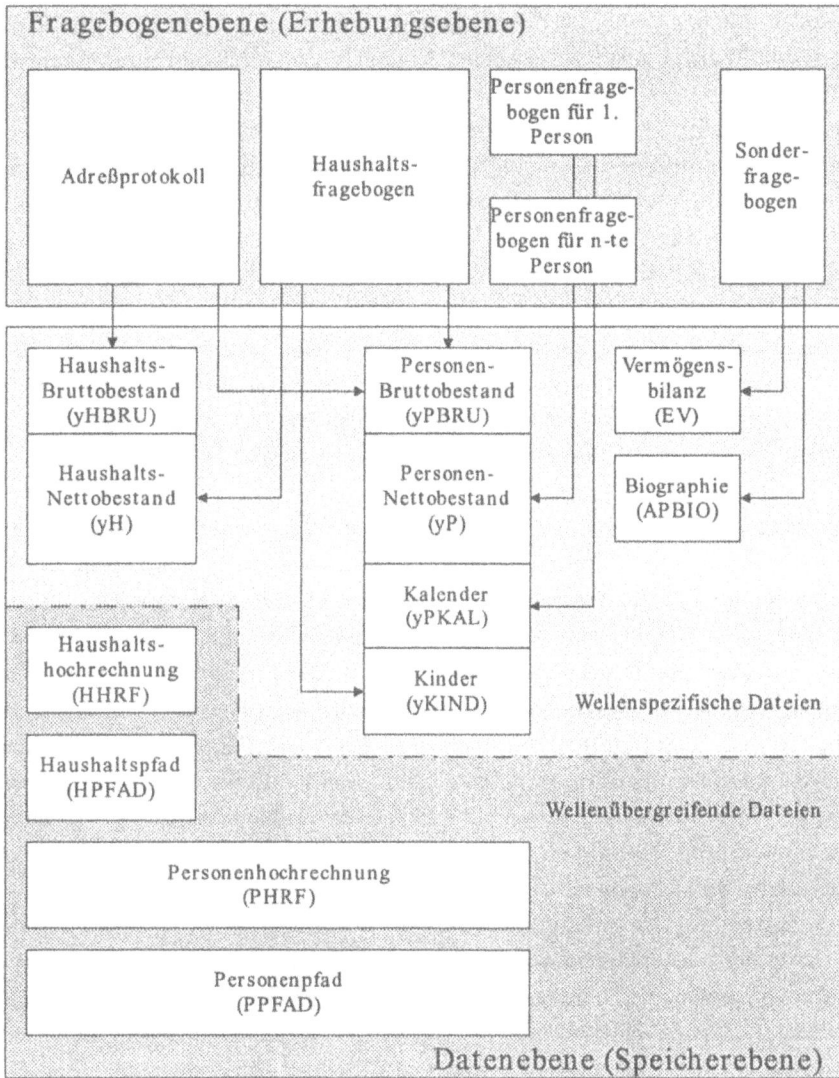

Abb. 4.37: Fragebogen und Speicherung der DIW-Paneldaten

Die Dateien mit den erhobenen Daten aller Wellen bilden den Panel-Rohdaten-
bestand (DAT-Dateien); daneben existieren noch zwei weitere Informationsbestände, die DIC-Dateien und die Itemkorrespondenzliste (IKL) zur Beschreibung der Merkmale in den DAT-Dateien. Die Panel-Beschreibungsdateien (DIC-
Dateien) beinhalten Informationen über den strukturellen und formalen Aufbau
der DAT-Dateien. Diese Beschreibungsdateien sind notwendig, da sich die

Struktur und der Inhalt des Fragebogens von Welle zu Welle ändern; gemäß dem
aktuellen Informationsbedarf kommen Fragen hinzu, werden in ihren Beantwor-
tungsmöglichkeiten erweitert oder nicht mehr erhoben. Damit verbunden ist
auch, daß sich die wellenspezifischen Bezeichnungen der einzelnen Fragen
(Variablen) ändern und man eine Zuordnungsliste benötigt, um wellenübergrei-
fend identische Variablen zu verknüpfen. Die Information ist in der Itemkorrespondenzliste (IKL) abgelegt. Im folgenden wird im Gegensatz zur bisherigen
Vorgehensweise nicht zuerst das Zielmodell, sondern das Ausgangsmodell entworfen, da alle Informationen der Stichprobe auch im Zielmodell enthalten sein
müssen. Aus Übersichtlichkeitsgründen werden jedoch die beiden Modelle nicht
in allen Einzelheiten vollständig spezifiziert, sondern es werden nur die wichtigsten Strukturen und Informationsinhalte abgebildet, die dann durch einfache
Erweiterungen und Verfeinerungen komplettiert werden können.

Das Ausgangsmodell (vgl. Abb. 4.38) besteht aus vier Informationsclustern: der
wellenübergreifenden Verknüpfungsinformation zwischen identischen Fragen
(Variablen) in der Itemkorrespondenzliste, der Beschreibung der Variablen in
den Diktionärdateien, den wellenübergreifenden Verknüpfungsinformationen
zwischen denselben Erhebungseinheiten (Haushalte und Personen) in den Pfaddateien und den wellenspezifischen Erhebungsdaten in den DAT-Dateien.[26] Die
Itemkorrespondenzliste beinhaltet mehrere Einträge (IKL-Eintrag), die durch
eine Eintrags-Nr. identifiziert werden und jeweils aus der Gruppenzugehörig-
keit, der Variablenbezeichnung und der Liste der wellenspezifischen Variablennamen bestehen. Über diesen Variablennamen wird die Beziehung zu einer speziellen DIC-Datei hergestellt und zum selben Variablennamen innerhalb dieses
Datenbestandes. Die hier interessierenden Bestandteile der DIC-Dateien sind
die Liste der Variablennamen, die zugehörigen Kodierungen mit ihrer Bedeutung und die Speicherformate. Variablen-, Kodierungs- und Formatlisten haben
eindeutige Bezüge untereinander, so daß für eine Variable deren Kodierwert
bzw. -bedeutung und Speicherformat unmittelbar ableitbar sind. Aus dem
Namen einer DIC- ist der Bezug zur korrespondierenden DAT-Datei zu entnehmen. Die Struktur der DAT-Dateien ist aufgrund unterschiedlicher Anzahl von
Variablen und Speicherformaten nur ganz allgemein zu spezifizieren, d.h., eine
DAT-Datei besteht aus Erhebungseinheiten in Form von Sätzen, die sich ihrerseits aus einem Schlüssel und Variablenwerten zusammensetzen. Um einen
speziellen Wert zu selektieren, muß mit Hilfe der Variablenliste und Formate
aus der zugehörigen DIC-Datei die Position (Offset) des Wertes berechnet wer-

---

[26] Hochrechnungsparameter und Fragebogenstruktur wurden in das Modell nicht aufgenommen.

den. Die Personenpfaddatei beinhaltet die Personennummer (Person-Nr.), den
Namen des Haushalts, in dem sich die Person bei ihrer erstmaligen Befragung
befand, und die Nummern der Haushalte, in denen die Person während jeder
Welle lebte. Außerdem ist noch ein Befragungsstatus je Welle enthalten, aus
dem z.B. zu entnehmen ist, ob ein Interview mit dieser Person durchgeführt
wurde oder nicht. Der Haushaltspfad ist ähnlich strukturiert. Neben der aktuellen Haushaltsnummer (Haushalts-Nr.) sind hier die Nummer des Ursprungs-
haushalts, aus dem der betreffende Haushalt hervorgegangen ist, und die jeweiligen Nummern der Haushalte während der verschiedenen Erhebungswellen
einschließlich dem wellenspezifischen Befragungsstatus hinterlegt. Über die
Nummern der Haushalte und Personen aus den Pfaddateien sowie die Position
der Variablenwerte aus den DIC-Dateien kann innerhalb der DAT-Dateien auf
die Variablenwerte einer bestimmten Erhebungseinheit zugegriffen werden. Da
sich die Inhalte der eineindeutigen Beziehungen im Ausgangsmodell unmittelbar
aus den jeweils referenzierten Informationsobjekten ergeben, wurde auf eine
explizite Benennung verzichtet.

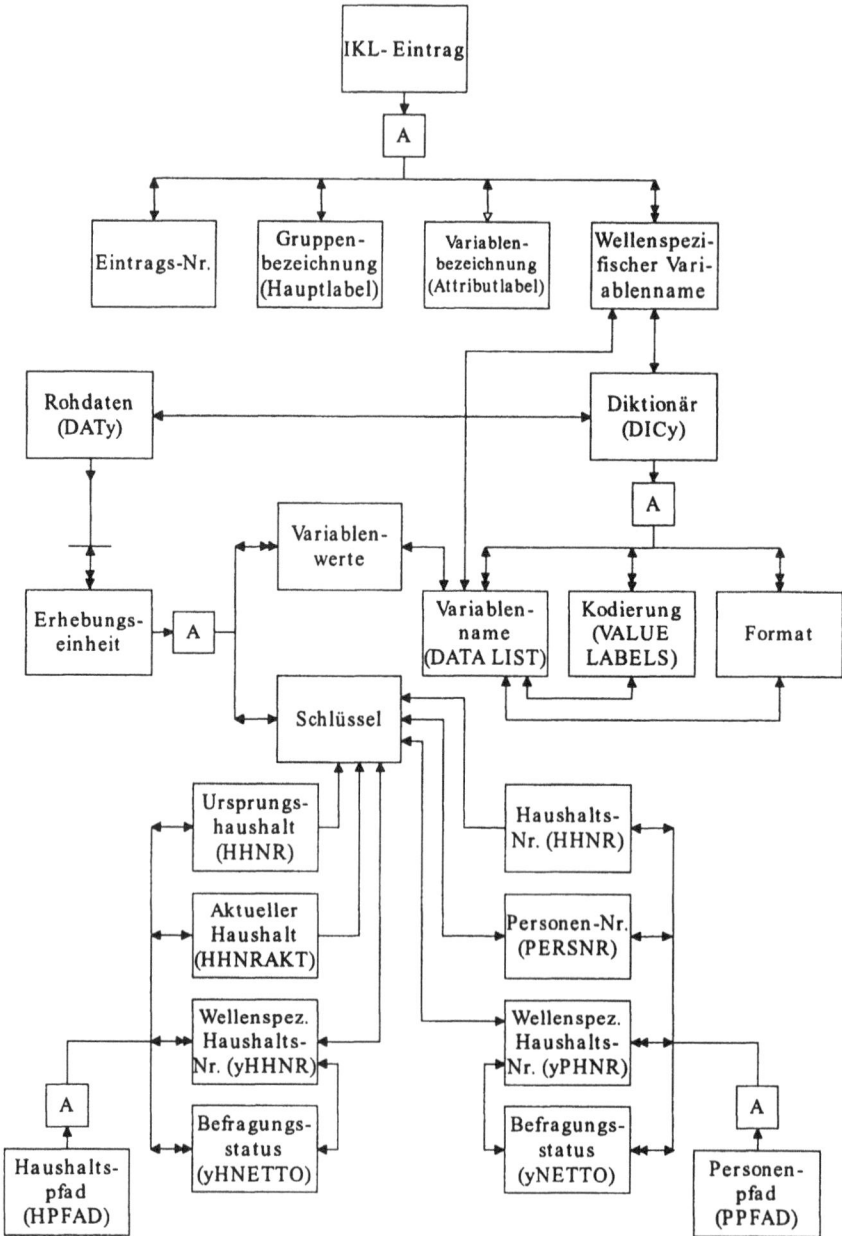

Abb. 4.38: Ausgangsmodell der DIW-Paneldaten

Wie man aus der Struktur des Ausgangsmodells leicht ersieht, liegt eine enge
Verknüpfung von physischen und inhaltlichen Strukturen vor, viele Daten sind
redundant abgelegt und zwischen einzelnen Objekten bestehen implizite Beziehungen über "sprechende" Namen. Für eine effiziente Speicherung, Pflege,
Erweiterung und Auswertung weisen diese Strukturen erhebliche Nachteile auf,
die Gegenstand der vergangenen und aktuellen Datenbankforschung sind
[Date/90, Lockemann/87 u.v.a.] und daher an dieser Stelle nicht weiter diskutiert
werden. Bei der Überführung in eine redundanzfreie, semantisch einheitliche,
inhaltlich orientierte Struktur, welche die Verarbeitung und Auswertung der
Daten erheblich vereinfacht, sind einige Aspekte zu beachten.[27] Dazu gehört,
daß die Zeitdimension innerhalb des Zielmodells explizit zu berücksichtigen ist
und daß keine über die Wellen hinwegreichende feste Struktur der Variablen
und -werte existiert. Das Zielmodell ist in Abb. 4.39 dargestellt und besteht aus
folgenden Teilstrukturen. Jemals innerhalb des Panels registrierte Haushalte
oder Personen werden in dem Informationsobjekt "Registrierter Haushalt" bzw.
"Registrierte Person" abgebildet. Der Zeitbezug für Haushalte und Personen
führt zu den Informationsobjekten Bruttohaushalt und Bruttoperson und jeweils
einer Beziehung zu den entsprechenden registrierten Erhebungseinheiten. Jede
Erhebung, die in einem bestimmten Jahr durchgeführt wurde, stellt somit das
Aggregat aus Bruttohaushalten und Bruttopersonen dar. Brutto- werden zu
Netto-Erhebungseinheiten spezialisiert, wenn in der jeweiligen Welle ein Interview für den Haushalt oder die Person durchgeführt wurde. Zwischen registrierten Haushalten und Personen existiert für jeden Erhebungszeitraum eine attributierte Beziehung (Informationsobjekt Haushaltszusammensetzung), die für
jeden Erhebungszeitraum getrennt die konkrete personelle Zusammensetzung
eines Haushalts einschließlich der jeweiligen Stellung einer Person innerhalb
des Haushalts, z.B. Haushaltsvorstand, abbildet. Das Objekt Haushaltsentste-
hung enthält die Information, wie Haushalte aus anderen entstanden sind. Net-
topersonen werden weiter in Erwachsene und Kinder spezialisiert und mit Part-
nerschafts- und Mutter/Kind-Beziehungen versehen. Grundsätzlich können noch
eine Reihe weiterer Spezialisierungen, z.B. nach den Gruppierungen der Item-
korrespondenzliste, vorgenommen werden; sie werden jedoch bei der dargestellten Struktur nicht aufgeführt.

Durch Einführung des Informationsobjektes Erhebung innerhalb des Zielmodells
wird die Unterscheidung zwischen Strukturelementen mit und ohne zeitlichen

---

[27] Bei diesen Aspekten handelt es sich um Problemfelder, die auch in der betrieblichen
Praxis von großer Relevanz sind und deren Lösung in der Tragweite weit über die
hier zugrundeliegende Aufgabenstellung hinausgeht.

Bezug realisiert. Die Problematik der varianten Merkmale für die Nettoerhebungseinheiten wird durch eine Typisierung der Nettohaushalte bzw. -personen erreicht, indem Erhebungseinheiten mit denselben Merkmalen (Eigenschaften) zum selben Typ zusammengefaßt werden. Dem Typ werden die charakteristischen Merkmale und der Erhebungseinheit die Merkmalswerte jeweils in Form einer Rollenaggregation zugeordnet; in der Darstellung des Zielmodells ist dieser Modellteil nur exemplarisch für die Nettohaushalte abgebildet worden. Durch diese Modellierung ist es möglich, beliebige Merkmale einer Erhebung ohne Neustrukturierung zuordnen zu können. In ähnlicher Art und Weise können auch variable Gruppierungen in Form von Spezialisierungen in das Modell einbezogen werden.[28]

---

[28] Die Integration von variablen Strukturen erfordert eine Verknüpfung von inhaltlichen Informationszusammenhängen mit Metainformationsmodellen.

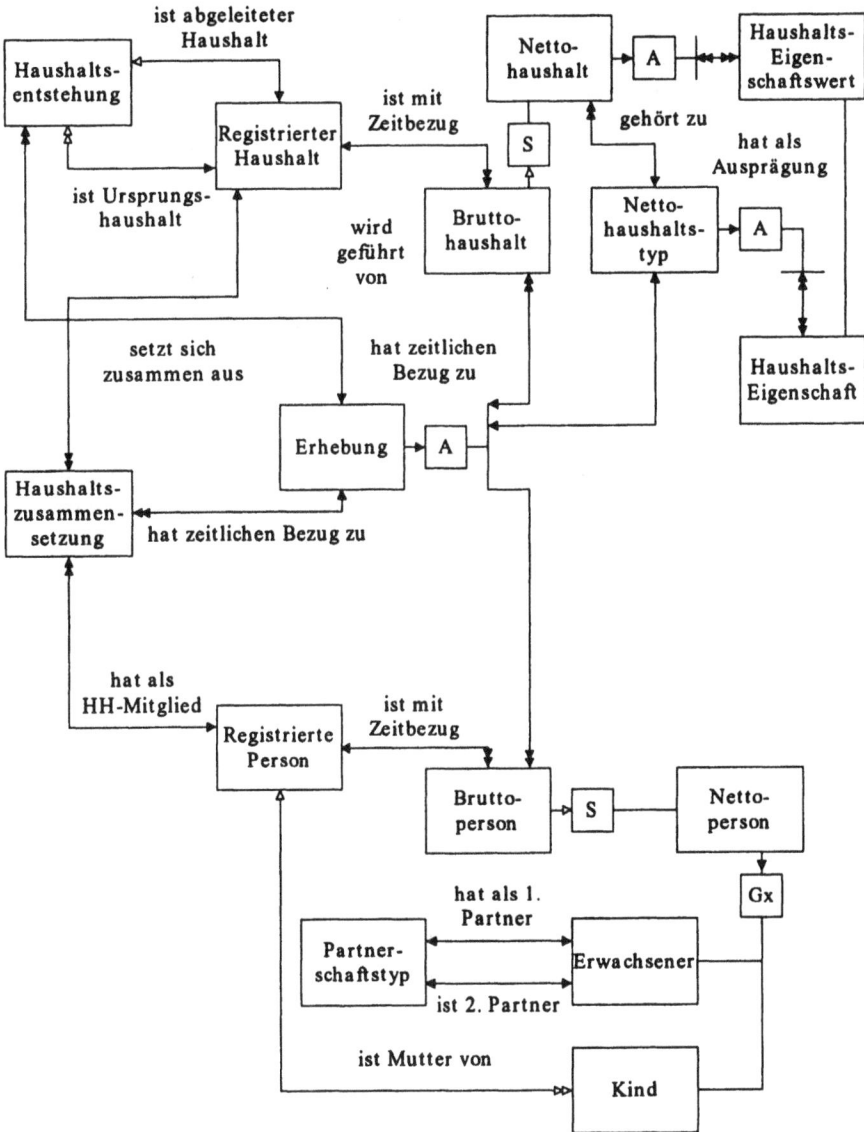

Abb. 4.39: Zielmodell der DIW-Paneldaten

Die als Zielmodell entworfene Struktur wird auch bei einer zukünftigen Erweiterung des Panels um zusätzliche Wellen aktuell bleiben, da mögliche Veränderungen bei den erhobenen Merkmalen explizit innerhalb der Modellierung berücksichtigt sind. Andere strukturelle Änderungen der erhobenen Daten führen zu Erweiterungen oder - im schlechtesten Fall - zu einer Restrukturierung dieses Modells. Dabei werden jedoch keine grundsätzlich anderen, zu der dargestellten Struktur unverträgliche Modelle entstehen, da sonst die bisher erhobenen Daten nicht mehr passen würden und für zukünftige Panelauswertungen unbrauchbar wären.[29]

Festlegung der Zwischenmodelle und Transformationen

Nachdem Ziel- und Ausgangsmodell zur Restrukturierung der DIW-Paneldaten festgelegt sind, ist die Grundstruktur der Gesamttransformationsprozesse in Abb. 4.40 dargestellt. Die Übertragung der Einzelobjekte und -beziehungen vom Ausgangs- zum Zielmodell ist aufgrund der direkten Zuordenbarkeit prinzipiell unkompliziert, jedoch erfordern die diversen Schlüssel- und Offset-Berechnungen erheblichen algorithmischen Aufwand. Im Rahmen eines Forschungsprojektes über die Entwicklung und Kopplung von Mikro- und Makrosimulatoren [Heike/93a] werden die DIW-Paneldaten als Datenbasis verwendet. Um die Vorteile moderner Software-Basistechnologie zu nutzen, wurden die Daten auf der Basis einer dem dargestellten Zielmodell sehr ähnlichen Datenmodellspezifikation mit Hilfe verschiedener Transformationsprozesse (Programme) in das Datenbanksystem ADABAS migriert.

---

[29] Die Paneldaten sind ein Beispiel für die Problematik der betrieblichen Altdatenbestände. Darf bzw. möchte man die "alte" Welt nicht verlieren, sondern auch in der Zukunft nutzen, so sind deren Strukturen - auch wenn dies von vielen ignoriert oder abgewiesen wird - wesentlicher Bestandteil jedes neuen Systems.

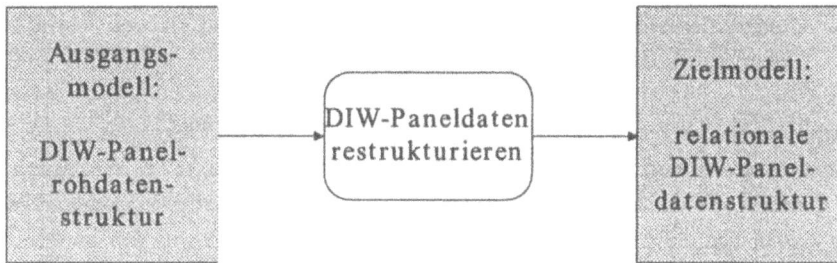

Abb. 4.40: Gesamttransformation zur Restrukturierung der DIW-Paneldaten

Neben wesentlich vereinfachten Verwaltungs- und Auswertungsmöglichkeiten
wurde durch die inhaltliche Datenmodellierung und deren Realisierung in einer
modernen Datenbank ein weiterer Vorteil offensichtlich, der zwar in der Diskussion über fachliche Datenmodelle immer wieder genannt wird, dem aber in
der Praxis oft nicht genügend Aufmerksamkeit und damit Bedeutung entgegen-
gebracht wird. Semantische Datenmodelle umfassen eine Reihe von impliziten
fachlichen Integritätsregeln (bedingt durch die Strukturierungselemente), die
sicherstellen, daß nur entsprechend konsistente Einzelstrukturen hinterlegt
werden können.[30] Innerhalb des genannten Forschungsprojektes wurden bei der
physischen Übertragung der Rohdaten in das Datenbanksystem aufgrund der
impliziten Integritätsregeln eine Vielzahl von Datenfehlern erkannt [Heike/93b];
hierzu zählen:

• Inkonsistenzen innerhalb der DIC-Beschreibungsdateien: Einige in der
  Item-Korrespondenzliste aufgeführte Variablen sind nicht in den DIC-
  Dateien vorhanden. Kodierten Variablen sind keine Kodierbedeutungen
  zugeordnet. Syntaktische und semantische Inkonsistenzen treten bei den
  Kodierungen einzelner Fragen innerhalb einer Erhebung auf, aber auch bei
  gleichen Fragen über verschiedene Erhebungswellen hinweg, z.B., demsel-
  ben Kodierwert werden unterschiedliche Bedeutungen zugewiesen. Bei den
  Formatlisten treten sowohl im Hinblick auf die Anzahl als auch bei der
  Spezifikation Fehler auf, die zu einer fehlerhaften Lokalisierung des
  Variablenwertes in den DAT-Dateien führen.
• Fehler in der Item-Korrespondenzliste: Wellenspezifische Variablennamen
  stimmen nicht mit den Namen in der DIC-Variablennamensliste überein.

---

[30] Damit sind zwar nicht alle Fehlermöglichkeiten und Inkonsistenzen ausgeschlossen,
jedoch wird so ein großer Teil erfaßt und vermieden.

Unterschiedlichen Fragen wurden dieselben wellenspezifischen Variablennamen zugeordnet.

Insgesamt traten - bezogen auf die ersten sechs Wellen - bei 838 Attributen 1.643
Inkonsistenzen auf; d.h., 51% der Daten sind fehlerbehaftet. Durch spezielle
Programme wurde zwar ein Teil der fehlerhaften Daten korrigiert, jedoch konn-
ten letztlich ca. 30% der Rohdaten nicht in die Datenbank übertragen werden.[31]

4.3 Reverse-Engineering von Anwendungssystemen

Die dargestellte allgemeine Vorgehensweise wird nun auf die Klasse der Soft-
ware-Reverse-Engineering-Vorhaben übertragen. Ausgangsbasis sind hier
Anwendungsprogramme, die in einer prozeduralen Programmiersprache, z.B.
COBOL oder FORTRAN, implementiert sind. Aus diesen Programmen und
zusätzlichen Informationen sollen fachliche Daten- und Funktionsmodelle abgeleitet und in einer Entwicklungsdatenbank (repository) abgelegt werden. Hintergrund dieser Aufgabenstellung ist die große Anzahl fachlich nicht oder nur
unzureichend dokumentierter Altanwendungen, deren Beschreibungsqualität
auf den Stand von Neuentwicklungen gehoben werden soll, die mit modernen
CASE-Werkzeugen entworfen und realisiert wurden. Aufgrund der Vielzahl und
Vielfalt der Informationen, die in der Praxis bei einem solchen Vorhaben von
Interesse sein können, werden aus Übersichtlichkeitsgründen nur die prinzipiel-
len Schritte und Ergebnisse in Form eines Basisvorgehensmodells dargestellt.

Festlegung des Ausgangs- und Zielmodells

Durch die Festlegung des CASE-Werkzeuges einschließlich der Entwicklungsdatenbank, innerhalb der die "zurückgewonnenen" fachlichen Informationen
abgelegt werden, ist normalerweise auch das Zielsystem determiniert.[32] Darüber
hinaus hat sich als Standard zur Beschreibung der Ablagestruktur von Informa-

---

[31] Ein sehr bemerkenswertes Ergebnis, wenn man beachtet, daß - obwohl seit längerer
Zeit schon eine Vielzahl von Institutionen mit diesen Daten Forschung betreiben bzw.
daraus sozial- und wirtschaftspolitische Argumentationen ableiten - diese massiven
Inkonsistenzen bis vor kurzem nicht allgemein bekannt waren.

[32] Zur Zeit weisen viele CASE-Systeme noch eine feste Metastruktur auf, so daß fachliche Informationen nur innerhalb des vorgegebenen Rahmens sinnvoll abgelegt und
verwaltet werden können.

tionen innerhalb solcher Systeme der ER-Ansatz etabliert,[33] so daß Zielsystem und -modell identisch sind. Für das in dieser Arbeit dargestellte Beispiel werden auszugsweise die fachlichen Strukturen des Systems PREDICT CASE[34] als Zielmodell verwendet [Leinweber/1992, S. 243 f.]. Dieses Organisationsmodell besteht aus zwei miteinander verbundenen Teilbereichen (vgl. Abb. 4.41):

- Teilstruktur der organisatorischen Einheiten und Aufgaben (Funktionscluster)
- Teilstruktur der fachlichen Informationen (Informationscluster).

Der funktionale Bereich beinhaltet alle Aufgaben/Tätigkeiten und deren organisatorischen Träger, die für einen betreffenden Anwendungsbereich von Relevanz sind. Externe Partner repräsentieren außerhalb des betrachteten Systems befindliche Funktionseinheiten (z.B. Kunde und Lieferant), die mit ihm über Datengruppen-K (z.B. Auftrag und Rechnung) in Verbindung stehen, und damit die für das System relevante Umgebung und deren Schnittstellen (Kommunikationskontext). Dabei ist nicht von Interesse, welche Zielsetzung und organisatorische Struktur die Externen Partner besitzen, sondern nur deren kommunikatives Schnittstellenverhalten. Auch können in diesem Zusammenhang einzelne Institutionen oder Personen in mehreren Rollen und damit mehrfach als Externe Partner auftreten (z.B. eine Firma kann sowohl Kunde als auch Lieferant sein). Externe Partner können im Sinne einer Zerlegung gegliedert sein (z.B. Kunde in Auslands- und Inlandskunde), ebenso Datengruppen-K (z.B. Auftrag in Normal- und Eilauftrag), um die Zusammenhänge auf unterschiedlichen Detaillierungsebenen darstellen zu können. Organisatorische Einheiten und Funktionen bilden die interessierenden Komponenten des betrachteten Systems, mit deren Hilfe die innere Struktur abgebildet wird. Organisatori-

---

[33] Die meisten bisher festgelegten Standards in diesem Bereich, z.B. IRDS, AD/Cycle, PCTE und Euromethod, bedienen sich des ER-Ansatzes sowohl zur Darstellung der vorgeschlagenen Architektur und Schnittstellen (Metamodelle) als auch zur Erfassung, Verwaltung und Bearbeitung der Entwicklungsdaten.

[34] PREDICT CASE ist eine Software-Entwicklungsumgebung der SOFTWARE AG, Darmstadt, deren Architektur ebenfalls mit Hilfe eines Metamodells beschrieben ist und die für alle Phasen eines Software-Entwicklungsprozesses werkzeugmäßige Unterstützung bietet. In der ursprünglichen Konzeption wurde eine enge Verknüpfung zwischen der Methode Isotec der Firma Ploenzke Informatik und PREDICT CASE angestrebt, so daß - trotz des intensiven Bestrebens, das Werkzeug auch für andere Methodensysteme (z.B. MERISE) zu öffnen - bis heute beide Teile als Einheit (von Methode und Werkzeug) betrachtet werden können.

sche Einheiten sind Aufgabenträger (Stellen), die durch hierarchische
Unter-/Überordnungsbeziehungen miteinander verknüpft sind (z.B. Geschäfts-
leitung, Abteilungsleitung und Sachbearbeitung). Organisatorische Einheiten
führen Aufgaben/Tätigkeiten im Rahmen des Kommunikationskontextes aus, die
als Objekte des Typs Funktionen dargestellt werden. Der informationelle Bereich
besteht aus den bereits in Abschnitt 3.1.2 beschriebenen Objekt- und Beziehungstypen (vgl. S. 49). Die Verknüpfung zum Funktionscluster erfolgt über das
Informationsobjekt Datengruppe-K, das aus Datenelementen besteht. Diese
Datenelemente werden zu einem großen Teil gespeichert, so daß sie - nach anderen Strukturierungskriterien zusammengefaßt - die elementaren Bausteine der
Informationsstruktur bilden.

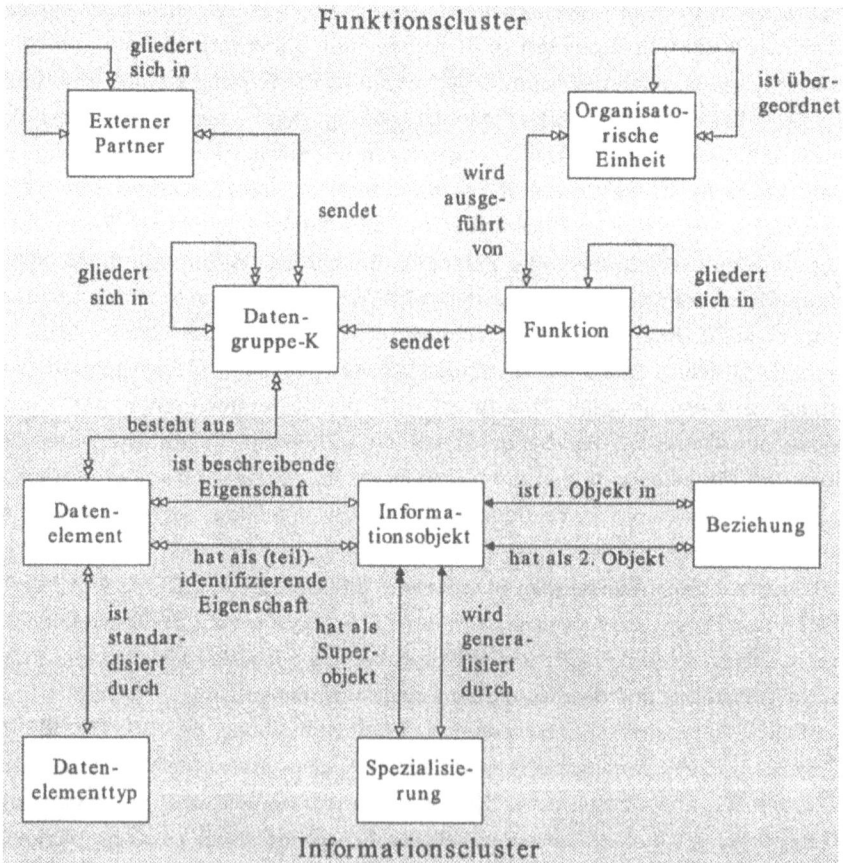

Abb. 4.41: Zielstruktur des Organisationsmodells

Als Basis für das Ausgangsmodell dienen neben den Programmquellen alle
Informationen, die über die betreffenden Anwendungssysteme und -bereiche
vorhanden sind. Normalerweise findet man eine große Vielfalt von Zusatzinformationen, z.B. in Form von Programmierkonventionen, -dokumentationen,
Benutzerbeschreibungen und organisatorischen Unterlagen, deren Berücksichtigung eine wesentlich effizientere Gestaltung des Reverse-Engineering-Prozesses
ermöglicht. In einem weiteren Schritt müssen daher alle verfügbaren Informationen identifiziert, gesammelt, hinsichtlich Inhalt, Qualität sowie Relevanz für
das Zielsystem überprüft und dann zu einem Ausgangsmodell zusammengeführt
werden. Als Struktur der Programmquellen für dieses Beispiel wird das bereits
definierte Modell von Seite 99 verwendet (vgl. Abb. 4.42), das um datenbezogene
Deklarationen erweitert wird (die grauen Informationsobjekte bilden die Verknüpfungen).

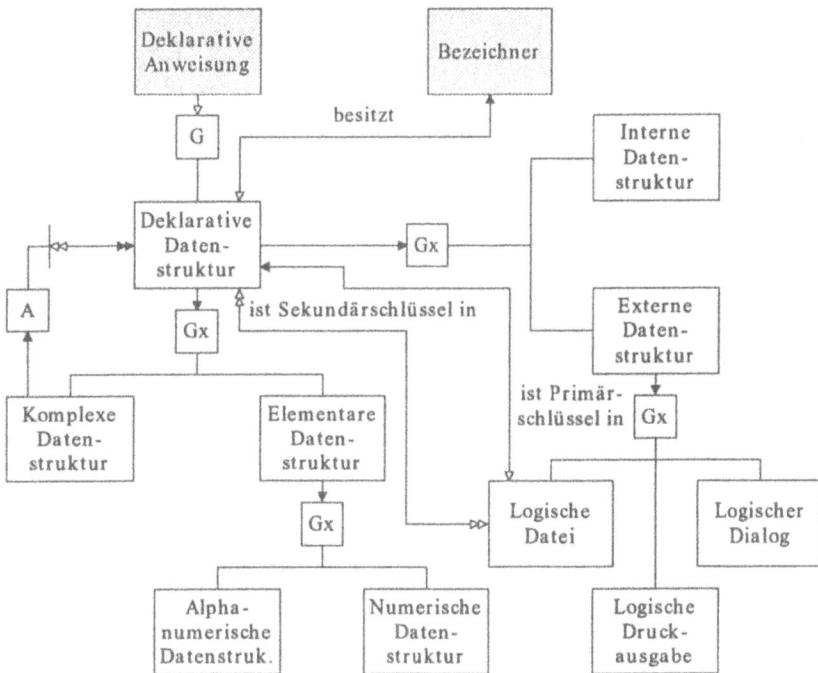

Abb. 4.42: Ausgangsstruktur zur Wiedergewinnung des Organisationsmodells

Aus dem Informationsobjekt Deklarative Anweisung ist in diesem Zusammenhang die Teilmenge der Datenstrukturdeklarationen von Interesse. Diese werden
in komplexe und elementare Datenstrukturen spezialisiert, wobei die komplexen

sich wiederum aus anderen Datenstrukturen zusammensetzen. Als explizite
Integritätsregeln wird - aus Gründen der Übersichtlichkeit - unterstellt, daß
rekursive Datendeklarationen nicht zugelassen sind und die Zuordnung von
unter- zu übergeordneten Datenstrukturen eindeutig sein muß, d.h., komplexe
Datenstrukturen weisen eine Baumstruktur auf. Weiterhin muß sichergestellt
werden, daß als Blattknoten von komplexen Datenstrukturen nur elementare
Daten auftreten dürfen, da sonst nur ein Begriff ohne Inhalt (Speicher) vorläge
(Worthülse). Elementare Datenstrukturen sind entweder alphanumerisch
(Zeichenketten) oder numerisch (Zahlen). Deklarative Datenstrukturen werden
zusätzlich in interne und externe unterteilt. Interne Datenstrukturen sind nur
innerhalb des Programms zur Strukturierung und Belegung von Hauptspeicher-
bereichen vorgesehen, während externe die Schnittstelle zu den
Ein-/Ausgabegeräten (devices) darstellen, in diesem Fall auf Dateien, Druckaus-
gaben und Bildschirmdialoge beschränkt. Die vorgenommene Qualifikation auf
logische Einheiten ist notwendig, da bei den meisten Programmiersprachen noch
eine physische Ebene zur optimalen Nutzung technischer Gegebenheiten vorhanden ist (z.B. mehrere logische Dateien werden in einer physischen zusammengefaßt), die jedoch hier nicht betrachtet werden soll. Dateien besitzen eine
Datenstruktur zur Identifikation (Primärschlüssel) und können mehrere Sekun-
därschlüssel zur Zugriffsoptimierung und zur Verbindung mehrerer Dateien
aufweisen.

Die darüber hinaus notwendigen Zusatzinformationen werden - um den Kontextzusammenhang zu erhalten - bei den betreffenden Transformationsprozessen
eingeführt und erläutert.

Festlegung der Zwischenmodelle und Transformationen

Nachdem Ziel- und Ausgangsmodell zum Reverse-Engineering festgelegt sind, ist
die Gesamttransformation in Abb. 4.43 dargestellt. Die beiden Teile Funktions-
und Informationsstruktur des Zielmodells sind miteinander verknüpft, was
durch die graue Ellipse ausgedrückt wird. Die beiden Bestandteile des Ausgangsmodells sind dagegen isoliert, denn sie passen aufgrund unterschiedlicher
Abstraktionsebenen nicht zueinander.

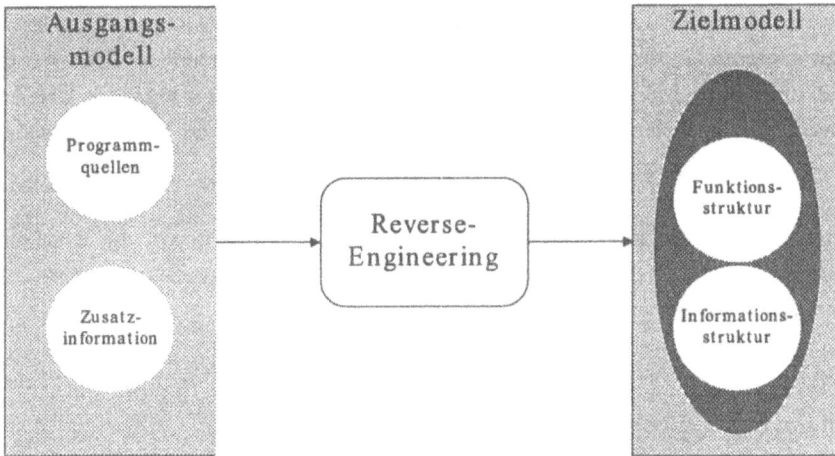

Abb. 4.43: Gesamttransformation des Reverse-Engineering

Bei Neuentwicklung von Anwendungssystemen gemäß dem in Abschnitt 1.2 (vgl. S. 7) dargestellten Vorgehensmodell sind von der Festlegung der fachlichen Anforderungen bis hin zum Anwendungssystem auf verschiedenen Zwischenebenen Informationen hinzugekommen (z.B. Implementierungsaspekte) oder weggefallen (z.B. fachliche Bestandteile, die nicht Gegenstand des Anwendungssystems sind). Darüber hinaus werden bei diesem Prozeß Umstrukturierungen vorgenommen, z.B. nach dem Kriterium Software-Wiederverwendbarkeit, die nicht eindeutig umkehrbar sein müssen. Diese Zwischenebenen sind auch für das Reverse-Engineering von Bedeutung, da sich hier Anfangs- und Endpunkte für Regeln zur (Rück-)Transformation befinden können. Deshalb werden für die verschiedenen Abstraktionsebenen jeweils eigene Zwischenmodelle entworfen, die dann in umgekehrter Reihenfolge zur Neuentwicklung anzuordnen sind, um den Abbildungsprozeß in seiner sachlichen Abfolge darzustellen. Dadurch ist es auch möglich, die erhobenen Zusatzinformationen den Zwischenmodellen zuzuordnen, zu denen sie von ihrer Abstraktionsebene her betrachtet gehören. Neben dieser Zuordnung der Zusatzinformationen kann durch die Zwischenmodelle sehr detailliert geprüft werden, ob die erhobenen Daten den Informationsbedarf für den Reverse-Engineering-Prozeß abdecken oder ob noch weitere Quellen erschlossen werden müssen.

Wichtige, in Frage kommende Modelle sind in Abb. 4.44 als weiße Kreise dargestellt. Zwar umfassen die einzelnen Modelle gleichartige Komponenten und Beziehungen, z.B. aus Funktions- oder Datensicht, meist bestehen jedoch zwischen den Modellen einer Ebene zielrelevante Beziehungen, die berücksichtigt

werden sollten. Eine Erweiterung um diese Beziehungen ist modelltechnisch
unproblematisch, da alle Einzelmodelle nach dem ER-Ansatz formuliert worden
sind und somit im selben Paradigma verknüpft werden können. Als Ergebnis
entsteht dadurch je Ebene ein Gesamtmodell (graue Ellipsen in Abb. 4.44), das
aus mehreren Teilen bestehen kann.

Mit einer zielbezogenen ER-Spezifikation dieser Modelle liegen die möglichen
Ergebnis- und Zwischenergebnisklassen (Meilensteine) für den Reverse-Engineering-Prozeß fest.

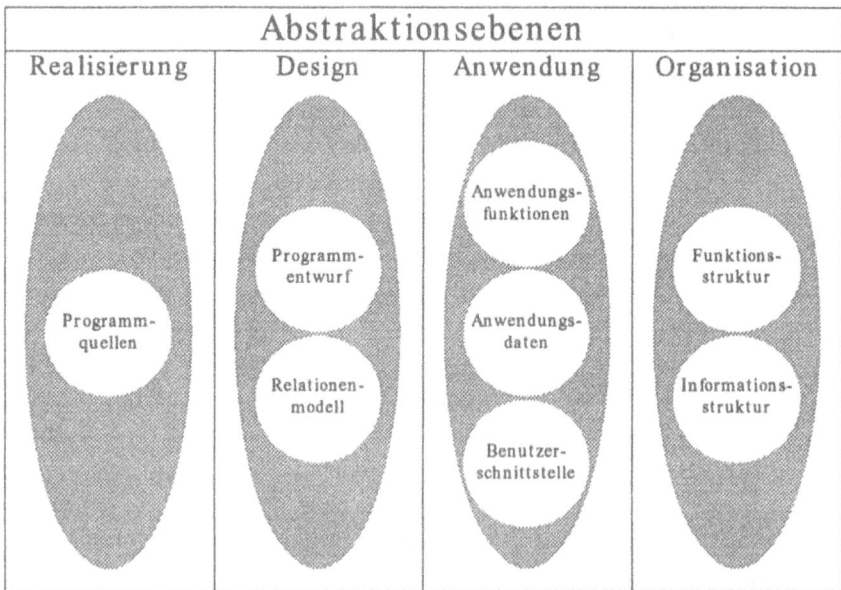

Abb. 4.44: Zwischenmodelle des Reverse-Engineering

Betrachtet man das gesamte Vorgehensmodell zum Reverse-Engineering auf der
Ebene der Einzelobjekte und -beziehungen, so ergibt sich folgender Ablauf (vgl.
Abb. 4.45): Aufgrund des Modells der Programmquellen (Realisierungsmodell)
werden aus den vorhandenen Programmen die relevanten Einzelobjekte und
-beziehungen erfaßt und in einem Speicher abgelegt. Dieser Prozeß kann automatisch ablaufen, da die Programme und Dokumentationen elektronisch gespeichert vorliegen und ein entsprechendes Programm in wichtigen Teilen einem

Compiler ähnelt.[35] Im nächsten Schritt werden aus den Einzelobjekten und
-beziehungen des Programmodells die Exemplare der Implementierungsebene
und ggf. auch unmittelbar solche der nachfolgenden Ebenen erzeugt. Auch dieser
Prozeß kann weitgehend automatisiert erfolgen, jedoch können hier bereits
manuell einzugebende Zusatzinformationen erforderlich werden. Beim folgenden
Übergang vom Implementierungs- zum Anwendungsmodell sind die betrieblichen Elementarfunktionen zu identifizieren, die durch die vorliegenden DV-
Funktionen (Systemfunktionen) unterstützt werden. Dies kann nur durch Eingabe von Zusatzinformationen erfolgen, die z.B. mit Hilfe einer Arbeitsplatzer-
hebung ermittelt wurden. Im letzten Schritt wird das Organisationsmodell
erzeugt, dessen Einzelobjekte und -beziehungen die fachlichen Daten und Funktionen repräsentieren. So können Benutzerhandbücher umfangreiche Informationen über das Anwendungsmodell enthalten oder auf der Organisations-
modellebene existieren Funktions- und Ablaufbeschreibungen, die man ebenfalls
in den Reverse-Engineering-Prozeß einbeziehen möchte. Unterscheiden sich
dagegen die zu erfassenden Dokumente in ihrer Modellstruktur von den Zielmodellen, muß eine Restrukturierung vorgenommen werden; also Formulierung
eines eigenen Dokumentationsmodells, Erfassung der zugehörigen Einzelobjekte
und -beziehungen aus der Dokumentation und Transformation der Exemplare
zum gewünschten Zielmodell.

---

[35] Daraus ergibt sich die Möglichkeit, im Quellkode vorliegende Compiler dieser Aufgabe
anzupassen. Da komfortable Übersetzer neben dem übersetzten Programm auch noch
eine Vielzahl zusätzlicher Informationen anbieten, ist darüber hinaus zu prüfen, ob
diese nicht auch für die hier vorliegende Erfassung geeignet sind.

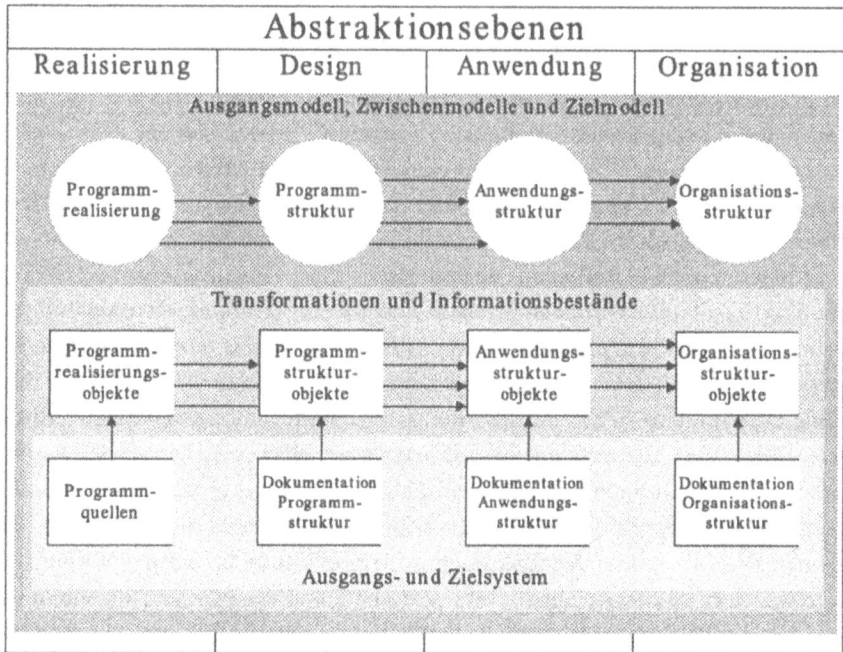

Abb. 4.45: Basisvorgehensweise zum Reverse-Engineering

Die Fülle und Vielfalt möglicher Transformationen führt jedoch innerhalb dieser
Arbeit zur Beschränkung auf die exemplarische Darstellung folgender wichtiger
Prozesse:

- Erhebung der logischen Datenstrukturen in Form eines Relationenmodells
  aus den physischen Dateistrukturen der Programmquellen
- Erhebung der Anwendungsdaten in Form eines Entity-Relationship-
  Modells aus dem Relationenmodell
- Erhebung der Anwendungsfunktionen aus den Ein-/Ausgaben der Pro-
  grammquellen
- Erhebung der Funktionsstruktur aus den Anwendungsfunktionen und
  zusätzlichen organisatorischen Dokumentationen.

Erhebung der logischen Datenstrukturen

Zur Erhebung der logischen Datenstrukturen aus den Programmquellen wird
das Relationenmodell gemäß Abb. 4.46 festgelegt. Eine Relation besteht aus
mehreren Attributen, Primär- und Fremdschlüsseln sowie invertierten Listen
(Indizes) zum beschleunigten Zugriff auf Sortierfolgen oder einzelne Relationen-

tupel (Sätze). Der Primärschlüssel dient zur eindeutigen Identifikation jedes Tupels der Relation und mit Hilfe von Fremdschlüsseln werden Verknüpfungen zu anderen Relationen hergestellt, d.h., der Primärschlüssel einer Relation kann als Fremdschlüssel bei anderen Relationen auftreten. Schlüssel und Indizes setzen sich aus Attributen der jeweiligen Relation zusammen. Die dargestellte Struktur weist über den Primärschlüssel hinaus keine Attribute mit identifizierender Eigenschaft (Schlüsselkandidaten) aus, weiterhin sind auch keine Sichten (views) und Zugriffsrechte (grants) enthalten, die innerhalb von relationalen Datenbanksystemen eine wichtige Rolle spielen. Bei dieser Modellierung ist noch besonders erwähnenswert, daß Attribute nicht unmittelbar als Bestandteile der Relation dargestellt, sondern mittelbar über das assoziative Informationsobjekt Relationsattribut verknüpft sind. Durch diese Spezifikation wird sichergestellt, daß sich die Schlüssel und Indizes einer Relation nur aus deren Attributen zusammensetzen dürfen.

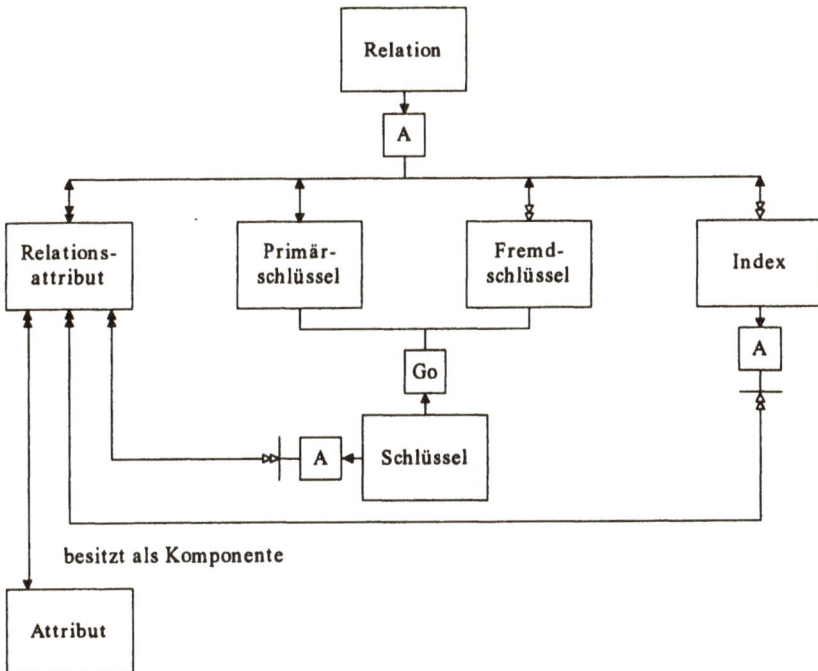

Abb. 4.46: ER-Struktur des Relationenmodells

Die Spezifikation des Prozesses "Relationenmodell erheben" beinhaltet folgende prinzipielle Verarbeitungsschritte: Aus dem Ausgangsmodell der Programm-

quellen werden die logischen Dateien als Relationen ins Relationenmodell übernommen. Die komplexe Datenstruktur jeder Datei mit ihrer hierarchischen Satz-
Gruppen-Feldstruktur wird in die elementaren Bestandteile (Felder) zerlegt und
diese werden als Relationsattribute übernommen. Sie dienen auch zur Generierung der Attribute, jedoch müssen Synonyme, d.h. unterschiedliche Felder mit
gleichem Inhalt, eliminiert und Homonyme, d.h. gleichbenannte Felder mit
unterschiedlichen Inhalten, eindeutig bezeichnet werden. Die Datenfelder, die
für eine Datei identifizierend sind, werden zur Anlage des Primärschlüssels und
zur Verknüpfung mit den Relationsattributen verwendet. Bei den Sekundär-
schlüsseln der Dateien muß festgelegt werden, ob es sich um Fremdschlüssel
oder um Indizes (technische Schlüssel) handelt, danach sind die betreffenden
Einzelobjekte und -beziehungen im Relationenmodell zu generieren. Aus dem
hier verwendeten Modell der Programmquellen sind keine Informationen zur
Identifikation von Synonymen und Homonymen, zur Unterscheidung von technischen Schlüsseln und Fremdschlüsseln oder zur Normalisierung von Relationen
enthalten. Sind diese Informationen aus den Programmquellen ableitbar, z.B.
durch die Verwendung von Programmstandards,[36] muß das Ausgangsmodell um
diese Informationsstrukturen erweitert und die Verarbeitungsschritte müssen
entsprechend angepaßt werden. Trifft dies nicht zu, sind diese Informationen
manuell zu erheben und über eine Dialogschnittstelle dem Prozeß zuzuführen.

Erhebung der Anwendungsdaten

Bei der Erhebung der Anwendungsdaten aus dem extrahierten Relationenmodell
wird die Struktur des Informationsclusters von Seite 160 als Zielmodell zugrundegelegt. Dies ist möglich, da das ER-Modell zur Beschreibung der Datenzusammenhänge sowohl für die Anwendungs- als auch Organisationsebene verwendet
wird. Der wesentliche Unterschied zwischen dem Ausgangs- und Zielmodell dieses Prozesses ist, daß im Anwendungsdatenmodell nur noch fachliche Daten enthalten sein dürfen, während das Relationenmodell auch programmtechnische
Daten beinhalten kann, z.B. Datenelemente, in denen Programmstatusinforma-
tionen gespeichert werden.[37]

Die Spezifikation des Prozesses "Erhebung Anwendungsdaten" besteht aus der
Identifikation und Eliminierung nicht fachlicher Attribute und Relationen sowie

---

[36] Ein häufig anzutreffender Standard ist, daß die Bezeichnung von Fremdschlüsseln in
einer Datei einen Bezug zu dem betreffenden Primärschlüssel aufweist.

[37] Die Umsetzung von einer technischen in eine logische (konzeptionelle) Datenstruktur
wurde bereits durch die zuvor dargestellte Transformation geleistet.

der Transformation des Relationenmodells in das ER-Modell. Die Identifikation von nicht fachlichen Komponenten erfolgt entweder manuell, indem mit Fachspezialisten die inhaltliche Bedeutung jedes Attributs offengelegt wird, oder durch zusätzliche Dokumentationen, z.B. aufgrund einer Attributsbenennung, die Rückschlüsse auf die Zugehörigkeit des Attributs zu einer bestimmten Abstraktionsebene ermöglichen.[38] Fachliche Attribute, die keine Fremdschlüsseleigenschaft besitzen, werden als Datenelemente des Anwendungsdatenmodells übernommen. Sind bei den fachlichen Attributen solche mit identischen Formatangaben vorhanden, ist i.allg. manuell zu prüfen, ob hierfür Datenelementtypen im Anwendungsdatenmodell generiert und mit den entsprechenden Datenelementen verknüpft werden.

Im nächsten Schritt erfolgt die Erzeugung der Informationsobjekte aus den Relationen. Alle Relationen, die fachliche Attribute besitzen und nicht nur aus Schlüsseln bestehen, werden als Informationsobjekte übernommen und mit den Datenelementen verknüpft, die im Relationenmodell als Attribute mit der entsprechenden Relation verbunden sind. Besitzen verschiedene Informationsobjekte dieselben identifizierenden Eigenschaften, so handelt es sich in vielen Fällen um Generalisierungen/Spezialisierungen, die innerhalb des Anwendungsdatenmodells explizit modelliert werden. Der Primärschlüssel einer Relation kann aus mehreren Attributen bestehen, die ihrerseits Fremdschlüsseleigenschaft besitzen. Diese Attribute führen zu einer C:CN-Beziehung zwischen dem Informationsobjekt, das dieses Attribut als identifizierende Eigenschaft besitzt, und dem Objekt, das aus der betrachteten Relation entstanden ist. Explizite Fremdschlüsselattribute innerhalb fachlich relevanter Relationen werden in derselben Art und Weise in Beziehungen zwischen Informationsobjekten umgesetzt. Relationen, die nur aus fachlichen Schlüsselattributen bestehen, stellen CN:CN-Verknüpfungen zwischen den bezogenen Relationen dar, die zur Erzeugung entsprechender Beziehungen im Anwendungsdatenmodell verwendet werden.

Der Übergang vom Datenmodell der Anwendung zu demjenigen der Organisation ist dadurch charakterisiert, daß das Anwendungsdatenmodell um die manuell verwalteten Informationsstrukturen ergänzt werden muß. Diese Informationen sind nicht in Programmsystemen vorhanden und daher über Zusatz-

---

[38] Um diesen Verarbeitungsschritt bei zukünftigen Anwendungssystemen zu vereinfachen, läßt sich die Anforderung an die Neuentwicklung ableiten, den während der Systemerstellung bekannten Bezug eines Attributs zur jeweiligen Abstraktionsebene implizit bei der Attributsbezeichnung oder explizit durch eine entsprechende Dokumentation zu sichern.

informationen zu erheben. Von der Darstellungsform und den Modellierungs-
prinzipien her betrachtet, existiert jedoch zwischen den Strukturen der Abstraktionsebenen kein Unterschied. Da in vielen Institutionen die elektronische
Datenverarbeitung bereits einen großen Teil der operativen Abläufe durchdrungen hat, ist der verbleibende manuell verwaltete Datenbestand recht klein und
normalerweise auch nicht von allgemeiner Bedeutung. Wird eine Neuaufnahme
dieser Datenbestände angestrebt, so kann der Einsatz des erhobenen Anwendungsdatenmodells als Beispiel und Diskussionsgrundlage von großem Vorteil
sein.

Erhebung der Anwendungsfunktionen

Die Erhebung der Anwendungsfunktionen aus den Programmquellen ist der
erste Schritt, um fachliche Funktionalitäten zu erkennen und zu strukturieren.
Der funktionale Gesamtzusammenhang ist in Abb. 4.47 dargestellt: Ein komplexer Anwendungsbereich (Top-Funktion) wird in Teilfunktionen (Aufgaben) meist
über mehrere Ebenen vollständig und disjunkt solange zerlegt, bis die Stufe der
Elementarfunktionen erreicht ist. Diese sind dadurch charakterisiert, daß sie die
kleinsten Aufgabeneinheiten bilden, die für die betreffende Organisation noch
zweckrelevante Ergebnisse liefern, z.B. erfaßte Kundendaten oder eine erstellte
Rechnung. Wird eine Elementarfunktion weiter funktional zerlegt, so entstehen
zweckneutrale Operationen, die zur Ausführung unterschiedlicher Aufgaben
verwendet werden können. Aufgrund der fortgesetzten vollständigen und disjunkten Zerlegung der Funktionen über mehrere Ebenen entsteht eine Baumstruktur mit den Elementarfunktionen als Blätter. Alle Elementarfunktionen
zusammen sind - ebenfalls aufgrund der Zerlegungskriterien - identisch mit der
Funktionalität des Gesamtbereichs (Top-Funktion). Die gesamte Funktionsstruktur einschließlich der Elementarfunktionen enthält keine Aussage über die
Realisierungsform, d.h., die Elementarfunktionen können manuelle und automatisierte Verarbeitungsschritte enthalten. Betrachtet man im weiteren die DV-
mäßige Unterstützung der Elementarfunktionen, so erreicht man die Ebene der
Anwendungsfunktionen oder auch Systemfunktionen. Bei der Zuordnung von
Elementar- zu Systemfunktionen besteht eine CN:CN-Beziehung, da Systemfunktionen zweckneutral sind und mehrere Elementarfunktionen unterstützen
können. Systemfunktionen stellen somit die Programmfunktionalität aus Sicht
der Anwender dar. Bei der Festlegung von Systemfunktionen sind ebenfalls
fachliche Kriterien anzuwenden; beispielsweise könnte gefordert werden, daß
jede Systemfunktion ein inhaltlich zusammengehöriges Ergebnis erzeugt
(logische Transaktion). Werden Systemfunktionen nach programmtechnischen

Kriterien strukturiert, z.B. nach dem Wiederverwendbarkeitsprinzip, entsteht eine Modulstruktur, die zusammen das Programmsystem bildet.

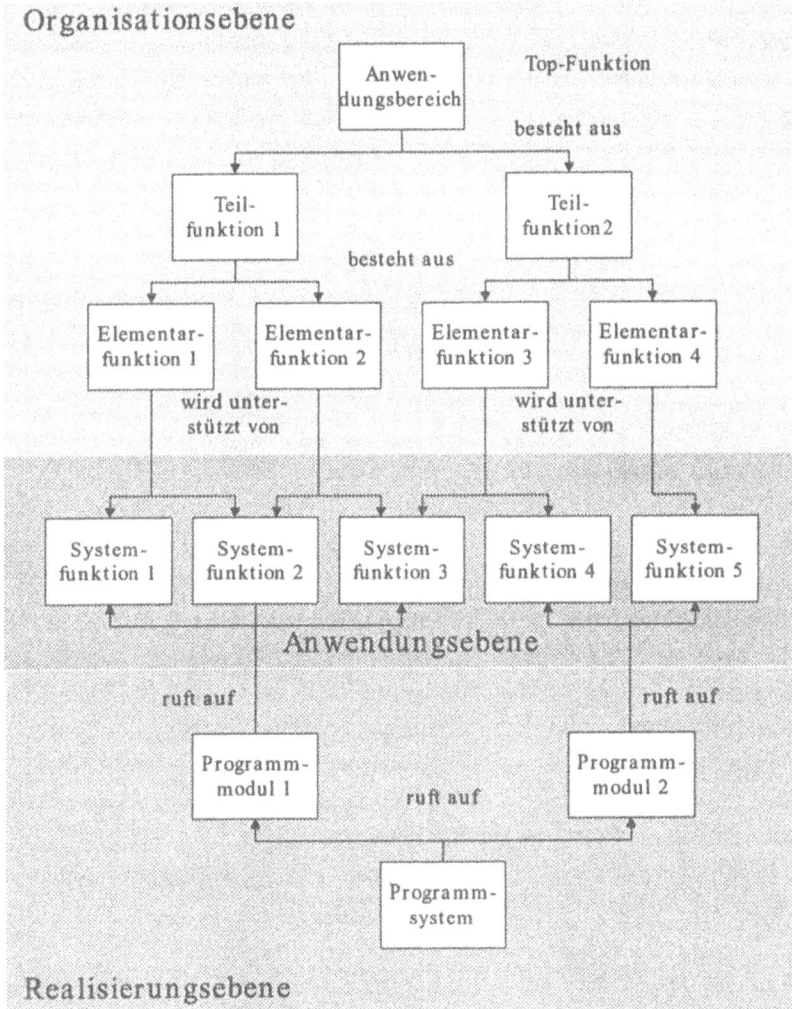

Abb. 4.47: Funktionaler Gesamtzusammenhang

Das Zielmodell für diesen Transformationsprozeß ist in Abb. 4.48 dargestellt. Eine Systemfunktion besteht aus den Komponenten Eingabe, Verarbeitung und Ausgabe. Eine Ausgabe stellt ein logisches (fachliches) Ergebnis dar, das meist zu einer Dateiausgabe, z.B. Abspeichern der Daten eines neuen Kunden, oder einer Benutzerausgabe, z.B. Anzeige von Kundendaten am Bildschirm, führt.

Den Ausgaben stehen Dateieingaben oder Benutzereingaben gegenüber, die als Auslöser und zur Datenversorgung des Verarbeitungsprozesses dienen. Ein Problem stellt die Zuordnung von Ein- und Ausgaben dar. Drei Möglichkeiten zur Lösung bieten sich hier an: Vielfach existieren für Programmsysteme Benutzerhandbücher, die funktionsorientiert die verschiedenen Benutzereingaben und die daraus resultierenden Ergebnisse beschreiben. Verwendet man solche Beschreibungen als Zusatzinformation, so muß ein Modell der Handbuchstruktur erstellt und die entsprechenden Einzelobjekte müssen erfaßt werden. Eine weitere Möglichkeit stellt eine Datenflußanalyse [Hecht/77, S. 125 ff.] innerhalb der Programmquellen dar, bei der man - ausgehend von den Eingaben - den Fluß der Daten durch das Programm bis zu den Ausgaben bestimmt. Die letzte Möglichkeit besteht in der Installation eines Laufzeitmonitors innerhalb des Programms, der während der Laufzeit die Zusammenhänge zwischen Ein- und Ausgaben protokolliert. Dieses Verfahren ist auch geeignet, ein Mengengerüst der angewendeten Transaktionen zu erstellen. Jedoch besteht die Gefahr, daß nicht alle Programmfunktionen während der Beobachtungszeit ausgeführt und damit auch nicht erfaßt werden.

Die Spezifikation des Prozesses "Systemfunktionen erheben" besteht - unter der Annahme, daß die Datenflußanalyse eingesetzt wird - aus folgenden groben Verarbeitungsschritten: Alle Datei- und Benutzereingaben sowie Ausgaben werden aus den Programmquellen gemäß Seite 161 identifiziert und zur Generierung der entsprechenden Informationsobjekte in Abb. 4.48 verwendet. Die Einzelobjekte, die zum Informationsobjekt Systemfunktion gehören, werden aus den Ausgaben abgeleitet, indem je logischer Ausgabeneinheit eine Systemfunktion mit einer aus dem Ausgabenamen abgeleiteten Bezeichnung generiert wird. Mit Hilfe der Datenflußanalyse werden dann die Eingaben mit den zugehörigen Ausgaben verknüpft und die daraus resultierenden Aggregationsbeziehungen festgelegt.

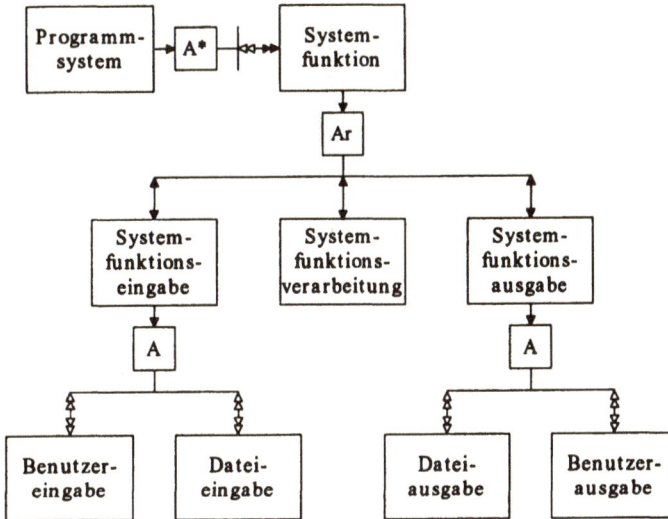

Abb. 4.48: ER-Struktur von Systemfunktionen

Erhebung der Funktionsstruktur

Die Erhebung der Funktionsstruktur aus den Anwendungsfunktionen ist ohne zusätzliche Informationen nicht möglich, da in Programmquellen normalerweise über die Benutzerschnittstelle hinaus keine weiteren fachlichen Inhalte vorhanden sind. In den meisten Organisationen verfügbare oder auch recht leicht zu erhebende Informationen, z.B. aus dem internen Telefonverzeichnis, sind die vorhandenen Stellen, die Über- und Unterordnungsverhältnisse sowie deren personelle Besetzung. Dieser Zusammenhang wird graphisch durch ein Organigramm dargestellt und ist unmittelbar in das Informationsobjekt Organisatorische Einheit der Zielstruktur von Seite 160 abbildbar. Setzt man nun voraus, daß alle Funktionen eines Anwendungsbereichs durch die dafür vorhandenen Stellen abgedeckt werden, so liegt mit dem Organigramm eine funktionale Dekomposition vor, die jedoch nicht nach den für Funktionen geltenden Kriterien gegliedert ist. Ordnet man nun die identifizierten Systemfunktionen den Organisatorischen Einheiten zu, z.B. mit Hilfe der in der DV dokumentierten personellen Zugriffsrechte auf Programme oder Programmbestandteile, erhält man einen gemäß Abb. 4.49 dargestellten Zusammenhang.

Organisationsebene

```
                        ┌──────────┐
                        │  Haupt-  │
                        │ bereich  │
                        └──────────┘
                                  ist übergeordnet
              ┌──────────┐              ┌──────────┐
              │Abteilung 1│              │Abteilung 2│
              └──────────┘              └──────────┘
      ┌────────┐  ┌────────┐      ┌────────┐  ┌────────┐
      │ Sach-  │  │ Sach-  │      │ Sach-  │  │ Sach-  │
      │bearbeitung│ │bearbeitung│  │bearbeitung│ │bearbeitung│
      │   1    │  │   2    │      │   3    │  │   4    │
      └────────┘  └────────┘      └────────┘  └────────┘
          wird unter-                  wird unter-
          stützt von                   stützt von
```

┌────────┐ ┌────────┐ ┌────────┐ ┌────────┐ ┌────────┐
│System- │ │System- │ │System- │ │System- │ │System- │
│funktion 1│ │funktion 2│ │funktion 3│ │funktion 4│ │funktion 5│
└────────┘ └────────┘ └────────┘ └────────┘ └────────┘

Anwendungsebene

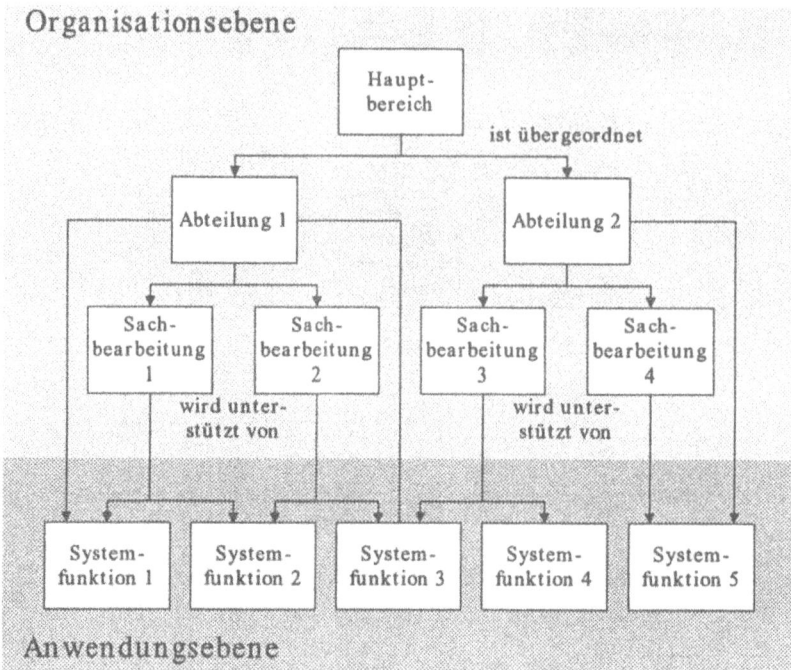

Abb. 4.49: Zuordnung von Systemfunktionen zu Organisationseinheiten

Mit Hilfe dieser Zuordnung von Organisationseinheiten und Systemfunktionen muß nun eine Aufnahme "vor Ort" bei den einzelnen Stellen durchgeführt werden. Dabei sind die durch die Systemfunktionen unterstützten Aufgaben sowie manuell durchzuführende Tätigkeiten zu identifizieren. Mit diesen Zusatzinformationen sind alle Elementarfunktionen und ihre Zuordnung zu den Systemfunktionen modellierbar. Der Entwurf eines Funktionsbaums kann nun "bottom up" nach unterschiedlichen Kriterien erfolgen. Ist z.B. eine objektorientierte Funktionshierarchie gewünscht, werden alle Elementarfunktionen, die dasselbe oder ähnliche Objekte bearbeiten, sukzessive bis zur Top-Funktion zusammengefaßt.

Mit den dargestellten Transformationsprozessen sind bis auf die Externen Partner und die Datengruppe-K alle Informationsobjekte und Beziehungen des Organisationsmodells von Seite 160 ableitbar. Da die Informationen über Externe Partner normalerweise in Form gespeicherter Daten vorliegen, können auch sie durch Erhebung und Analyse des Informationsclusters identifiziert werden. Die Datengruppen-K ergeben sich zu einem großen Teil durch die Ein- und Ausgaben der Systemfunktionen und deren Zuordnung zu den Funktionen.

5. Kapitel

Reengineering von FORTRAN-Programmen

FORTRAN (FORmula TRANslator) wurde in den fünfziger Jahren zur Lösung mathematisch-technischer Problemstellungen entwickelt; aufgrund der sehr schnellen Verbreitung und Weiterentwicklung avancierte sie jedoch in den sechziger Jahren zur wichtigsten praktisch eingesetzten Programmiersprache [Carnahan/73, S. 2-1]. Dabei wurde ihr Anwendungsbereich weit über die ursprüngliche Zweckbestimmung hinaus auf alle in der damaligen Zeit relevanten DV-Problemstellungen erweitert, einschließlich kommerzieller Anwendungssysteme [Brauch/83, S. 11]. Wesentlich für die Popularität dieser Sprache in der Praxis war - neben ihrer frühzeitigen Entstehung und der Verfügbarkeit entsprechender Compiler - das intensive Bestreben der IBM, FORTRAN als wichtigste universelle Programmiersprache für all ihre Computersysteme durchzusetzen. Da IBM als unangefochtener Marktführer ("Quasi-Monopolist") damals weit mehr als die Hälfte der weltweit eingesetzten Computersysteme stellte, mußten auch die anderen Hersteller entsprechende Compiler für ihre Maschinen anbieten, um die Kompatibilität zur "IBM-Welt" sicherzustellen. In kurzer Zeit waren somit für fast alle Computersysteme sehr leistungsfähige und ausgereifte FORTRAN-Compiler verfügbar, die im folgenden oft auch noch sehr preisgünstig vermarktet wurden. Auch heute werden FORTRAN-Compiler vom Höchstleistungsrechner[1] bis hin zum Arbeitsplatzrechner angeboten und eingesetzt. Die weite Verbreitung und das lange Bestehen dieser Programmiersprache haben dazu geführt, daß heute noch eine Vielzahl von FORTRAN-Programmen existieren und eingesetzt werden,[2] die aufgrund der enormen Erstellungskosten und beschränkter Entwicklungskapazitäten nicht ohne weiteres durch Neuentwicklungen ersetzt werden können.[3]

---

[1] Bedingt durch die Erweiterungen im Hinblick auf Vektorisierung und Parallelverarbeitung ist in der Klasse der Höchstleistungsrechner FORTRAN noch heute die dominierende Programmiersprache.

[2] Dies gilt u.a. für die Bereiche Numerik, Simulation, Statistik, Operations Research, Marktforschung und Ökonometrie.

[3] Dies gilt auch für das Wissen um Programmoptimierung, -implementierung und -fehlerbehandlung (z.B. Rundungsproblematik), das in jahrzehntelanger Weiterentwicklung in das Programmprodukt eingeflossen ist und oft nur noch in Form der Programmquellen vorliegt.

5.1 Struktur der Programmiersprache

Im Jahre 1953 wurde von John W. Backus und weiteren Mitarbeitern der IBM
mit der Entwicklung der Programmiersprache FORTRAN begonnen und bereits
Ende 1954 wurde sie zum ersten Mal in einem internen IBM-Report beschrieben
[Sammet/69, S. 143 ff. und Backus/78, S. 167 ff.]. Die schnelle Verbreitung und
zunehmende Bedeutung - verbunden mit der Entstehung einer Vielzahl von
FORTRAN-Dialekten - leitete bereits 1962 erste Bemühungen zur internationa-
len Normierung durch die American Standards Association (ASA), Arbeitsgruppe
X3.4.3 FORTRAN, ein, die bis heute durch das American National Standards
Institute (ANSI) fortgesetzt werden. Historisch lassen sich folgende wichtige
FORTRAN-Sprachversionen und -varianten unterscheiden:

- FORTRAN I: Das erste Programmierhandbuch für FORTRAN I, dem 1957
  die Freigabe des ersten FORTRAN-Compilers für das System IBM 704
  folgte, wurde von der IBM 1956 offiziell herausgegeben.

- FORTRAN II: Bereits 1958 wurden von der IBM eine erweiterte Sprachver-
  sion sowie ein Compiler für FORTRAN II freigegeben, die im Gegensatz zu
  FORTRAN I die Entwicklung größerer Programmsysteme durch Definition
  eigener Unterprogramme und Funktionen ermöglichten.

- FORTRAN III: Diese eigenständige Version wurde von der IBM entwickelt
  und auch intern eingesetzt, jedoch erfolgte keine offizielle Benutzerfreigabe.

- FORTRAN IV: 1962 wurde diese Sprachspezifikation von der IBM offiziell
  publiziert. Sie war wesentlich umfangreicher als FORTRAN II und nicht
  mit ihr kompatibel. Da bei den ersten FORTRAN-Compilern Laufzeit- und
  Speichereffizienz im Vordergrund standen, was eine optimale Ausnutzung
  hardware-spezifischer Eigenschaften bedingte, wurden in dieser Zeit auch
  von den anderen Computer-Herstellern mit Nachdruck eigene
  FORTRAN IV-Versionen entwickelt.

- FORTRAN 66: Der erste Standard für FORTRAN wurde durch die ASA im
  Jahre 1965 erarbeitet und 1966 veröffentlicht [ASA X 3.9/66]. Er basiert auf
  der Grundlage der IBM-Version von FORTRAN IV und umfaßt zwei
  Sprachbeschreibungen, Basis-FORTRAN (ASA-Basic-FORTRAN) und
  Standard-FORTRAN (ASA-FORTRAN), wobei Basis-FORTRAN eine
  Untermenge von Standard-FORTRAN darstellt und den Beschränkungen
  kleinerer Rechenanlagen gerecht werden sollte.

- FORTRAN 77: Durch die Entwicklung strukturierter Programmiertechniken und die massive Erweiterung der DV-Anwendungsbereiche wurden
  neue Anforderungen an Programmiersprachen gestellt und eingefordert.
  Auch FORTRAN mußte dahingehend überarbeitet und angepaßt werden, so

daß 1977 eine neue Norm [ANSI X 3.9/78] durch die amerikanische Standardisierungsbehörde ANSI verabschiedet wurde. Wichtige Aspekte dieser Norm waren die zusätzlichen strukturierten Kontrollelemente sowie die Aufwärtskompatibilität zu FORTRAN 66.

- FORTRAN 90: Die Entwicklung von herstellerbezogenen FORTRAN 77-Varianten mit wichtigen Erweiterungen, welche die Konkurrenzfähigkeit von FORTRAN auch gegenüber anderen Programmiersprachen, z.B. Pascal und C, sichern sollte, führte nach dreizehn Jahren zu einer neuen Norm, nämlich FORTRAN 90 [ANSI X 3.198/91]. Es ist zu FORTRAN 77 voll kompatibel und beinhaltet zusätzlich u.a. Feldoperationen, dynamische Speicherplatzverwaltung und abgeleitete (definierbare) Datentypen.

Der Versuch, durch die ASA/ANSI-Standardisierung eine maschinenunabhängige Programmiersprache zu schaffen, wurde zwar von allen Compiler-Herstellern werbewirksam gefordert, jedoch in der Praxis erfolgreich unterlaufen. Bei den einzelnen Compilern wurden über den Standard hinausgehende Sprachmöglichkeiten (extensions) geschaffen und auch von den Programmierern verwendet (es handelte sich meist um sehr sinnvolle Erweiterungen), so daß eine Fülle von FORTRAN-Dialekten entstand, die nicht oder nur eingeschränkt kompatibel sind. Die weiteren Ausführungen beziehen sich primär auf FORTRAN IV und FORTRAN 77, da sehr viele heute noch betriebene Altsysteme mit diesen Sprachen entwickelt wurden.

5.1.1 Statischer Programmaufbau

Ein FORTRAN-Programmsystem besteht zur Ausführungszeit (Programmlaufzeit) aus genau einem Hauptprogramm; zusätzlich können Programme zur Initialisierung (BLOCK DATA) globaler Speicherbereiche (COMMON) sowie externe Unterprogramme vorhanden sein (vgl. Abb. 5.1). Unterprogramme sind entweder Unterroutinen (SUBROUTINE), Standardfunktionen (INTRINSIC FUNCTION), die bereits innerhalb der FORTRAN-Sprache in bezug auf Namen und Funktionalität definiert sind, oder vom Programmierer selbst geschriebene Funktionen (FUNCTION). Initialisierungs-, Haupt- und Unterprogramme bilden hinsichtlich ihres syntaktischen Aufbaus eigenständige Programmeinheiten, die getrennt übersetzt und gebunden werden können. Ältere Programmierumgebungen erfordern zur Programmladezeit ein vollständig gebundenes FORTRAN-Programm mit statisch-festgelegten Speicherbereichen, bei dem alle externen Referenzen aufgelöst sein müssen. Moderne Umgebungen lassen dagegen auch dynamische Unterprogrammaufrufe zu, d.h., während der Ausführungszeit wer-

den innerhalb einer Bibliothek oder eines Plattenspeicherbereichs
(DIRECTORY) Objektmodule gesucht, geladen und zur Ausführung gebracht.

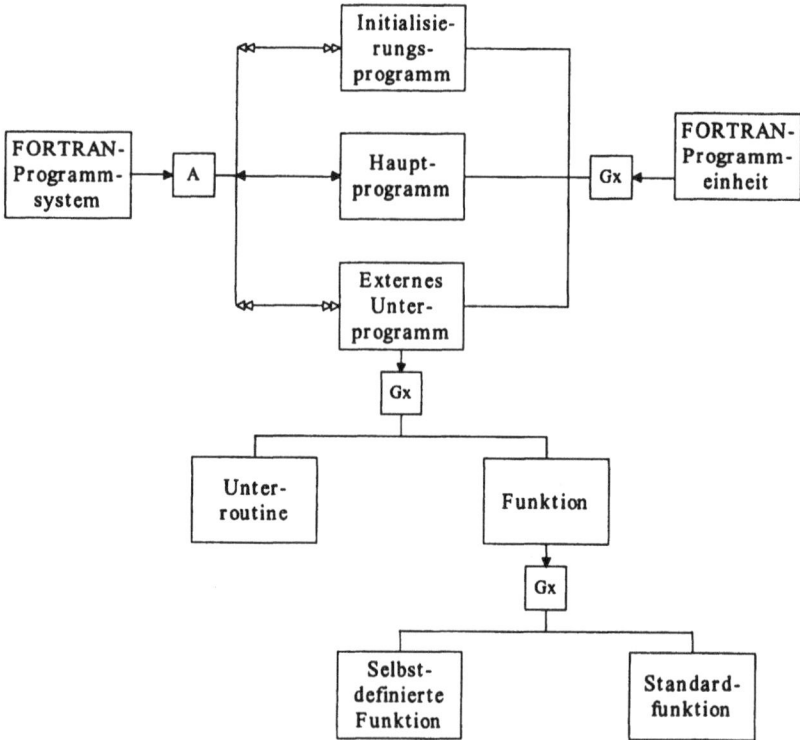

```
                              ┌──────────────┐
                              │ Initialisie- │
                         ┌────│   rungs-     │────┐
                         │    │  programm    │    │
                         ↓    └──────────────┘    │
┌──────────┐   ┌───┐     │    ┌──────────────┐    │   ┌───┐   ┌──────────────┐
│ FORTRAN- │   │   │←────┤    │              │    │   │   │   │  FORTRAN-    │
│ Programm-│──→│ A │     ├───→│    Haupt-    │←───┤   │Gx │←──│  Programm-   │
│  system  │   │   │     │    │  programm    │    │   │   │   │   einheit    │
└──────────┘   └───┘     │    └──────────────┘    │   └───┘   └──────────────┘
                         ↓    ┌──────────────┐    │
                         │    │   Externes   │    │
                         └────│    Unter-    │────┘
                              │  programm    │
                              └──────────────┘
                                     │
                                   ┌───┐
                                   │Gx │
                                   └───┘
                           ┌─────────┴─────────┐
                    ┌──────────┐         ┌──────────┐
                    │  Unter-  │         │          │
                    │ routine  │         │ Funktion │
                    └──────────┘         └──────────┘
                                              │
                                            ┌───┐
                                            │Gx │
                                            └───┘
                                    ┌─────────┴─────────┐
                             ┌──────────┐         ┌──────────┐
                             │  Selbst- │         │          │
                             │definierte│         │ Standard-│
                             │ Funktion │         │ funktion │
                             └──────────┘         └──────────┘
```

Abb. 5.1: Aufbaustruktur eines FORTRAN-Programmsystems

Innerhalb eines einzigen FORTRAN-Übersetzungslaufes können mehrere Programmeinheiten übersetzt werden (vgl. Abb. 5.2). Die Eingabe für einen
FORTRAN-Übersetzer orientiert sich in ihrem formalen Aufbau am Lochkarten-
format, d.h. achtzig Zeichenstellen je Eingabezeile (-karte). Die Übersetzereingabe besteht normalerweise aus mehreren Programmzeilen in einer festen Reihenfolge. Es werden Kommentar-, Anweisungs- und Fortsetzungszeilen unter-

schieden, deren formale Grundstruktur unterschiedlich ist.[4] Anweisungskopfzeile und alle direkt nachfolgenden Fortsetzungszeilen bilden einen Anweisungszeilenblock, der als physischer Träger für eine FORTRAN-Anweisung dient.[5] Jede Anweisung kann eine Anweisungsnummer (Marke, Adresse) besitzen, die in der Anweisungskopfzeile enthalten sein muß. Ein FORTRAN-Kommentar wird auf einer Kommentarzeile oder mehreren -zeilen kodiert; sie können an beliebigen Stellen in der Übersetzereingabe angeordnet werden. Die Anweisungsrümpfe bestehen aus Schlüsselwörtern, d.h. FORTRAN-spezifischen Befehlswörtern und Bezeichnern, die vom Programmierer kontextabhängig mit bestimmten Einschränkungen gewählt werden können.[6]

---

[4] Kommentarzeilen besitzen in der 1. Zeichenspalte zur Identifikation das Zeichen "C" (FORTRAN 66) oder "*" (FORTRAN 77). Fortsetzungszeilen werden in der 6. Spalte durch ein vom Leerzeichen abweichendes Zeichen gekennzeichnet. Anweisungskopfzeilen enthalten in den Spalten 1 bis 5 die Anweisungsnummer oder Leerzeichen. Innerhalb von Anweisungskopf- und Fortsetzungszeilen werden die Spalten 7 bis 72 zur Kodierung der Anweisungsrümpfe verwendet. Die Spalten 73 bis 80 werden vom Compiler als Kommentare betrachtet, die zu "Lochkartenzeiten" oft zur Aufnahme des Programmnamens oder einer fortlaufenden Numerierung der Karten eines Programms genutzt wurden. Die beschriebenen Strukturen hätten auch in Abb. 5.2 dargestellt werden können; sie wurden jedoch aus Übersichtlichkeitsgründen weggelassen.

[5] Die Zuordnung ist eineindeutig, d.h., es darf nur eine Anweisung je Anweisungsblock kodiert werden und umgekehrt.

[6] Im Gegensatz zu anderen Programmiersprachen, z.B. COBOL, bestehen Schlüsselwörter in FORTRAN nicht aus einer "geschützten" Zeichenkette, d.h., der Name eines Schlüsselwortes darf auch als Bezeichner verwendet werden, so daß die jeweilige Unterscheidung nur im Kontext einer gesamten Anweisung möglich ist.

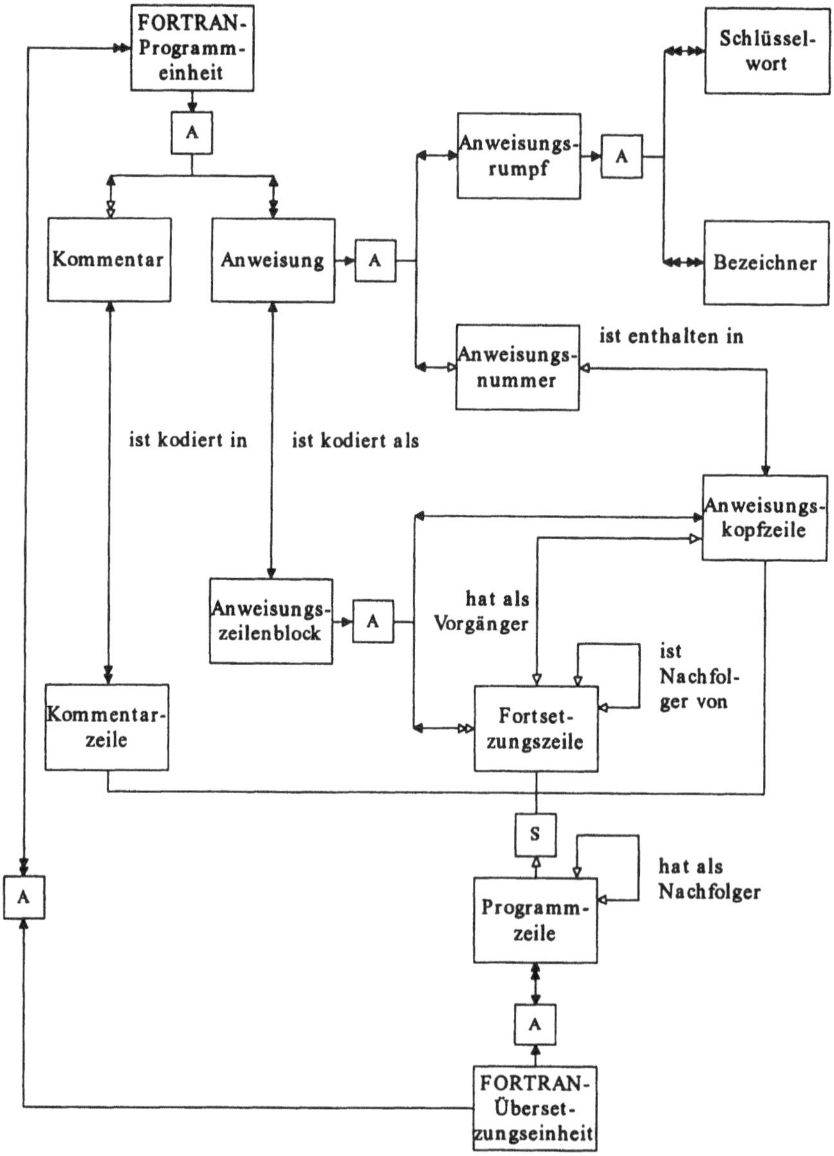

Abb. 5.2: Zusammenhang FORTRAN-Programmeinheiten und -Übersetzereingabe

Eine FORTRAN-Programmeinheit besitzt im Hinblick auf die textliche Anordnung der Anweisungen einen allgemein akzeptierten Aufbau (vgl. Abb. 5.3), von dem jedoch auch bei einzelnen Compilern abgewichen werden darf. Er besteht aus der Deklaration, um welche Art von Programmeinheit es sich handelt, dem Programmkopf, -rumpf und -ende, von denen nur das Programmende (END) obligatorisch ist. Handelt es sich um ein FORTRAN-Hauptprogramm, so ist die explizite Deklaration des Programmanfangs nicht möglich bzw. erforderlich,[7] während bei Initialisierungs- sowie externen Unterprogrammen sowohl die Kennzeichnung der betreffenden Programmeinheit (BLOCK DATA, SUBROUTINE oder FUNCTION) als auch die Angabe des Namens zwingend erforderlich sind.[8]

---

[7] In FORTRAN 77 kann der Beginn des Hauptprogramms durch die PROGRAM-Anweisung gekennzeichnet werden.

[8] Ausnahme von dieser Regel ist das unbenannte BLOCK DATA-Unterprogramm zur Initialisierung eines unbenannten COMMON-Bereiches.

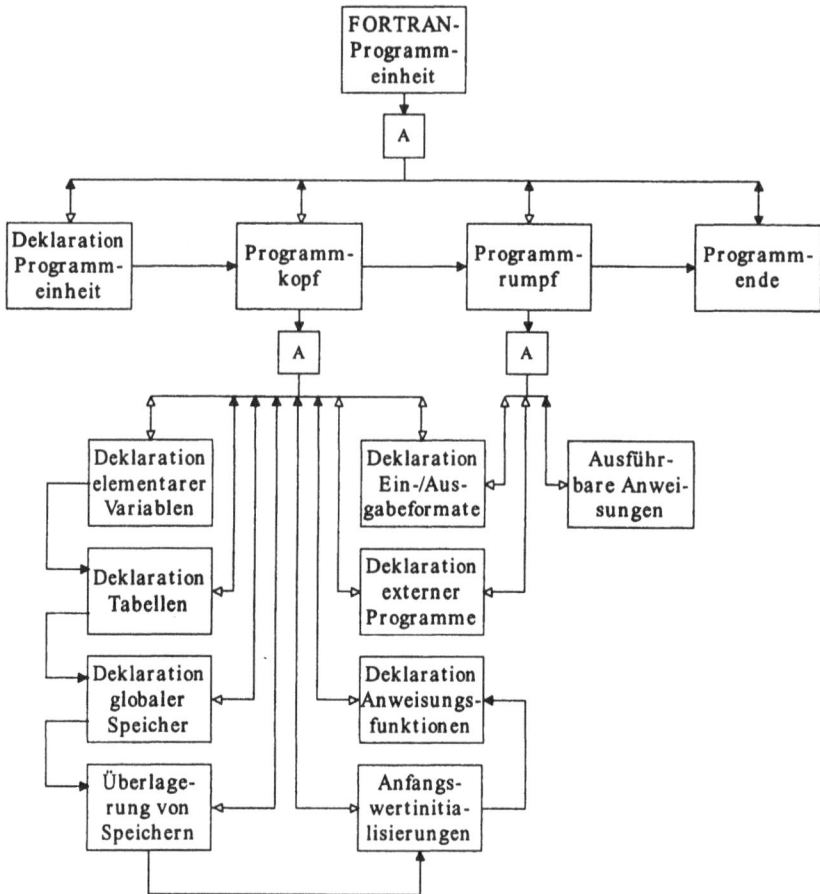

Abb. 5.3: Aufbaustruktur einer FORTRAN-Programmeinheit

Nach dieser Programmdeklaration folgt der Programmkopf, der die internen (lokalen) Deklarationen einer Programmeinheit sowie die Anfangswertzuweisungen zu Speicherbereichen umfaßt. Bei der Festlegung von Bezeichnern, die innerhalb einer Programmeinheit verwendet werden, ist zwischen impliziter und expliziter Typenvereinbarung zu unterscheiden. Werden keine expliziten Festlegungen vorgenommen, so charakterisiert der erste Buchstabe eines Bezeichners den betreffenden Datentyp, wobei die Standardfestlegung[9] auch vom Programmierer geändert werden kann (IMPLICIT). Explizite Typenvereinbarungen überlagern implizite und müssen textlich nach einer IMPLICIT-Anweisung stehen.

---

[9] Die Anfangsbuchstaben von I bis N kennzeichnen standardmäßig den Datentyp INTEGER, während alle anderen Buchstaben dem REAL-Typ zugeordnet werden.

FORTRAN beinhaltet nur einfache (elementare) Datenstrukturen (Variablen) sowie komplexe Strukturen vom Typ Tabelle (array), die meist in der Anzahl der Dimensionen begrenzt sind.[10] Datenstrukturen können von folgendem Typ sein:

- INTEGER: Die Wertemenge umfaßt alle positiven und negativen ganzen Zahlen einschließlich der Null innerhalb eines hardwareabhängigen Intervalls (Wertebereich).
- REAL: Die Wertemenge umfaßt alle positiven und negativen rationalen Zahlen, deren Genauigkeit (Anzahl der signifikanten Stellen) und Wertebereich hardwareabhängig definiert sind.[11]
- CHARACTER: Die Wertemenge umfaßt alle alphanumerischen Zeichenketten einer definierten, festen Länge, einschließlich der entsprechenden Leerzeichenkette. Da die Länge der Zeichenkette in Byte angegeben wird und die einzelnen Zeichen in Form einer hardwarespezifischen Kodierung (EBCDIC, ASCII) dargestellt werden, können auch andere, nicht darstellbare Bit-Kombinationen je Byte abgespeichert werden. Dieser Datentyp wurde offiziell erst mit FORTRAN 77 eingeführt, obwohl bereits frühere Versionen, z.B. WATFOR oder WATFIV, dieses Sprachkonstrukt aufweisen.[12]
- DOUBLE PRECISION: Die Wertemenge ist von ihrer Art identisch mit dem REAL-Typ, jedoch sind die Genauigkeit und der Wertebereich wesentlich größer.
- COMPLEX: Die Wertemenge umfaßt eine Teilmenge der komplexen Zahlen.
- LOGICAL: Die Wertemenge umfaßt die beiden Werte .TRUE. und .FALSE. für die logischen Werte WAHR und FALSCH.

Die nicht durchgeführte Normierung der Wertebereiche sowie der Genauigkeit bei der Darstellung von Zahlen führt zu massiven Problemen bei der Portierung zwischen verschiedenen Computersystemen. Neben dem Überschreiten der Wertebereiche, das in vielen Fällen lange unbemerkt bleibt, können auch Änderun-

---

[10] In FORTRAN 77 sind z.B. nur maximal dreidimensionale Tabellen erlaubt.

[11] Dadurch ist auch nur eine angenäherte und keine präzise Darstellung der Zahl Null mit diesem Datentyp möglich, was bei einigen Anwendungen zu nicht unerheblichen Schwierigkeiten führte. Ähnliche Probleme ergaben sich bei der Darstellung fester Dezimalstellen.

[12] Zur Ausgabe von Zeichenketten auf entsprechenden Peripheriegeräten (Drucker, Bildschirm, Lochkartenstanzer) wurde bei FORTRAN 66 der HOLLERITH-Typ verwendet, der jedoch weder zur Deklaration von Variablen noch innerhalb von Wertzuweisungen verwendet werden durfte.

gen der Zahlengenauigkeit bei der Lösung numerischer Verfahren auf verschiedenen Systemen zu ganz unterschiedlichen Ergebnissen führen (Rundungsproblematik). Neben diesen Standardtypen werden bei vielen FORTRAN-Varianten
weitere Datentypen angeboten, z.B. INTEGER*2, REAL*16. Bei der Deklaration
von Tabellen werden neben der Anzahl der Dimensionen auch die jeweils oberen
Dimensionsgrenzen in Form einer positiven ganzen Zahl angegeben, die untere
Grenze ist immer 1. Ab FORTRAN 77 kann auch die untere Grenze und es können auch negative Werte als untere und obere Dimensionsgrenze explizit spezifiziert werden. Grundsätzlich sind Datenstrukturen in FORTRAN lokal definiert.
Sollen jedoch mehrere Programmeinheiten dieselben Datenstrukturen verwenden, so sind diese in einem bestimmten Hauptspeicherbereich (COMMON)
zusammenzufassen und ggf. mit einem Namen zu versehen. Alle Programmeinheiten, die eine COMMON-Anweisung mit derselben Kennzeichnung beinhalten,
teilen sich den betreffenden Speicherbereich.

Mit Hilfe der EQUIVALENCE-Anweisung ist es möglich, auf einen bestimmten
physischen Hauptspeicherbereich über mehrere Namen und auch mit unterschiedlichen Datenstrukturfestlegungen zugreifen zu können. Zur Zuweisung
von Anfangswerten zu Speicherbereichen wird die DATA-Anweisung verwendet.
Neben dieser eigenständigen Anweisung lassen auch viele FORTRAN-Varianten
eine Anfangswertzuweisung innerhalb der expliziten Datenstrukturdeklaration
zu. Anweisungsfunktionen dienen zur internen Strukturierung von Programmeinheiten und bestehen aus einem Namen, formalen Parametern und einem
arithmetischen Ausdruck; ihre Verwendung innerhalb der betreffenden Programmeinheit entspricht der von externen Funktionen. Eine Anweisungsfunk-
tion ist nur innerhalb der Programmeinheit bekannt, in der sie deklariert ist. Die
Deklaration externer Programme (EXTERNAL) ist notwendig, wenn bei einem
Funktionsaufruf ein externer Programmname ohne eigene Argumentenliste als
aktueller Parameter übergeben wird. Dadurch wird sichergestellt, daß der Übersetzer diesen Namen nicht als implizit deklarierte Variable, sondern als Funk-
tionsname identifiziert. Die Aufbereitung der internen Datendarstellung in die
Darstellung externer Medien erfolgt durch Ein-/Ausgabeformate (FORMAT).
Lese- und Schreibbefehle können über Anweisungsnummern die Bezüge zu diesen FORMAT-Anweisungen herstellen, um die so spezifizierten Darstel-
lungstransformationen ausführen zu können. Die Deklaration externer Programme und von Ein-/Ausgabeformaten kann auch im Programmrumpf erfolgen,
jedoch ist darauf zu achten, daß die EXTERNAL-Anweisung vor dem Unterpro-
grammaufruf steht, in dem der betreffende Unterprogrammname als aktueller
Parameter übergeben wird. Im Programmrumpf sind die ausführbaren Anweisungen zusammengefaßt.

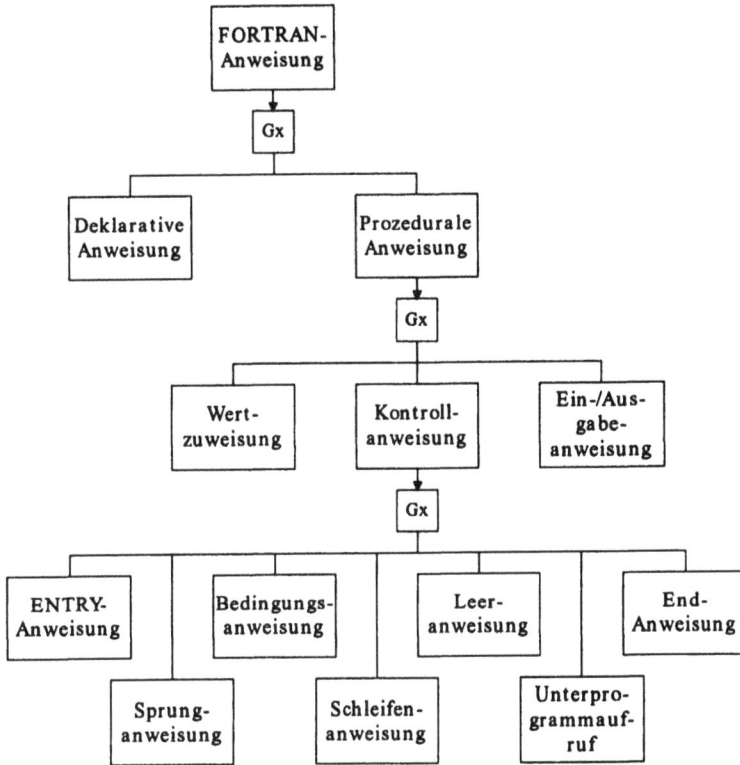

Abb. 5.4: Struktur von FORTRAN-Anweisungen

Ausführbare (prozedurale) Anweisungen werden in Wertzuweisungen, Kontroll-
und Ein-/Ausgabeanweisungen unterschieden (vgl. Abb. 5.4). Wertzuweisungen
dienen zur Belegung von Datenspeichern mit Werten, was übertragen dem
Gleichsetzen von Variablen mit Werten entspricht, so daß im folgenden der
Begriff Variable synonym für Datenspeicher verwendet wird. Durch Zuweisung
werden alte Speicherinhalte überschrieben. Gemäß dem Datentyp des Speichers
sind Wertzuweisungen in arithmetische, logische und alphanumerische einzutei-
len. Syntaktisch bestehen sie aus zwei durch das Zuweisungszeichen "="
getrennten Teilen; links vom Zuweisungszeichen steht der Name der Variablen,
der ein Wert zugewiesen wird, und rechts der zuzuweisende Wert oder ein Ausdruck zur Berechnung dieses Wertes. Dieser Ausdruck setzt sich aus Operanden,
d.h. Variablen, Konstanten und Funktionen, und datentypspezifischen Operatoren zusammen. Bei älteren FORTRAN-Versionen müssen grundsätzlich alle
Komponenten einer Wertzuweisung vom selben Datentyp sein, z.B. nur
INTEGER oder nur CHARACTER; dagegen lassen aktuelle Versionen in einge-

schränktem Maße auch gemischte Datentypen zu, z.B. INTEGER und REAL. Bei
einer Zuweisung werden zuerst die Bestandteile der rechten Seite - ohne deren
wertmäßige Veränderung - vollständig ausgewertet und dann der Variablen auf
der linken Seite zugewiesen, so daß dieselbe Variable auf der rechten und linken
Seite vorkommen kann. Die Auswertung eines Ausdrucks erfolgt prinzipiell von
links nach rechts, sie kann jedoch durch unterschiedliche Prioritäten der Operationen oder Klammersetzung unterbrochen werden. Bei den Zuweisungen von
Werten zu Variablen mit unterschiedlichen Datenlängen oder Datentypen müssen Anpassungen vorgenommen werden, die zu Datenverlusten, z.B. Genauig-
keitseinbußen durch Abschneiden von Dezimalstellen, führen können. Auch
Berechnungsfehler, wie Überlauf des Datenspeichers (overflow), Verlust von
Nachkommastellen (Rundungsfehler) und Division durch Null, müssen bei der
Konstruktion von Ausdrücken beachtet werden. Arithmetische Operatoren sind
Addition (+) und Subtraktion (-) mit der niedrigsten Priorität, Multiplikation (*)
und Division (/) sowie Exponentation (**) mit der höchsten Priorität. Logische
Operatoren sind Gleichheit (= oder .EQUAL.), logisches Und (.AND.), Oder
(.OR.), Negation (.NOT.) usw., darüber hinaus können Prioritäten angegeben
werden. Für Ausdrücke mit textlichen Operanden existiert nur ein Operator, die
Konkatenation (//), d.h. die Aneinanderreihung von Zeichenketten.

FORTRAN-Quelltext	Erläuterung

`ISUMME=ISUMME+IBETRAG`
`ISUMME=IBETRAG*IMENGE`
 	
`XMENGE=11.0`
`BETRAG=SUMME/XMENGE`
 	
`PUNKT1=(6.0,-1.0)`
`PUNKT2=PUNKT1*(2.0,0.0)`
 	
`BETRAG=14.78`
`MENGE=87`
`ISUMME=BETRAG*MENGE`
	Arithmetische Zuweisungen:
	• Zuweisung von INTEGER-Werten: ISUMME, IBETRAG, IMENGE sind als INTEGER-Variablen deklariert
	• Zuweisung von REAL-Werten: SUMME, BETRAG, XMENGE sind als REAL-Variablen deklariert
	• Zuweisung von COMPLEX-Werten: PUNKT1 und PUNKT2 sind als COM-PLEX-Variablen deklariert
	• Zuweisung von INTEGER- und REAL-Werten gemischt: ISUMME sowie MENGE sind als INTEGER-Variablen und BETRAG ist als REAL-Variable deklariert

`SCHALT=.TRUE.` `BEDING=ARITH1.LT.ARITH2`	Logische Zuweisungen: SCHALT und BEDING sind als LOGICAL-Variablen deklariert. ARITH1 und ARITH2 sind arithmetische Ausdrücke.

`TEXT1='Zeichenkette'`
`TEXT2=TEXT1(1:7)`
`TEXT3='Kette von '//TEXT2`
	Alphanumerische Zuweisungen: TEXT1, TEXT2 und TEXT3 sind als CHARAC-TER-Variablen deklariert.

Abb. 5.5: Beispiele für Wertzuweisungen in FORTRAN

Von diesen grundsätzlichen Festlegungen bei Wertzuweisungen gibt es zwei Ausnahmen: Zum einen die Nutzung arithmetischer und logischer Variablen, Ausdrücke und Zuweisungen zu Zwecken der Bearbeitung alphanumerischer Werte in Ermangelung eines eigenen Datentyps für Zeichenketten bei FORTRAN IV und früheren Versionen und zum anderen die Zuweisung von Anweisungsnummern zu INTEGER-Variablen mit Hilfe der ASSIGN-Anweisung.

End-Anweisung, ENTRY-Anweisung und Unterprogrammaufruf

Der logische Kontrollfluß innerhalb einer Programmeinheit beginnt prinzipiell mit der ersten ausführbaren Anweisung innerhalb der textlichen Befehlsfolge und endet mit einer Endeanweisung in Form eines STOP-, RETURN- oder END-Kommandos. Die STOP-Anweisung kann mehrfach innerhalb eines Programmsystems an unterschiedlichen Stellen verwendet werden; sie beendet den gesamten Programmablauf, unabhängig, in welcher Programmeinheit, z.B. einem Unterprogramm, sie zur Ausführung kommt, und gibt die Ablaufkontrolle zurück zum Betriebssystem. Die RETURN-Anweisung kann ebenfalls mehrfach vorkommen, jedoch nur in Unterroutinen und Funktionen; sie beendet das aktuelle Unterprogramm und gibt die Ablaufkontrolle an die aufrufende Programmeinheit zurück. Die Kennzeichnung des textlichen Endes der Anweisungen einer Programmeinheit durch den END-Befehl hat für den Ablauf bei Unterprogrammen die Wirkung einer RETURN-Anweisung und bei Hauptprogrammen die einer STOP-Anweisung; dies gilt nicht für ältere Versionen, bei denen die STOP-obligatorisch vor der END-Anweisung plaziert sein mußte. Bei Unterprogrammen ist es möglich, die Festlegung des Programmanfangs auf die erste ausführbare Anweisung zu modifizieren, indem mit Hilfe der ENTRY-Anweisung zusätzlich weitere Eingangsstellen, die auch unterschiedliche Übergabeparameter besitzen können, definiert werden. Eine weitere Möglichkeit, den interprozeduralen Kontrollfluß zu steuern, ist mit dem Aufruf von Unterprogrammen vorhanden. Der Aufruf von Unterroutinen (SUBROUTINE) erfolgt durch die CALL-Anweisung und der von Funktionen (FUNCTION) nur innerhalb von Ausdrükken durch die Nennung des Funktionsnamens.

Bedingungsanweisung

Bedingungsanweisungen dienen zur bedingten Ausführung von einer Anweisung oder Anweisungsfolgen. Wichtiger Bestandteil sind dabei die Bedingungen, mit denen die Auswahl der nächsten auszuführenden Anweisungen durchgeführt wird. Innerhalb von FORTRAN werden Bedingungsanweisungen mit Hilfe des IF-Befehls formuliert, der in arithmetischer, logischer und blockorientierter

Form auftreten kann. Innerhalb der arithmetischen IF-Anweisung wird das
Ergebnis eines vorgegebenen Ausdrucks, der einen INTEGER- oder REAL-Wert
liefern muß, auf kleiner, gleich und größer Null verglichen. In Abhängigkeit vom
Vergleichsergebnis wird der Programmablauf zu derjenigen Programmstelle verzweigt, die innerhalb der IF-Anweisung durch Angabe der Anweisungsnummer
bestimmt wurde. Die logische IF-Anweisung besteht aus einem Ausdruck, der die
Boolschen Werte ".TRUE." oder ".FALSE." liefert. Ist die Bedingung wahr, wird
die Anweisung innerhalb der IF-Anweisung ausgeführt. Die blockorientierte oder
strukturierte IF-Anweisung, die erst seit FORTRAN 77 zur Verfügung steht,
beinhaltet eine oder mehrere logische Bedingungen zur Auswahl der zu bearbeitenden Fälle, darüber hinaus sind jedoch auch die alternativen Anweisungsfolgen (Anweisungsblöcke) Bestandteil dieses Befehls. Es existieren verschiedene
Formen der IF-Anweisung, die einfache Form, bei der nur für den Wahrfall eine
bedingte Anweisungsfolge vorgesehen ist, die duale Form, bei der sowohl für den
Wahr- als auch Falschfall eine eigene Folge vorhanden ist und die multiple Form
mit mehreren alternativen Fällen. Bei der multiplen IF-Anweisung besitzt jede
Alternative - mit Ausnahme der letzten - eine eigene logische Bedingung, deren
zugehöriger Anweisungsblock nur im Wahrfall ausgeführt wird. Besitzt die letzte
Alternative innerhalb der multiplen IF-Anweisung keine eigene Bedingung, so
wird der entsprechende Anweisungsblock immer dann ausgeführt, wenn keine
andere Alternative zutrifft (Otherwise-Fall). Nach Ausführung eines Anwei-
sungsblocks verzweigt der Kontrollfluß zur ersten Anweisung nach dem zugehörigen END IF-Schlüsselwort. Die Anweisungsfolge einer Alternative kann zwar
mit Hilfe eines Sprungbefehls zu einer anderen Programmstelle verlassen werden, ein Sprung in eine solche Anweisungsfolge ist jedoch nicht erlaubt.

FORTRAN-Quelltext	Erläuterung
| ```
10 IF (ISUM-100) 20, 30, 40
   ...
20 ...
   ...
30 ...
   ...
40 ...
   ...
``` | Arithmetische IF-Anweisung |
| ```
10 IF (ISUM.LT.100) GOTO 20
   ...
20 ...

   IF (ISUM.LT.100) ISUM=100
``` | Logische IF-Anweisung |
| ```
   IF (ISUM.LT.100) THEN
      ...
   END IF
   IF (ISUM.LT.100) THEN
      ...
   ELSE
      ...
   END IF
   IF (ISUM.LT.100) THEN
      ...
   ELSE IF (ISUM.LT.200) THEN
      ...
   ELSE IF (ISUM.LT.300) THEN
      ...
   ELSE
      ...
   END IF
``` | Blockorientierte IF-Anweisung<br>• einfache IF-Anweisung<br><br><br><br>• duale IF-Anweisung<br><br><br><br><br><br>• multiple IF-Anweisung<br>(Fallunterscheidung) |

Abb. 5.6: Beispiele für Bedingungsanweisungen in FORTRAN

Schleifenanweisungen und Leeranweisung

Schleifenanweisungen dienen zur iterativen Ausführung von Anweisungen. Innerhalb von FORTRAN werden explizite und implizite Schleifenanweisungen unterschieden. Mit expliziten Schleifen können mehrere unterschiedliche Anweisungen wiederholt ausgeführt werden, während implizite ausschließlich auf Ein-/Ausgabebefehle beschränkt sind und zur iterativen feldweisen Bearbeitung von mehrdimensionalen Variablen verwendet werden. Implizite Schleifenanweisungen werden bei der Darstellung der Ein-/Ausgabeanweisungen erläutert.

Eine explizite Schleife besteht aus dem DO-Schlüsselwort, einer Anweisungsnummer, die den letzten auszuführenden Befehl der Schleife referenziert, der textlich nach dem Schleifenkopf plaziert sein muß, einer numerischen Variablen, die als Schleifenzähler fungiert, und jeweils einem Ausdruck zur Initialisierung
```

und Endkennzeichnung der Repetition. Das standardmäßige Schleifeninkrement ist 1, jedoch kann dafür auch optional ein INTEGER-Ausdruck verwendet werden. Beim ersten Durchlauf der Schleife wird der Zähler gemäß dem Initialisierungsausdruck gesetzt, bei jeder weiteren Repetition um den Inkrementwert hochgezählt, so lange bis der Wert des Endeausdrucks überschritten ist und der Schleifenablauf unterbrochen wird. Initialisierungs-, Inkrement- und Endwert können zwar während der Schleifenverarbeitung genutzt, jedoch nicht verändert werden; der Zähler ist nutz- und veränderbar. Als letzter ausführbarer Befehl einer Schleife darf keine Kontrollanweisung (IF, GOTO, STOP) und keine nicht-ausführbare Anweisung (FORMAT) verwendet werden; um in diesen Fällen auch das Schleifenende festlegen zu können, existiert die Leeranweisung (CONTINUE), die zwar als ausführbare charakterisiert wird, jedoch keine Wirkung während der Ausführung besitzt. Die Verwendung der Leeranweisung erhöht die Übersichtlichkeit von Schleifenkonstrukten, so daß sie generell als Endeanweisung empfohlen wird. Schleifenanweisungen dürfen zwar ineinander geschachtelt werden, sich jedoch nicht überlappen. Der Sprung aus einer Schleife ist erlaubt; ein Sprung in die Anweisungsfolge einer Schleife führt zu einer Verarbeitung, bei der die Schleifenanweisung ignoriert wird.

FORTRAN-Quelltext	Erläuterung
DO 10 INDEX=1,20 ... 10 CONTINUE	Schleifenanweisung: Die Befehle nach der DO-Anweisung einschließlich CONTINUE werden hintereinander zwanzigmal ausgeführt.

Abb. 5.7: Beispiele für Schleifenanweisungen in FORTRAN

Sprunganweisung

Die Sprunganweisung dient zur Unterbrechung des originären textlich-sequentiellen Kontrollablaufs und der Verzweigung zu einem Befehl an einer anderen Programmstelle. Sie ist nach heutigem Programmverständnis verpönt, jedoch mußte sie bei älteren FORTRAN-Versionen häufig benutzt werden, da keine anderen adäquaten Kontrollanweisungen vorhanden waren. Innerhalb von FORTRAN werden explizite und implizite Sprunganweisungen unterschieden. Explizite Sprünge werden mit Hilfe des GOTO-Befehls realisiert, während implizite bei der Verarbeitung von Ausnahmebedingungen innerhalb von Ein-/Ausgabeanweisungen verwendet werden. Bei der Darstellung der Ein-/Ausgabeanweisungen erfolgt die Erläuterung der impliziten Sprunganweisungen. Die explizite Schleifenanweisung in FORTRAN kommt in drei unterschiedlichen

Formen vor: Die unbedingte oder einfache, arithmetische und gesetzte Sprunganweisung.

FORTRAN-Quelltext	Erläuterung
10 GOTO 20 ... 20	Einfache GOTO-Anweisung: beliebige Pro-grammstellen (auch vor der IF-Anwei-sung) können durch die Sprungmarken referenziert werden.
GOTO (10, 20, 30) INDEX	Arithmetische GOTO-Anweisung
GOTO IMARKE (20, 30, 40)	Gesetzte GOTO-Anweisung

Abb. 5.8: Beispiele für Sprunganweisungen in FORTRAN

Ein-/Ausgabeanweisungen

Sie bilden die Schnittstelle eines FORTRAN-Programms zu seiner Umgebung,
um die externe Datenversorgung, -haltung, -abgabe und -konvertierung zu
ermöglichen. FORTRAN besitzt mit seinen "Kanälen" (units) ein einheitliches
logisches Konzept zur Anbindung und Bedienung unterschiedlicher Ein-/Ausga-
begeräte. Programmintern wird jeder ein- oder ausgehende Datenstrom mit einer
Kanalnummer zwischen 1 und 99 verknüpft, auf die sich dann alle zugehörigen
Ein-/Ausgabebefehle beziehen. Bei der Einbettung eines FORTRAN-Programms
in eine Laufzeitumgebung werden die festgelegten Kanalnummern - ohne weiteren Eingriff in das Quellprogramm - mit den physischen Dateien oder Geräten
verbunden, z.B. beim IBM/MVS-Betriebssystem durch entsprechende JCL- oder
TSO-Befehle.[13] Innerhalb eines FORTRAN-Programms werden alle deklarierten
Kanäle als logische Dateien behandelt, die speziell festgelegte oder standardmäßig angenommene Merkmale aufweisen, z.B., ob die Sätze einer Datei sequen-
tiell oder wahlfrei verarbeitet werden. Gemäß diesen Eigenschaften sind bei
einer Datei nur bestimmte Ein-/Ausgabeanweisungen anwendbar, die jeweils
noch zu unterschiedlichen Verarbeitungsaktionen führen können.

---

[13] Neuere FORTRAN-Varianten - insbesondere auf Arbeitsplatzrechnern - bieten auch
die Möglichkeit, innerhalb des Quellprogrammtextes einen physischen Namen in
Form einer Konstanten oder als CHARACTER-Variable, die zur Ausführungszeit den
Namen enthalten muß, zu deklarieren und mit einer Kanalnummer zuzuordnen.

Die Verknüpfung dieser Dateimerkmale mit einer Kanalnummer erfolgt über die OPEN-Anweisung[14] und wird vom FORTRAN-Compiler zur Übersetzungszeit ausgewertet. Während des Programmablaufs bewirkt die Ausführung der OPEN-Anweisung darüber hinaus die Kopplung der logischen Datei mit dem physischen Datenbestand oder Ein-/Ausgabegerät sowie die Initialisierung von speziellen Anfangszuständen, z.B. wird bei einer Datei mit sequentieller Speicherform der Satzzeiger (record pointer) auf den ersten Dateisatz positioniert. Mittels der CLOSE-Anweisung wird diese Verknüpfung zwischen Programm und externem Medium wieder getrennt.

FORTRAN verarbeitet numerische und logische Daten in der jeweiligen rechnerabhängigen internen Darstellungsform. Erfolgt der Datentransfer zu einem externen Medium in diesem internen Datenformat, d.h., es muß keine Konvertierung vorgenommen werden, verbunden mit einer gewissen Laufzeitersparnis, so handelt es sich um eine formatfreie Ein-/Ausgabe. Ist dagegen beim Transfer eine Aufbereitung der Daten gemäß einer expliziten oder impliziten Formatangabe notwendig, spricht man von formatgebundener Ein-/Augabe, z.B. für die Ausgabe von Daten in einer druckaufbereiteten Form.

Neben dem Zugriff auf externe, ermöglicht FORTRAN auch die Bearbeitung interner Dateien. Es handelt sich dabei um Hauptspeicherbereiche des betreffenden Programms, die durch eine CHARACTER-Variablendeklaration festgelegt

---

[14] Ältere FORTRAN-Versionen lassen nur die Bearbeitung sequentieller Dateien zu und beinhalten eine feste Zuordnung zwischen Kanalnummern und speziellen Geräten, z.B. ist die Nummer 5 der Terminaltastatur und 6 dem Bildschirm zugeordnet. Die Datei- und Zugriffscharakteristika sind dadurch feste Parameter, was ein explizites Deklarieren überflüssig macht. Mit dem ersten Lese- oder Schreibbefehl innerhalb des Programmablaufs wurde die logische Datei mit dem physischen Medium verknüpft und in den Anfangszustand versetzt. Bei Programmende wurde diese Verknüpfung getrennt. Diese Standardannahmen und -zuordnungen wurden in neuere FORTRAN-Versionen übernommen und gelten immer dann, wenn kein explizites Dateiöffnen oder -schließen durch eine OPEN- oder CLOSE-Anweisung vorgenommen wird.

Auch zu Zeiten der älteren FORTRAN-Versionen war es mitunter notwendig, Dateien mit direkten Zugriffsmöglichkeiten zu bearbeiten. Zu diesem Zweck bieten einige Compiler, z.B. von der IBM, mit der DEFINEFILE-Anweisung eine Spracherweiterung zur Deklaration der benötigten Datei- und Zugriffsmerkmale an. Diese Anweisung dient jedoch nicht zum Öffnen der Datei, was weiterhin implizit durch die Ausführung des ersten Lese- oder Schreibbefehls vorgenommen wird.

wurden, die Merkmale sequentieller Datenbestände besitzen und nur durch formatgebundene Ein-/Ausgabebefehle gelesen oder beschrieben werden können. Diese internen Dateien werden vorrangig zur Datenzwischenspeicherung und Konvertierung zwischen verschiedenen Darstellungsformaten verwendet.

Das Lesen und Schreiben von Datensätzen aus einer bzw. in eine Datei erfolgt mit Hilfe der READ- und WRITE-Anweisung. Diese Anweisungen beinhalten jeweils die Kanalnummerzuordnung, eine Liste der einzulesenden oder auszugebenden Variablen (Ein-/Ausgabeliste) und eine Referenz (Anweisungsnummer oder eine CHARACTER-Variable bei einer expliziten und "*" bei einer impliziten listengesteuerten Formatangabe) bei formatgebundenem Transfer. Die Ein-/Ausgabeliste kann aus der Namensaufzählung der betroffenen Variablen oder einem einzelnen Namen bestehen, dem mittels der NAMELIST-Anweisung eine Variablenaufzählung zugeordnet wurde. Für die formatgebundene, explizite Ein-/Ausgabe werden eine Vielzahl unterschiedlicher Konvertierungs- und Gerätesteuerungsmöglichkeiten angeboten, die einerseits sehr mächtig sind, aber andererseits auch sehr unübersichtlich werden können. Zur formatgebundenen Ausgabe von Matrizen können innerhalb der Formatangaben implizite Schleifen verwendet werden, die eine kompakte Darstellung der Variablenliste ermöglichen.

Im Normalfall wird nach der Ausführung eines Ein-/Ausgabebefehls der Programmablauf mit der nächsten Anweisung des Programmtextes fortgesetzt. Bei einigen Ein-/Ausgabeanweisungen (OPEN, READ, WRITE usw.) können jedoch explizit bestimmte Ausnahmebedingungen bei der Bearbeitung erkannt und durch Änderung des Kontrollflusses behandelt werden, z.B. das Ende einer Datei (EOF) beim sequentiellen Lesen. Die Änderung des Programmablaufs in einem solchen Ausnahmefall erfolgt durch die Referenzierung einer Anweisungsnummer innerhalb der Ein-/Ausgabeanweisung, zu der beim Eintritt der Ausnahmebedingung der Kontrollfluß verzweigt wird. Damit besitzen diese Befehle zusätzlich den Charakter von Kontrollanweisungen.

Neben den bereits angesprochenen Ein-/Ausgabeanweisungen existieren noch eine Reihe redundanter Befehle, z.B. ACCEPT, TYPE, PRINT, und Befehle zur Gerätesteuerung, z.B. REWIND, BACKSPACE, DELETE, die jedoch nicht weitergehend betrachtet werden.

5.1.2 Unterschiede einzelner Sprachversionen

Die Unterschiede werden nach einzelnen Bereichen und Sprachversionen aufgeteilt, so daß bei der Analyse eines konkreten Programms die Besonderheiten
sofort ins Auge fallen.

Allgemeine Einschränkungen

* Maximale Anzahl von Programmanweisungen innerhalb eines Überset-
  zungslaufes: 9.999 in FORTRAN II, 99.999 in FORTRAN IV, zwischen
  32.767 und 99.999 bei verschiedenen Compilerversionen.
* Maximale Anzahl von Fortsetzungszeilen (-karten) je Programmanweisung:
  5 in FORTRAN II, 19 in FORTRAN IV, zwischen 4 und unbegrenzt bei
  verschiedenen Compilerversionen.
* Deklarationsanweisungen müssen vor den ersten ausführbaren Anweisungen stehen: erforderlich in FORTRAN II und FORTRAN IV, nicht erforderlich bei verschiedenen Compilerversionen.

Konstanten- und Variablengenauigkeit

* Maximale Anzahl von Ziffern bei Konstanten vom Typ INTEGER: nicht
  festgelegt in FORTRAN II und FORTRAN IV, zwischen 5 und 20 bei verschiedenen Compilerversionen.
* Maximaler Wertebereich bei Variablen vom Typ INTEGER: nicht festgelegt
  in FORTRAN II und FORTRAN IV, zwischen 2^{16}-1 und 2^{119}-1 bei verschiedenen Compilerversionen.
* Maximale Anzahl von Ziffern bei Konstanten vom Typ REAL: nicht festgelegt in FORTRAN II und FORTRAN IV, zwischen 7 und 20 bei verschiedenen Compilerversionen.
* Maximaler Wertebereich bei Variablen vom Typ REAL: nicht festgelegt in
  FORTRAN II und FORTRAN IV, zwischen 10^{38} und 10^{322} bei verschiedenen Compilerversionen.
* Maximale Anzahl von Ziffern bei Konstanten vom Typ
  DOUBLE PRECISION: nicht festgelegt in FORTRAN II und FORTRAN IV,
  zwischen 11 und 29 bei verschiedenen Compilerversionen.
* Maximaler Wertebereich bei Variablen vom Typ DOUBLE PRECISION:
  nicht festgelegt in FORTRAN II und FORTRAN IV, zwischen 10^{76} und
  10^{616} bei verschiedenen Compilerversionen.
* Maximale Anzahl von Zeichen bei Namen von Bezeichnern: 5 in
  FORTRAN II, 6 in FORTRAN IV, zwischen 6 und unbegrenzt bei verschie-
  denen Compilerversionen.

Variablentypen und Operationen

- Gemischter Arithmetikmodus: nicht festgelegt in FORTRAN II und FORTRAN IV, nicht erlaubt oder erlaubt bei verschiedenen Compilerversionen.

- Logisches IF und Bedingungen: nicht vorhanden in FORTRAN II, vorhanden in FORTRAN IV, nicht vorhanden oder vorhanden bei verschiedenen Compilerversionen.

- DOUBLE PRECISION-Operationen: nicht vorhanden in FORTRAN II, vorhanden in FORTRAN IV, nicht vorhanden oder vorhanden bei verschiedenen Compilerversionen.

- COMPLEX-Operationen: nicht vorhanden in FORTRAN II, vorhanden in FORTRAN IV, nicht vorhanden oder vorhanden bei verschiedenen Compilerversionen.

- LOGICAL-Operationen: nicht vorhanden in FORTRAN II, vorhanden in FORTRAN IV, nicht vorhanden oder vorhanden bei verschiedenen Compilerversionen.

- DATA-Anweisung: nicht vorhanden in FORTRAN II, vorhanden in FORTRAN IV, nicht vorhanden oder vorhanden bei verschiedenen Compilerversionen.

- Laufzeit-FORMAT-Anweisung: nicht vorhanden in FORTRAN II, vorhanden in FORTRAN IV, nicht vorhanden oder vorhanden bei verschiedenen Compilerversionen.

- Bedingungsprüfung bei Schleifenanweisungen: In FORTRAN IV wird die Prüfung der Bedingung am Schleifenende und in FORTRAN 77 standardmäßig am Anfang durchgeführt.

Tabellen und gemeinsame Speicherbereiche

- Dimensionierung in Deklarationsanweisungen: nicht vorhanden in FORTRAN II, vorhanden in FORTRAN IV, nicht vorhanden oder vorhanden bei verschiedenen Compilerversionen.

- Benannter COMMON: nicht vorhanden in FORTRAN II, vorhanden in FORTRAN IV, nicht vorhanden oder vorhanden bei verschiedenen Compilerversionen.

- Maximale Anzahl der Dimensionen in Feldern: 2 in FORTRAN II, 3 in FORTRAN IV, zwischen 3 und unbegrenzt bei verschiedenen Compilerversionen.

- Einstellbare Dimensionen: nicht vorhanden in FORTRAN II, vorhanden in FORTRAN IV, nicht vorhanden oder vorhanden bei verschiedenen Compilerversionen.

• Null oder negative Subskription: nicht vorhanden in FORTRAN II und FORTRAN IV, nicht vorhanden oder vorhanden bei verschiedenen Compilerversionen.

• Subskript besteht aus einem beliebigen Ausdruck mit subskribierten Variablen: nicht vorhanden in FORTRAN II und FORTRAN IV, nicht vorhanden oder vorhanden bei verschiedenen Compilerversionen.

Unterprogramme

• ENTRY-Anweisung: nicht vorhanden in FORTRAN II und FORTRAN IV, nicht vorhanden oder vorhanden bei verschiedenen Compilerversionen.

• Nichtstandard-RETURN-Anweisung: nicht vorhanden in FORTRAN II und FORTRAN IV, nicht vorhanden oder vorhanden bei verschiedenen Compilerversionen.

5.2 Besonderheiten der Programmiersprache

Ausgehend von der sehr hardware-orientierten und aufwendigen Programmierung auf Assembler-Ebene stand zu Beginn der FORTRAN-Entwicklung das Bestreben, eine auf numerische Problemstellungen ausgerichtete sowie leicht und schnell anwendbare Programmiersprache zur Verfügung zu stellen. Um diesen Anforderungen gerecht zu werden, wurden sehr kompakte, oft implizite und mathematisch orientierte Sprachspezifikationen gewählt, die eine schnelle und leistungsfähige Programmierung numerischer Algorithmen ermöglichten (Ad-hoc-Programmierung). Darüber hinausgehende programmtechnische Aspekte wurden - soweit diese zur damaligen Zeit überhaupt bekannt waren - nur unzureichend oder gar nicht in den frühen FORTRAN-Versionen berücksichtigt, z.B. Text- und Dateiverarbeitung.

Der durch die enge und problemzentrierte Sprachspezifikation erlangte Vorteil einer schnellen und unmittelbar programmtechnischen Umsetzbarkeit numerischer Lösungsalgorithmen bei kleinen und mittelgroßen Problemstellungen kehrte sich mit zunehmender Programmgröße und Ausweitung des Anwen-

dungsbereichs zum Nachteil um.[15] Trotz permanenter Anpassung der
FORTRAN-Sprache an die Entwicklungs- und Wartungsanforderungen großer
und im Anwendungsbereich ausgedehnter Programmsysteme sowie neuer
Erkenntnisse der Software-Technik wurden mit veralteten Techniken noch lange
umfangreiche Programmsysteme entwickelt.[16] Die im folgenden dargestellte
Programmstruktur und ihre Besonderheiten müssen immer vor diesem Hintergrund gesehen und bewertet werden.

5.2.1 Verwendung von Bezeichnern

Namensgebung

In FORTRAN werden Programmeinheiten, Variablen und Speicherbereiche mit
Namen versehen, die unter Beachtung formaler Regeln vom Programmierer frei
gewählt werden können. Diese formalen Regeln sind jedoch sehr restriktiv; so
dürfen z.B. Namen nur eine maximale Länge von sechs Zeichen (FORTRAN IV
und FORTRAN 77) besitzen, was meist zu kryptischen und damit unverständli-
chen Namen führt. Insbesondere bei großen Programmsystemen mit vielen
Bezeichnern wurde die Festlegung der Namen nach rein formalen Kriterien (z.B.
ein Anfangsbuchstabe als Kennzeichnung für den Typ und dann eine fortlaufen-
de Numerierung) vorgenommen, so daß zwischen Namen und inhaltlicher

---

[15] Eine ähnliche Entwicklung ist heute bei den Sprachen der vierten Generation festzu-
stellen. Sie wurden originär zur schnellen und komfortablen Manipulation und
Abfrage von Datenbanken sowie zur Aufbereitung der Abfrageergebnisse in Form von
Berichten entwickelt, zunehmend werden sie jedoch als universelle Programmiersprachen zur Realisierung kompletter Anwendungssysteme eingesetzt. Dabei erweisen
sich die ursprünglichen Sprachkonstrukte und -konzepte nicht mehr als ausreichend
bzw. sogar als hinderlich, wenn nachträglich eine erweiterte oder veränderte Sprach-
konzeption auf dem Bestehenden "aufgepfropft" werden muß. Die Sprache
NATURAL, bei der das anfängliche Sprachkonzept (NATURAL 1) - insbesondere konstruiert zur Unterstützung von Ad-hoc-Datenbankoperationen und für deren drucktechnische Aufbereitung - auf eine universelle Programmiersprache erweitert wurde
(NATURAL 2), ist ein Beispiel hierfür. Bei einer Übertragung der inzwischen ent-
standenen großen Menge an NATURAL-1-Programmen nach NATURAL 2 sind ähnliche Probleme wie bei der Übertragung von einer FORTRAN-Version zur nächst-
höheren zu lösen.

[16] Der Grund hierfür liegt u.a. in der nur sehr zögerlichen und langsamen Veränderung
des Programmierstils der Systementwickler, die durch die insbesondere von der IBM
praktizierte "Aufwärtskompatibilität" der Compiler noch unterstützt wird.

Bedeutung/Verwendung keinerlei Zusammenhang mehr besteht. Die Forderung nach mnemonischem Charakter von Programmbezeichnern wird damit massiv eingeschränkt.

Initialisierung von Variablen

Die explizite Anfangswertbelegung von Variablen erfolgt mit Hilfe der DATA-Anweisung oder auch compiler-spezifisch direkt bei der Variablendeklaration. Sie wird während der Programmausführung nur einmal zu Beginn durchgeführt, auch wenn die Programmeinheit mehrfach durchlaufen wird, z.B. bei Unterprogrammen. Ist die Anfangswertzuweisung bei jeder Ausführung eines Unterprogramms erforderlich, müssen explizite Wertzuweisungen verwendet werden. Die explizite Initialisierung von Variablen eines COMMON-Bereichs muß in einer speziellen Programmeinheit, dem BLOCK DATA-Unterprogramm, vorgenommen werden, das unmittelbar zu Beginn eines Programmlaufs systeminitiiert zur Ausführung gebracht wird. Bei allen anderen Variablen muß die Anfangswertbelegung spätestens vor deren erster Verwendung in einer ausführbaren Anweisung vorgenommen sein.

Einige Compiler initialisieren selbständig Variablen, denen nicht explizit ein Anfangswert zugewiesen wurde, mit bestimmten Standardwerten, z.B. numerische Variable mit Null und Textvariable mit Leerzeichen. Die Ausnutzung dieser Compiler-Eigenschaft bei der Programmierung ist sehr bequem und daher auch sehr verbreitet. Sie birgt jedoch beim Wechsel des Compilers aufwendig zu lokalisierende Fehlerquellen, wenn hinsichtlich dieser Eigenschaft die Kompatibilität zwischen den beiden Systemen nicht vollständig sichergestellt ist.[17]

Verwendung von Konstanten

Konstanten konnten in älteren FORTRAN-Versionen nur jeweils bei den betreffenden Anweisungen explizit angegeben werden. Sollten Konstanten einen symbolischen Namen erhalten, der dann im Programmtext anstelle der Konstanten

---

[17] Erfolgt z.B. eine Programmübertragung von einem Compiler mit impliziter Anfangswertzuweisung zu einem ohne, so ist bei nicht explizit initialisierten Variablen der Anfangswert von der aktuellen Speicherbelegung und -zuordnung abhängig. Die Folge ist, daß die Programmberechnungen in der neuen Umgebung mal richtig und mal falsch ablaufen.

verwendet wird,[18] mußte eine Variable mit Anfangswertzuweisung zu diesem Zweck "mißbraucht" werden. Sollte sie für mehrere Programmeinheiten global gelten, mußte sie in einem COMMON-Bereich deklariert und innerhalb eines BLOCK-DATA-Unterprogramms initialisiert werden.

Der Nachteil dieser als Konstanten verwendeten Variablen liegt in einer möglichen unbeabsichtigten Wertänderung durch Zuweisung während der Programmausführung. Ab FORTRAN 77 gibt es die PARAMETER-Anweisung, die eine explizite Benennung symbolischer Konstanten ermöglicht. Sie gilt jedoch nur in der Programmeinheit, in der sie deklariert ist. Bezweckt man eine globale Gültigkeit und will man die wiederholte Kodierung in jeder Programmeinheit vermeiden, muß der Parameter in einem Quellkodeabschnitt (Copy-Strecke) deklariert werden, der durch den Compiler oder eine Precompiler-Routine in alle Programmeinheiten automatisch eingefügt wird, z.B. bei einigen Compilern mit Hilfe der Steueranweisung INCLUDE.

Verwendung von Variablen

Aufgrund der anfänglichen Speicherknappheit und des statischen Speicherverwaltungskonzeptes von FORTRAN wurden Variablen an verschiedenen Stellen innerhalb einer Programmeinheit mit mehreren unterschiedlichen fachlichen oder programmtechnischen Inhalten belegt, z.B., eine Variable enthält die Indizes verschiedener Schleifenkonstrukte. Eine Trennung von Kontrollvariablen und fachlichen Variablen wurde meist nicht vorgenommen, z.B. der inhaltliche Schlüssel "999..." wird oft als Endekriterium verwendet. Diese Mehrfachverwendung von Variablen beeinflußt die Übersichtlichkeit (Nachvollziehbarkeit) des Programmtextes in hohem Maße negativ, die inhaltliche Lokalität von Variablen - auch programminternen - wird damit eingeschränkt, was bei Änderungen zu unvorhergesehenen Seiteneffekten führen kann.

Typisierung von Variablen

Wie bereits in Abschnitt 5.1 dargestellt, existieren in FORTRAN mehrere Standarddatentypen, die jedoch bei einigen Versionen vor FORTRAN 77 oft nicht im Sinne der ursprünglichen Sprachdefinition verwendet werden. So wurden bei der Bearbeitung von Texten - mangels eines eigenen Textdatentyps - die vorhandenen Datentypen in ihrer Verwendung durch den Programmierer umdefiniert.

---

[18] Dies dient zum einen zur Einsparung von Kodierarbeit und zum anderen zur schnellen und sicheren Anpassung an geänderte Parameterwerte, da nur an einer Stelle des Programms die Änderung vorgenommen werden muß.

Gültigkeitsdauer von Variablen

Die Variablen eines Hauptprogramms und gemeinsamer Speicherbereiche (COMMON) sind während einer gesamten Programmlaufzeit gültig, d.h., die entsprechenden Speicherplätze werden beim Laden des Programms angelegt und bis zum Programmende beibehalten. Auf Werte, die diesen Variablen zugewiesen wurden, kann zwar nicht von jeder Programmeinheit aus zugegriffen werden, jedoch gehen sie nicht verloren. Die Gültigkeitsdauer von in Unterprogrammen definierten Namen ist standardmäßig auf die jeweilige Ausführungszeit des Unterprogramms beschränkt.

Viele ältere FORTRAN-Umgebungen lassen jedoch die Wertebelegung der Variablen bestehen, so daß bei einem Wiedereintritt in eine Programmeinheit die alten Werte wiederverwendbar sind. Lag diese Eigenschaft vor, wurde sie auch vielfach in der Programmierung ausgenutzt. Bei der Übertragung in eine andere Laufzeitumgebung kann es dann zu unerwarteten Ergebnissen kommen, wenn das neue System eine andere Verhaltensweise aufweist, z.B. bei ausreichendem Speicherplatz werden die alten Werte belassen, jedoch bei Speicherplatzbedarf kommt es zu einer Überschreibung. In neuen FORTRAN-Versionen können Variablen explizit durch die SAVE-Anweisung gesichert werden.

Genauigkeit der Variablenrepräsentation

Die Wertebereiche von FORTRAN-Variablen unterliegen keiner Standardisierung, sondern sind in hohem Maße von der Architektur des zugrundeliegenden Rechnersystems abhängig. Es werden grundsätzlich zwei Klassen von Rechnern unterschieden, die Wort- und die Byte-Maschinen. Der Hauptspeicher von wortorientierten Rechnern ist in Einheiten fester Länge (Speicherwort) partitioniert, auf die nur insgesamt zugegriffen werden kann. Neben dem Speicher sind auch alle anderen Bausteine wie Rechenwerk, Register und Datenbus auf die jeweilige Wortlänge ausgerichtet; typische Wortlängen sind 16, 32 und 64 Bits [Hansen/87, S. 126], aber auch andere Längen, z.B. 36 Bits bei der Univac 1108, sind möglich. Soll bei einer Wortmaschine auf eine kleine Speichereinheit, z.B. ein Byte, zugegriffen werden, so muß das Speicherwort, in dem sich das betreffende Byte befindet, in den Prozessor übertragen und der Inhalt des Byte durch Verschiebe- oder Rechenoperationen extrahiert werden. Eine zusätzliche Eigenschaft von Wortmaschinen ist die teils obligatorische teils optionale Ausrichtung von Variablen auf bestimmte Speicherplatzgrenzen (alignment), was dazu führt, daß die Aufteilung der Hauptspeicherplätze auf Variablen nicht fortlaufend ist, sondern daß Belegungslücken auftreten können. Mit zunehmender Zeichenverarbeitung und Vergrößerung der hardware-bezogenen Adreßräume wurden Byte-

Rechner entwickelt, deren kleinste adressierbare Einheit ein Byte ist;[19] sie können jedoch auch mehrere Bytes gemeinsam verarbeiten.

Die Implementierung von FORTRAN-Variablen ist an der jeweiligen Rechnerarchitektur ausgerichtet, z.B. wird meist eine INTEGER- oder REAL-Variable
einem Speicherwort zugeordnet, unabhängig, wieviel Bit das Speicherwort
umfaßt. Dadurch ergeben sich bei unterschiedlichen Maschinen auch unterschiedliche Wertebereiche für die Variablen eines Typs, was bei der Migration in
eine andere Hardware-Umgebung zu aufwendigen Anpassungsaufgaben führen
kann. Dabei erweisen sich die impliziten Deklarationsmöglichkeiten und die
standardmäßige "Nichtbeachtung" von Fehlerzuständen bei FORTRAN als
besonders aufwandssteigernd und problematisch. Wird z.B. eine Migration von
einer 36-Bit- auf eine 32-Bit-Maschine durchgeführt, kann das FORTRAN-Programm in vielen Fällen ohne Änderung problemlos übertragen werden. Treten
jedoch innerhalb der Programmausführung sehr große Zahlen oder solche mit
sehr vielen Nachkommastellen auf, kommt es zu Überlauf- (overflow) und Run-
dungsfehlern, die nur sehr schwer zu identifizieren und lokalisieren sind.

Bedingt durch die Alignment-Eigenschaft können bei IBM-Rechnern Probleme
mit unterschiedlichen Datentypen in Verbindung mit der EQUIVALENCE-Anweisung auftreten [Hughes/78, S. 243]. Der Typ DOUBLE PRECISION belegt
ein Doppelwort (8 Bytes) und REAL ein Wort (4 Bytes) im Speicher. Sollen zwei
Variablen dieser beiden Typen gemäß Abb. 5.9 überlagert werden, so kann es
vorkommen, daß die Variable R ab einer Wortgrenze gespeichert wird, die nicht
gleichzeitig eine Doppelwortgrenze darstellt. Dadurch wird die beabsichtigte
Überlagerung des ersten Wortes von D durch R nicht erreicht und es kommt zu
einem Programmfehler. Das Problem ist vermeidbar, wenn in der EQUIVA-
LENCE-Anweisung zuerst die Variable D und dann R aufgeführt wird.

---

[19] Die Kodierung eines alphanumerischen Zeichens, z.B. in EBCDIC oder ASCII, kann
in einem Speicher-Byte hinterlegt werden, so daß Byte-Maschinen unmittelbar auf
einzelne Zeichen zugreifen können.

FORTRAN-Quelltext
REAL R
DOUBLE PRECISION D
EQUIVALENCE (R,D)

Abb. 5.9: Alignment-Probleme bei Speicherüberlagerung

Verschlüsselung von Zeichenketten

Zur rechnerinternen Darstellung alphanumerischer Zeichen werden Kodierungs-
tabellen eingesetzt, in denen jedes Zeichen einer festen Binärkombination zugeordnet ist. Die ersten Verschlüsselungstabellen wurden durch die IBM eingeführt (BCD, EBCDIC) und entwickelten sich zum De-facto-Standard für den
Großrechnerbereich. Bei den Arbeitsplatz- und Bereichsrechnern setzte sich
dagegen die ASCII-Kodierung durch, die von der amerikanischen Standardisierungsbehörde ANSI als allgemeine Norm zum Austausch von elektronisch
gespeicherten Daten festgelegt wurde. Die Migration von FORTRAN-Programmen von Großrechnern zu kleineren Rechnertypen beinhaltet daher meist auch
eine Umstellung der Verschlüsselungstabellen, z.B. von EBCDIC zu ASCII. Da
es sich um einen internen Implementierungsaspekt handelt, erfolgt die Umsetzung automatisch. Wurde jedoch innerhalb der Programme direkt auf die
Kodierwerte zugegriffen bzw. wurden diese manipuliert - was bei vielen älteren
FORTRAN-Programmen der Regelfall und bei neueren auch nicht ungewöhnlich
ist - führt natürlich die Umstellung zu konkreten, meist sehr aufwendigen Änderungen im Quellprogramm.[20]

Trennung zwischen Schlüsselwörtern und Bezeichnern

Im Gegensatz zu anderen Programmiersprachen sind in FORTRAN die spezifischen Wortsymbole wie IF, GOTO usw. nicht als reservierte Zeichenfolgen festgelegt, sondern sie können sehr wohl zur Konstruktion von Bezeichnern in Form
von Teilzeichenketten (GOTO1), aber auch insgesamt als Namen verwendet werden. Darüber hinaus fungieren Leerzeichen außerhalb von Zeichenkonstanten
und Zeilenumbrüche, soweit sie zwischen Fortsetzungszeilen stehen, nicht als
Trennzeichen zwischen verschiedenen syntaktischen Bestandteilen innerhalb

---

[20] Die Unterschiede zwischen EBCDIC- und ASCII-Kodierung betreffen z.B. die Reihenfolge zwischen Buchstaben und Ziffern sowie die Umwandlung von Groß- und Kleinbuchstaben durch das Addieren respektive Subtrahieren von konstanten Werten.

einer Anweisung, d.h., diese Zeichen können innerhalb eines Programms beliebig eingesetzt oder weggelassen werden.[21]

Diese Eigenschaft von FORTRAN führt zu einer sehr hohen Kontextabhängigkeit, was sich bei der lexikalischen und syntaktischen Analyse eines Quellprogramms als sehr aufwendig erweist. Darüber hinaus ergeben sich dadurch Fehlermöglichkeiten bei der Entwicklung und Änderung von Programmen, die nur sehr schwer zu lokalisieren sind, z.B., die Bedeutung von GOTO1 (Sprunganweisung oder Name) ist nur aus dem Kontextzusammenhang ableitbar.

Verwendung von Tabellen

Die Tabellenvereinbarung kann in einer DIMENSION, expliziten Typen- oder einer COMMON-Anweisung vorgenommen werden. Die Speicherzuordnung von Elementen einer mehrdimensionalen Tabelle in FORTRAN erfolgt spaltenweise nacheinander in einem zusammenhängenden Speicherbereich (vgl. Abb. 5.10).

TAB (1,1)	TAB(2,1)	TAB(3,1)	TAB(1,2)	TAB(2,2)	TAB(3,2)

Abb. 5.10: Speicherzuordnung der Tabelle TAB (3,2)

Die Kenntnis dieser Organisationsform und deren Berücksichtigung sind insbesondere bei der Überlagerung (EQUIVALENCE) eines Speicherbereichs mit mehreren Tabellen notwendig, um eine korrekte Zuordnung der Tabellenelemente zu erreichen (vgl. Abb. 5.11).

TAB1(1,1)	TAB1(2,1)	TAB1(3,1)	TAB1(1,2)	TAB1(2,2)	TAB(3,2)
TAB2(1,1)	TAB2(2,1)	TAB2(1,2)	TAB2(2,2)	TAB2(1,3)	TAB(2,3)

Abb. 5.11: Überlagerung der Tabellen TAB1(3,2) und TAB2(2,3)

Bei den Sprachversionen vor FORTRAN 77 erfolgt bei der elementweisen Verarbeitung von Tabellen, z.B. der Zuweisung von Werten, keine vom System auto-

---

[21] So erklärt sich auch die unterschiedliche, aber äquivalente Schreibweise bei der Sprunganweisung GOTO und GO TO.

matisch durchgeführte Überprüfung, ob sich der Index zur Adressierung der einzelnen Elemente innerhalb der definierten Tabellengrenzen befindet. Ist der
Index größer oder kleiner als die Tabellengrenzen, kann auf beliebige - meistens
aber unbekannte - Speicherbereiche des Programms zugegriffen werden, solange
keine Speicherschutzverletzung ausgelöst wird, z.B. Zugriff auf den Speicher
eines anderen Programms. Bei diesen Indexüberschreitungen - insbesondere,
wenn sie sich unmittelbar nur auf die Tabellengrenzen beziehen - handelt es sich
meist um Fehler, die sehr aufwendig zu lokalisieren sind, und noch heute findet
man bei der Wartung von Programmen bisher unerkannte Fehler dieser Art.
Diese Eigenschaft wurde aber auch ganz systematisch ausgenutzt, um in einem
Unterprogramm als Parameter übergebene Tabellen von unterschiedlicher Größe
bearbeiten zu können.

Implizite Deklaration von Variablen

FORTRAN ermöglicht das implizite Deklarieren von Variablen durch einfaches
Benennen einer Variablen im Quellkode mit einer Typisierung, die von den
Anfangsbuchstaben des Variablennamens abhängig ist, I bis N für INTEGER-
und alle anderen Buchstaben für REAL-Variablen. Dadurch ist es möglich,
Variablen an beliebigen Stellen innerhalb des Programmtextes nach Bedarf sehr
einfach und schnell einzuführen.

Diese Eigenschaft ist bei der Programmerstellung sehr bequem, jedoch erhöht sie
auch in nicht unerheblichem Maße die Fehlerrate und beeinflußt negativ die
Programmübersichtlichkeit, was sich in einem erhöhten Test- und Wartungsaufwand niederschlägt. Zum Beispiel wird die unbeabsichtigte fehlerhafte
Benennung (Buchstabendreher bei der Kodierung) einer Variablen nicht unmittelbar vom Compiler erkannt, sondern dieser Name wird als neue Variable interpretiert. Aufgrund der Nachteile impliziter Deklarationen herrscht heute allgemein Konsens darüber, nur explizite Deklarationen zu verwenden, auch wenn
damit mehr Programmierarbeit verbunden ist. Leider ist es erst ab FORTRAN 90
möglich, durch die Compiler-Anweisung IMPLICIT NONE das - auch unbeabsichtigte - implizite Deklarieren zu unterbinden.

5.2.2 Verwendung von Unterprogrammen

Größere FORTRAN-Programme bestehen meist aus mehreren Programmeinheiten (SUBROUTINE, FUNCTION), die weitgehend eigenständig sind, d.h., sie
können selbständig übersetzt werden und enthalten alle dafür notwendigen Spezifikationen (alle Variablen und sonstigen Bezeichner sind dem Typ nach

bekannt). Die Kommunikation zwischen den Programmeinheiten erfolgt entweder in Form der Parameterübergabe innerhalb der Aufrufschnittstellen oder
durch gemeinsame Speicherbereiche (COMMON). Die weitgehende Abgeschlossenheit der einzelnen Programmeinheiten führt dazu, daß keine systemgesteuer-
te Überprüfung auf Verträglichkeit der Kommunikationsschnittstellen vorgenommen wird. Somit ist bei deren Spezifikation ein hohes Maß an Sorgfalt notwendig, um Fehler zu vermeiden. Oft wurde aber auch eine systematische Ver-
letzung der Schnittstellenkonventionen zur Implementierung fehlender Sprachfunktionalität in Kauf genommen.

Übergabe von Parametern

Werden zwischen zwei Programmeinheiten Daten über die Aufrufschnittstelle
ausgetauscht, so kann dies durch Übergabe der Speicheradresse (call by refe-
rence), des Datenwertes (call by value) oder des Namens (call by name) erfolgen.
Standardmäßig werden in FORTRAN für Variablen und Tabellen deren jeweiligen aktuellen Speicherplatzadressen übergeben, d.h., ein aufgerufenes Unterprogramm greift auf die entsprechenden Speicherplätze innerhalb des aufrufenden
Programms zu. Eine Ausnahme bildet die Übergabe von Unterprogrammnamen,
die mittels "call by name" übergeben werden und beim "Durchreichen" von einer
Programmeinheit zur nächsten mit "EXTERNAL" deklariert sein müssen.

Die Übergabe der Speicheradresse wurde in Verbindung mit der fehlenden
Schnittstellenprüfung in frühen FORTRAN-Versionen genutzt, um die
Beschränkungen, nur Tabellen mit festen Grenzen austauschen zu können, zu
umgehen, d.h., es eröffnete sich dadurch die Möglichkeit, Tabellen variabler
Länge an ein Unterprogramm zu übergeben und dort zu bearbeiten. Ein Beispiel
dafür ist in Abb. 5.12 dargestellt.

```
                    ┌─────────────────────────────────┐
                    │        FORTRAN-Quelltext        │
                    ├─────────────────────────────────┤
                    │ DIMENSION ATAB(5),BTAB(12)      │
                    │ INTEGER ALAENG,BLAENG           │
                    │ DATA ALAENG,BLAENG /5,12/       │
                    │ ...                             │
                    │ CALL UP(ATAB,ALAENG)            │
                    │ ...                             │
                    │ CALL UP(BTAB,BLAENG)            │
                    │ ...                             │
                    │ END                             │
                    │                                 │
                    │ SUBROUTINE UP(TAB,LAENGE)       │
                    │ DIMENSION TAB(1)                │
                    │ INTEGER LAENGE, I               │
                    │ DO 10 I=1,LAENGE                │
                    │ TAB(I)=...                      │
                    │ ...                             │
                    │ END                             │
                    └─────────────────────────────────┘
```

Abb. 5.12: Systematische Überschreitung von Tabellengrenzen

Diese Technik wurde später durch die Möglichkeit überflüssig, in FORTRAN
nicht nur die Tabellen, sondern auch deren Grenzen als Formalparameter mit zu
übergeben, bzw. in FORTRAN 77 mit Hilfe der "*"-Begrenzung beliebige Werte
für die obere Grenze der letzten Dimension zu deklarieren.

Alternative Rücksprünge

Nach Ausführung einer Unterroutine (SUBROUTINE) erfolgt normalerweise ein
Rücksprung durch die RETURN-Anweisung in das aufrufende Programm und
der Programmablauf wird mit dem nächsten Befehl fortgesetzt, welcher der
betreffenden CALL-Anweisung folgt. Darüber hinaus wird noch die Möglichkeit
eröffnet, zu anderen Anweisungen innerhalb des aufrufenden Programms nach
der Beendigung des Unterprogramms zu verzweigen. Zu diesem Zweck muß die
Parameterliste des Unterprogramms für jeden alternativen Rücksprung einen
Stern ("*") aufweisen. Die Anzahl der Sternparameter vom Anfang der Liste an
gezählt ergibt einen Wert, auf den man sich in einer alternativen Rücksprung-
anweisung beziehen muß, z.B. bedeutet RETURN 2, daß man sich auf die zweite
alternative Rücksprungadresse bezieht. Beim Aufruf eines Unterprogramms, das
in der formalen Parameterliste alternative Rücksprünge enthält, müssen in der
aktuellen Parameterliste die konkreten Anweisungsnummern - gekennzeichnet
durch das Zeichen "&" - enthalten sein. Das Beispiel in Abb. 5.13 verdeutlicht
den Mechanismus.

FORTRAN-Quelltext	Erläuterung
...	
CALL UP(&10,&20,EIN,AUS)	Aufruf des Unterprogramms
...	Rücksprungstelle des RETURN
...	
10 CONTINUE	Rücksprungstelle des RETURN 1
...	
20 CONTINUE	Rücksprungstelle des RETURN 2
...	
END	
SUBROUTINE UP(*,*,D1,D2)	
...	
RETURN 1	
...	
RETURN 2	
...	
RETURN	
END	

Abb. 5.13: Alternative Rücksprünge aus einer FORTRAN-Unterroutine

Die alternativen Rücksprünge können z.B. zur Verarbeitung von Ausnahmebedingungen sinnvoll eingesetzt werden, jedoch entsprechen sie nicht den Regeln
der Strukturierten Programmierung und verstoßen gegen das Information-
Hiding-Prinzip [Parnas/72], da in solchen Unterprogrammen Kenntnisse über
Implementierungsinterna des aufrufenden Programms vorhanden sind.

5.2.3 Verwendung von externen Dateien

Mit Hilfe externer Dateien werden in FORTRAN die Ein-/Ausgabe auf physischen Geräten (Devices) und die Speicherung auf externen Speichermedien
(Platte, Band, Diskette) vorgenommen. Sie werden gemäß ihrer Zugriffsorganisation in Dateien mit sequentiellem und wahlfreiem (direktem) Zugriff klassifiziert. Neben diesen beiden standardisierten Zugriffsformen (Dateien mit wahlfreiem Zugriff erst ab FORTRAN 77) existieren jedoch für die unterschiedlichen
Rechnersysteme wesentlich weitergehende Möglichkeiten der Dateiverarbeitung.
Die Ein- und Ausgabe von Daten in eine Datei kann formatiert oder unforma-
tiert, d.h. im internen Rechnerformat, erfolgen; für Portierungszwecke sind nur
formatierte Daten geeignet, da unformatierte häufig nicht auf anderen Rechner-
systemen lesbar sind.

Dateien mit wahlfreiem Zugriff in FORTRAN IV

Obwohl FORTRAN IV nur das Lesen und Schreiben von sequentiellen Dateien
unterstützte, boten viele Rechnerhersteller aufgrund praktischer Notwendigkeit

bereits Sprachkonstrukte zum Bearbeiten von wahlfreien Dateien an. Dabei ergab sich die Notwendigkeit, dem System eine explizite Deklaration der Datei-parameter bekanntzugeben.[22] Zu diesem Zweck führte die IBM die DEFINE-Anweisung ein, mit der u.a. die Zugriffsorganisation und maximale Anzahl der Sätze innerhalb der Datei festgelegt wurden. Obwohl in FORTRAN 77 die OPEN-Anweisung zur Spezifikation dieser Dateiparameter vorgesehen wurde, findet sich noch heute die DEFINE-Anweisung in alten, noch eingesetzten Pro-grammen, da die meisten Compiler sie bis heute noch akzeptieren und korrekt umsetzen.

Verarbeitung von variablen Satzformatierungen

Bereits die frühen FORTRAN-Varianten ermöglichten eine Verarbeitung von Dateisätzen, deren Format erst zur Programmlaufzeit bestimmt wird. Dazu nutz-te man die Möglichkeit, in den Lese- und Schreibbefehlen das Format in Form einer Variablen oder Tabelle spezifizieren zu können, anstelle der Referenz auf eine explizite FORMAT-Anweisung im Programmtext. Die Formatspezifikation ist von ihrem syntaktischen Aufbau und den zu verwendenden Symbolen weit-gehend identisch mit der Formatliste in einer FORMAT-Anweisung. Sie kann jedoch während eines Programmablaufs erzeugt oder auch aus einer Datei einge-lesen werden. Diese Möglichkeit, das Format aus einer Datei zu lesen, wurde insbesondere bei Dateien mit unterschiedlich formatierten Datensätzen verwen-det. So kann z.B. der erste Datensatz einer Datei mit einem festgelegten Format die Formatangaben für die folgenden Datensätze sowie die Anzahl der Sätze enthalten. Aufgrund dieser Formatangaben wird die spezifizierte Anzahl von Sätzen gelesen, danach ist die Datei zu Ende (EOF) oder es folgt ein weiterer Format-Satz usw.

5.3 Techniken der Programmierung

Die im weiteren dargestellten Programmiertechniken basieren auf der Struktur und den Besonderheiten von FORTRAN und stellen deren Weiterentwicklungen in der konkreten praktischen Anwendung dar. Im wesentlichen werden mit die-sen Ausführungen zwei Ziele verfolgt: Das erste besteht in der Offenlegung der Intention und sprachspezifischen Umsetzung dieser Techniken. Bei der Durch-führung einer Reengineering-Maßnahme ist die Kenntnis darüber sehr vorteil-

---

[22] Bei sequentiellen Dateien war keine explizite Deklaration notwendig, da die Datei-organisation und die Zugriffsart festlagen und das Satzformat sich aus den Lese- und Schreibbefehlen ergab.

haft, um ohne großen Zeitaufwand den Inhalt eines Programms zu verstehen
und die betreffenden Informationen effizient zu nutzen.[23] Die erste dargestellte
Programmiertechnik "Textbearbeitung" ist speziell unter diesem Aspekt
beschrieben. Es wird demonstriert, wie durch spezielle Eigenschaften der Programmiersprache in Verbindung mit entsprechenden Algorithmen die fehlende
Textbearbeitungsfunktionalität der frühen FORTRAN-Versionen nachgebildet
wird. Als zweites Ziel der folgenden Ausführungen wird dargestellt, wie mit Hilfe
des ER-Ansatzes auch solche "weichen" Zusammenhänge abbildbar und mit den
"harten" syntaktischen Strukturen verknüpfbar sind. Dies wird insbesondere
durch das zweite Beispiel demonstriert, bei dem die traditionelle Entscheidungstabellentechnik mit in die Strukturierung von FORTRAN-Programmen einbezogen wird.

5.3.1 Techniken zur Textbearbeitung

Die bereits genannten Einschränkungen von FORTRAN IV, Zeichenketten zu
manipulieren, führten zu speziellen Techniken, die fehlende Textbearbeitungsfunktionalität der Programmiersprache auszugleichen. Die "Väter" von
FORTRAN betrachteten Texte nur im Hinblick auf die drucktechnische Aufbereitung von Ergebnisausgaben, d.h., die Lesbarkeit und Interpretation von Zah-
lenausgaben sollten durch Überschriften, Kommentare usw. verbessert werden.
Zu diesem Zweck stellte man explizit Textkonstanten innerhalb der Programmiersprache zur Verfügung und eröffnete die Möglichkeit, numerische und logische Variablen zur Textspeicherung zu "mißbrauchen". Funktionalitäten zur
Bearbeitung von Texten stehen im Sprachumfang nicht zur Verfügung und mußten durch individuell geschriebene Programmroutinen nachgebildet werden. Die
im folgenden dargestellten Problemstellungen und zugehörigen Lösungen bei der
Textbearbeitung sind in dieser oder ähnlicher Art und Weise Bestandteil vieler
FORTRAN-IV-Programme, so daß die Kenntnis darüber zum schnelleren Verständnis der Programminhalte dient.

Ein- und Ausgabe von Textkonstanten

Textkonstanten, die auch als Hollerithkonstanten bezeichnet werden, haben die
Form $nHz_1z_2...z_n$, wobei n die Anzahl der Zeichen z_i ist; Leerstellen sind eigen-

---

[23] Da diese Techniken nicht innerhalb der betreffenden Programmiersprache syntaktisch verankert sind, sondern sich in der Anwendung herausgebildet haben, finden
sich Ausführungen dazu nur vereinzelt oder gar nicht in der programmiersprachen-
bezogenen Literatur.

ständige Zeichen, die mitgezählt werden müssen. Einige Compiler lassen auch
eine alternative Darstellung der Textkonstanten in Form '$z_1z_2...z_n$' zu. Textkonstanten können in einer FORMAT-Anweisung zur Ausgabe und Eingabe von
Texten verwendet werden.

FORTRAN-Quelltext	Erläuterung
10 `READ (4,10) BETRAG` `FORMAT (F9.2, 3H    )`	Lesen eines numerischen Wertes und einer Textkonstanten aus einer Datei, z.B. in der Form " 483.17 DM". Die Textkonstante wird in die H-Stellen der FORMAT-Anweisung eingelesen und wieder ausgegeben, sobald sie als Ausgabeformat dient.

20   `WRITE (3,20) SUMME`
     `FORMAT (1H ,14HGesamtsumme =,`
     `1F10.2, 3H $ )`
	Schreiben eines numerischen Wertes und einer Textkonstanten in eine Druckdatei, z.B. in der Form " 79143.12 $ ". Die erste Konstante "1H " in der FORMAT-Anweisung dient zur Steuerung eines Druckers. Sie wird nicht ausgedruckt, sondern veranlaßt einen Zeilenvorschub und die Positionierung an die 1. Stelle. Bei der Druckausgabe in eine Datei wird diese Leerstelle ausgewiesen.

Abb. 5.14: Beispiele für die Ein- und Ausgabe von Textkonstanten

Ein- und Ausgabe von Textvariablen

Mit Hilfe der Formatspezifikation rAw (r: Wiederholungsfaktor, w: Übertragungslänge) werden alphanumerische Zeichenketten zwischen einer Datei und
den in der Ein-/Ausgabeliste des betreffenden Lese- oder Schreibbefehls aufgeführten Variablen oder Feldern beliebigen Typs übertragen. Die Anzahl der Zeichen, die eine logische Speichereinheit aufnehmen kann, ist abhängig von deren
Typ und der jeweiligen rechnerspezifischen Implementierung, z.B. von der
Anzahl der Binärstellen (bit) der physischen Speichereinheiten (Speicherwort)
und der verwendeten Kodierung (BCD, EBCDIC).[24] Liegt die Speicherkapazität

---

[24] Bei der IBM 7094 und Univac 1108 besteht ein Speicherwort aus 36 Bits, das bei
einer BCD-Kodierung (6 Bits/Zeichen) 6 Zeichen aufnehmen kann. Nachfolgende
Rechnergenerationen verwendeten die EBCDIC-Kodierung (8 Bits/Zeichen) und konnten daher nur 4 Zeichen in ein Speicherwort mit 36 Bits ablegen, von denen jedoch
nur noch 32 Bits für die Speicherung zur Verfügung standen. 36 Bits werden auf 4
Byte aufgeteilt, ein Byte besteht aus 8 verwendbaren Bits und einem internen Prüf-
Bit zu Kontrollzwecken.

einer Variablen bei n Zeichen und ist n > w, erfolgt eine linksbündig ausgerichtete Übertragung, wobei die restlichen Speicherplätze mit Leerzeichen aufgefüllt
werden. Ist dagegen n < w, wird eine rechtsbündig ausgerichtete Übertragung
vorgenommen; d.h., die ersten (w - n) Zeichen gehen verloren.

FORTRAN-Quelltext	Erläuterung
`READ (4,10) BETRAG, WAEHRG` `20  FORMAT (F9.2, A3)`	Lesen eines numerischen Wertes und einer Zeichenkette aus einer Datei, z.B. in der Form " 483.17 DM". Die Textvariable WAEHRG enthält nach dem Lesen den Wert " DM " (EBCDIC).

`DIMENSION BEZEIC (20)`
`. . .`
`READ (4, 20) BEZEIC`
`20  FORMAT (20A4)`
	Lesen einer achtzigstelligen Zeichenkette in die Tabelle BEZEIC, bestehend aus REAL-Variablen mit der Speicherkapazität von vier Zeichen.

`WRITE (3,30) SUMME, WAEHRG` `30  FORMAT (1H , F10.2, 1H , A3)`	Schreiben eines numerischen Wertes und einer Zeichenkette in eine Druckdatei, z.B. in der Form " 79143.12 DM ".

Abb. 5.15: Beispiele für die Ein- und Ausgabe von Textvariablen

Konvertierung zwischen Text und Zahlen

Zur Vermeidung von Benutzerfehlern müssen Eingabedaten auf Korrektheit und
Plausibilität geprüft werden. FORTRAN IV besitzt keine automatische Überprüfung auf formale Eingabefehler, so daß bei Programmen mit Benutzereingaben
häufig entsprechende Prüfroutinen zu finden sind. Die grundsätzliche Vorgehensweise besteht aus dem Einlesen der Zahl als alphanumerische Zeichenkette,
der anschließenden zeichenweisen Überprüfung und Umwandlung in einen Zah-
lenwert. Das Beispiel in Abb. 5.16 stellt die Umwandlung einer Zeichenkette in
eine ganze Zahl ohne Vorzeichen dar. Enthält die Zeichenkette andere Zeichen
als Ziffern, wird dies in der Befehlsfolge erkannt und eine Fehlerbehandlung ini-
tiiert. Die Eingabe muß aus exakt vier Zeichen bestehen, sonst führt die Befehlsfolge zu einer fehlerhaften Konvertierung. Eine Erweiterung des Algorithmus'
zur Behandlung unterschiedlich langer Zeichenketten sowie von Vor- und Dezi-
malzeichen erfordert zusätzliche Prüf- und Konvertierungsanweisungen, sie
kann jedoch in strukturell gleicher Art und Weise implementiert werden.

FORTRAN-Quelltext	Erläuterung
| ```
     REAL TEXT
     LOGICAL ZEICH(4)
     EQUIVALENCE
    1(TEXT,ZEICH(1))
     . . .
``` | Die Variable TEXT dient zur Erfassung der Zahl in Form einer alphanumerischen Zeichenkette. Es können nur maximal vierstellige Zahlen eingelesen werden. Um auf einzelne Zeichen zugreifen zu können, wird TEXT durch eine Tabelle des Typs LOGICAL überlagert, deren Elemente jeweils ein Byte belegen. |
| ```
     LOGICAL TEST(10), FEHLER
     INTEGER ZIFFER, ZAHL, I, J
     DATA TEST /1H1,1H2,1H3,1H4,
    11H5,1H6,1H7,1H8,1H9,1H0/
     . . .
``` | Die eingelesenen Zeichen werden mit den erlaubten verglichen, die in der Tabelle TEST enthalten sind. Hier sind nur Ziffern als Eingabe vorgesehen. Die Variable ZAHL enthält nach Beendigung der Routine den konvertierten Wert. |
| ```
     READ (5,100) TEXT
100  FORMAT (A4)
     . . .
     ZAHL=0
     FEHLER=.FALSE.
     DO 10 I=1,4
     ZIFFER=0
     DO 20 J=1,9
     IF (ZEICH(I).EQ.TEST(J))
    1 ZIFFER=J
10   CONTINUE
     IF (ZIFFER.EQ.0).AND.
    1 ZEICH(I).NE.TEST(10))
    2 FEHLER=.TRUE.
     ZAHL=ZAHL+ZIFFER*10**(4-I)
20   CONTINUE
     . . .
``` | Zuerst wird die Zeichenkette, z.B. von der Tastatur, eingelesen. Die Zahl wird mit Null und die Kontrollvariable FEHLER mit dem Wert FALSCH initialisiert. Die äußere Schleife dient - von links nach rechts - zur stellenweisen Umwandlung der identifizierten Ziffern in die Ergebniszahl. In der inneren Schleife wird jedes einzelne Zeichen der Eingabe selektiert und identifiziert. Konnte in der inneren Schleife keine Ziffer erkannt werden (ZIFFER hat nach Schleifenende immer noch den Initialisierungswert Null) und ist das selektierte Zeichen nicht gleich der Ziffer Null, liegt ein Eingabefehler vor, der im folgenden zu einer entsprechenden Ausnahmebehandlung führen muß, z.B. erneutes Eingeben der Zahl. |

Abb. 5.16: Beispiele für die Umwandlung von Text in eine INTEGER-Zahl

Bei die Konvertierung einer Zahl in eine alphanumerische Zeichenkette werden die einzelnen Dezimalstellen bzw. Sonderzeichen der Zahl extrahiert und in die verwendete Kodierung umgewandelt. Anschließend werden dann diese Ziffern zur alphanumerischen Ergebniszeichenkette zusammengesetzt.

Operationen mit Texten

Die Bearbeitung von Texten hängt in hohem Maße von der Speicherform der betroffenen Textoperanden ab. Grundsätzlich müssen die Variablen, in denen die zu bearbeitenden Texte abgelegt sind, vom selben Typ sein, was ggf. durch eine Speicherüberlagerung mit Hilfe der EQUIVALENCE-Anweisung erreicht werden
```

kann.[25] Um auch längere Texte kompakt ansprechen zu können, ist eine Speicherung in Tabellenform von Vorteil.

Die Umspeicherung von Variablen mit Textinhalten in andere kann durch eine normale FORTRAN-Zuweisung erfolgen. Da Ziel- und Quellenvariable vom selben Typ sind, wird die Übertragung ohne Konvertierung durchgeführt, so daß sich danach die Inhalte entsprechen.[26] Sind lange Texte in Tabellen gespeichert und muß eine Umspeicherug in eine andere Tabelle vorgenommen werden, so wird jedes einzelne Tabellenelement in einer Schleife übertragen. Um zwei Texte auf Gleichheit oder Ungleichheit zu prüfen, können Speichervariablen desselben Typs mit Hilfe des .EQ.- bzw. .NE.-Operators verknüpft werden. Das Verketten (Konkatenation) zweier Texte ist abhängig von deren Speichervariablen. Sind die Texte in Tabellenform abgespeichert, müssen die Tabellenelemente, in denen die anzufügende Zeichenkette steht, nur den hinteren freien Elementen der Tabelle mit dem zu erweiternden Text zugewiesen werden. Soll die Ergebniszeichenkette jedoch nur in einer Variablen stehen, muß die Länge der beiden Zeichenketten bestimmt und anschließend eine zeichenweise Übertragung des anzufügenden Textes in die Zielspeichervariable vorgenommen werden.

---

[25] Die Speicherung von Texten erfolgt vorzugsweise in Variablen des Typs REAL, da hier alle möglichen Bit-Kombinationen als Speicherinhalte zulässig sind.

[26] Die Konvertierung des numerischen Äquivalents einer Zeichenkette führt meist zu unsinnigen Speicherinhalten, die nicht mehr mit der Textkodierung übereinstimmen.

FORTRAN-Quelltext	Erläuterung
REAL ZIEL,QUELLE(10) . . . ZIEL=QUELLE(3)	Zuweisung der Variablen QUELLE(3), z.B. mit dem Inhalt "ABCD" zu ZIEL.
IF (ZIEL.NE.QUELLE(3)) 1 ZIEL=QUELLE(3)	Vergleich der Inhalte von ZIEL und QUELLE(3) auf Ungleichheit und anschließende Zuweisung, falls die Bedingung zutrifft.

DOUBLE PRECISION TEXT1
REAL TEXT2
LOGICAL ZEICH1(8),ZEICH2(4)
LOGICAL LEERZ
INTEGER LAENG1, LAENG2
INTEGER I, J, K
EQUIVALENCE (TEXT1,ZEICH1(1))
EQUIVALENCE (TEXT",ZEICH2(1))
DATA TEXT1 /4HFOR /
DATA TEXT2 /4HTRAN/
DATA LEERZ /1H /
. . .
LAENG1=8
DO 10 I=1,8
   IF ZEICH1(9-I).EQ.LEERZ
1   LAENG1=LAENG1-1
   IF ZEICH1(9-I).NE.LEERZ I=8
10 CONTINUE
LAENG2=4
DO 20 J=1,4
   IF ZEICH1(5-J).EQ.LEERZ
1   LAENG1=LAENG1-1
   IF ZEICH1(5-J).NE.LEERZ J=4
20 CONTINUE
IF ((8-LAENG1).LT.LAENG2)
1   GOTO FEHLER
DO 30 K=1,LAENG2
   ZEICH1(LAENG1+K)=ZEICH2(K)
30 CONTINUE
	Die Variable TEXT1 enthält die Zeichenkette "FOR", an die der Inhalt von TEXT2 "TRAN" angefügt werden soll. Durch die EQUIVALENCE-Anweisung werden die beiden Textvariablen mit den Tabellen ZEICH1 und ZEICH2 überlagert, so daß auf die Inhalte zeichenweise zugegriffen werden kann.
	
	Zuerst müssen die Längen der beiden zu verknüpfenden Zeichenketten bestimmt werden. Dazu sind die Inhalte der Textvariablen zeichenweise von rechts nach links auf Leerzeichen zu prüfen. Werden Leerzeichen entdeckt, ist das Ende der Zeichenkette noch nicht erreicht (die Speicherung ist linksbündig ausgerichtet) und die Maximallänge ist um eine Stelle zu reduzieren. Das Ende der Zeichenkette ist erreicht, sobald ein anderes Zeichen gefunden wird. Nach der Längenbestimmung muß geprüft werden, ob die Gesamtlänge der beiden Zeichenketten die Längenkapazität der Speichervariablen überschreitet. Ist dies der Fall, muß eine Fehlerbehandlung vorgenommen werden. Andernfalls kann die Übertragung der zweiten Zeichenkette aus der Variablen TEXT2 nach TEXT1 erfolgen.

Abb. 5.17: Beispiele für einfache Textbearbeitungen

Bei der lexikalischen Sortierung von Texten wird zur Implementierung die Eigenschaft ausgenutzt, daß sich die binäre Verschlüsselung von alphabetischen Zeichen (ASCII, EBCDIC) in der gleichen Art und Weise erhöht wie die Reihenfolge der Buchstaben im Alphabet. Dadurch ist es möglich, den einfachen logischen .LE.-Operator zur Sortierung zu verwenden.[27] Da in den Kodierungen Groß- und Kleinbuchstaben unterschiedliche Verschlüsselungsbereiche haben,

---

[27] Bei der Migration in eine andere Laufzeitumgebung muß jedoch die jeweils aktuelle Kodierung auf die Gültigkeit dieser Aussage hin überprüft werden.

muß bei Vorliegen von gemischten Zeichenketten vor der Sortierung eine Normierung auf eine Darstellungsart (Groß- oder Kleinbuchstaben) vorgenommen werden, z.B. durch einfaches Addieren einer Konstanten auf die Verschlüsselung jedes einzelnen Zeichens. Befinden sich darüber hinaus noch andere Zeichen als Buchstaben in den zu sortierenden Texten, muß eine entsprechende Sonderbehandlung innerhalb der Routine vorgenommen werden.

FORTRAN-Quelltext	Erläuterung

`DOUBLE PRECISION NAME(30),`
`1   NSAVE`
`    INTEGER I,J,MNL`
`    . . .`
`    MNL=30-1`
`    DO 10 I=1,MNL`
`    J=I+1`
`    IF (NAME(I).LE.NAME(J))`
`1   GOTO 10`
`    NSAVE=NAME(I)`
`    NAME(I)=NAME(J)`
`    NAME(J)=NSAVE`
`    I=1`
`10  CONTINUE`
`    . . .`
	Die Tabelle NAME enthält je Element eine Zeichenkette in Großbuchstaben. Die Inhalte sind unsortiert und werden in Folge der Tabellenelemente lexikalisch sortiert. Dabei werden benachbarte Tabellenelemente verglichen und ggf. wird der wertmäßig kleinste Inhalt in dem Element mit dem kleinsten Index gespeichert. Kleine Inhalte wandern somit sukzessive von Tabellenelementen mit größeren zu solchen mit kleineren Indexwerten. Die Bearbeitung ist beendet, wenn die Inhalte aller Elemente aufsteigend sortiert sind. Hierbei wird die Eigenschaft ausgenutzt, daß die numerische der lexikalischen Sortierung entspricht.

Abb. 5.18: Beispiel für die Sortierung von Texten

5.3.2 Entscheidungstabellentechnik

Eine besonders bei älteren FORTRAN-Versionen häufig - bewußt aber auch unbewußt - angewendete Methode zur internen Strukturierung von Programmeinheiten ist die Entscheidungstabellentechnik.[28] Sie wurde bereits Ende der fünfziger Jahre [Wedekind/76, S. 73] entwickelt, um komplizierte Entscheidungsstrukturen und deren Verknüpfungen übersichtlich zu gestalten. Diese Technik ist auch über die Programmierung hinaus universell für Anforderungsanalyse und Fachentwurf einsetzbar, so daß die dargestellten allgemeinen Zusammenhänge auch auf diese Bereiche übertragbar sind. Die Strukturen der Entscheidungstabellentechnik werden im weiteren mit den syntaktischen Zusammenhängen von FORTRAN verknüpft und bilden damit ein Beispiel für

---

[28] Auch bei anderen prozeduralen Sprachen wie COBOL und BASIC ist ein intramodularer Aufbau gemäß Entscheidungstabellentechnik anzutreffen.

die Verbindung und gemeinsame Auswertung fest vorgegebener ("harter")
Regeln einer Programmiersprache mit optionalen ("weichen") Programmierstandards.

Eine Entscheidungstabelle besteht als Formular (vgl. Abb. 5.19) aus einem Iden-
tifikations-, Bedingungs- und Aktionsteil. Der Identifikationsteil ist in der ober-
sten Zeile der Tabelle angeordnet und enthält in der ersten Spalte die Bezeichnung des Entscheidungssachverhalts und in den folgenden Spalten die Numerierung der einzelnen Regeln. Innerhalb des Bedingungteils werden in der ersten
Spalte die für die einzelnen Entscheidungsalternativen relevanten elementaren
logischen Ausdrücke (Einzelbedingungen) zeilenweise aufgelistet und in den folgenden regelbezogenen Spalten die jeweils zutreffenden Wahrheitswerte eingetragen. Dabei sind die Werte "wahr", "falsch" und "nicht zutreffend" zu unterscheiden.

Identifika- tionsteil	Bezeichnung der Entscheidungstabelle	Regeln der Entscheidungstabelle		
		1	...	k
Bedingungs- teil	Liste der Bedingungen	Wahrheitswerte der Bedingungen		
Aktions- teil	Liste der Aktionen	Markierungen der Aktionen		

Abb. 5.19: Formularaufbau für eine Entscheidungstabelle

Für eine einzelne Regel werden die im Bedingungteil aufgelisteten logischen
Ausdrücke mit den in der für die Regel zutreffenden Spalte aufgeführten Wahrheitswerten versehen und insgesamt durch den UND-Operator miteinander verknüpft.[29] Der Aktionsteil enthält in der ersten Spalte die Auflistung aller für die
Regeln relevanten Einzelaktionen und in den folgenden regelbezogenen Spalten
eine Markierung, z.B. das Zeichen "x", wenn die Aktion bei Eintritt der betreffenden Regel ausgeführt wird. Die Sequenz der Aktionsausführung ist durch die

---

[29] Die Realisierung von ODER-Verknüpfungen zwischen Einzelbedingugnen erfolgt
durch die Einführung zusätzlicher Regeln in die Entscheidungstabelle
[LaBudde/87, S. 115].

Reihenfolge der Aktionsliste festgelegt.[30] Eine Regel besteht folglich aus einer Folge mit UND-verknüpften Einzelbedingungen und den daraus resultierenden -aktionen:

$$R_i : (B_{i_1} = \text{wfn} \wedge \ldots \wedge B_{i_n} = \text{wfn}) \rightarrow (A_{i_1} = x\,\overline{x} \wedge \ldots \wedge A_{i_m} = x\,\overline{x})$$

$$\text{mit wfn} = \{w = \text{wahr}, f = \text{falsch}, n = \text{nicht zutreffend}\} \text{ und}$$
$$x\,\overline{x} = \{x = \text{ausführen}, \overline{x} = \text{nicht ausführen}\}.$$

Wird z.B. ein Programm zur Lösung von quadratischen Gleichungen ($a^2x + bx + c = 0$) mit Hilfe einer Entscheidungstabelle entworfen, so kann die Auswahl der Aktionen von der Eingabe der Koeffizientenwerte abhängig gemacht werden. Die in Abb. 5.20 dargestellte Entscheidungstabelle stellt diesen Sachverhalt dar, der dann im weiteren zu einer FORTRAN-Implementierung führt.

Quadratische Gleichung berechnen	1	2	3	4
a = 0	f	j	j	j
b = 0	n	f	j	j
c = 0	n	n	f	j
Reelle oder komplexe Lösung berechnen	x			
Lineare Lösung berechnen		x		
Fehlerbearbeitung durchführen			x	
Berechnung insgesamt beenden				x

Abb. 5.20: Beispiel für eine Entscheidungstabelle

Die Abbildung des formalen Aufbaus von Entscheidungstabellen als Informationsstruktur führt zu einem Modell gemäß Abb. 5.21. Das Informationsobjekt Entscheidungstabelle, identifiziert durch den Namen, ist ein Aggregat aus Regeln, Bedingungen und Aktionen. Regeln bestehen ihrerseits aus Wahrheitswerten, die sich auf Bedingungen der Entscheidungstabelle beziehen, und einer

---

[30] Gemäß klassischer Entscheidungstabellentechnik müssen unterschiedliche Ausführungsfolgen derselben Einzelaktionen mit Hilfe mehrfacher Nennungen innerhalb der Aktionsliste dargestellt werden. Eine alternative Möglichkeit bietet die Aktionsmarkierung, indem hier nicht nur eine einfache Markierung für "ausführen" oder "nicht ausführen" angegeben wird, sondern die Sequenznummern eingetragen werden.

festen Reihenfolge von Verarbeitungsschritten, die in Form von Ausprägungen des Informationsobjektes Aktionsfolge - verknüpft mit den Aktionen der Entscheidungstabelle - dargestellt werden.

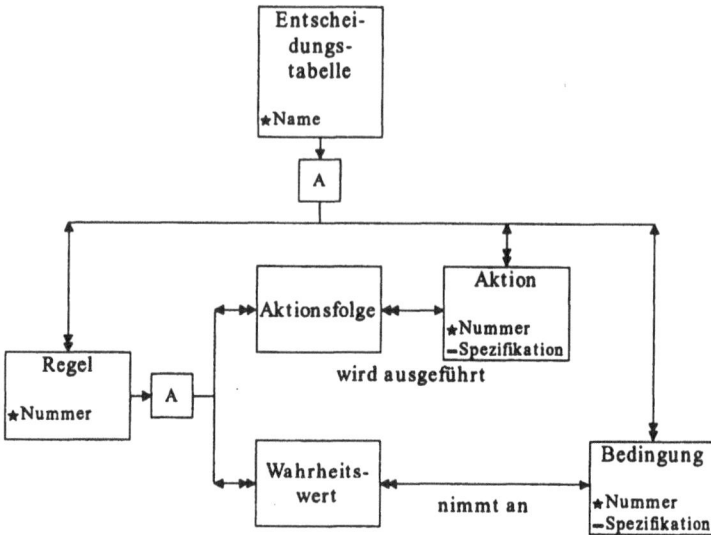

Abb. 5.21: Allgemeine Struktur einer Entscheidungstabelle

Der grundsätzliche Aufbau eines gemäß dieser Programmiertechnik konstruierten FORTRAN-Programms ist Abb. 5.22 zu entnehmen. Das Programm besteht aus einem Regelblock und mehreren Aktionsblöcken; im Regelblock sind alle Regeln der Entscheidungstabelle und in den Aktionsblöcken jeweils alle zu einer Regel gehörenden Einzelaktionen kodiert. Trifft eine Regel zu, so wird der Kontrollfluß am Anfang des betreffenden Aktionsblocks fortgesetzt, die Einzelaktionen werden ausgeführt und mit dem letzten Aktionsbefehl wird entweder zum Ende (z.B. Programmende) oder wieder zum Anfang der Entscheidungstabelle verzweigt. Eine Ausnahme davon ist die OTHERWISE-Aktion, die immer dann ausgeführt wird, wenn keine der angegebenen Regeln gültig ist. Wird die Entscheidungstabelle innerhalb einer Programmausführung wiederholt durchlaufen - was häufig anzutreffen ist - kann die Iterationsimplementierung mit Hilfe von

Sprunganweisungen (GOTOs)[31] - wie in Abb. 5.22 dargestellt - oder einer Schleifenanweisung (DO) erfolgen, die den Regelblock und die Aktionen umschließt.
Weitere Implementierungsformen von Entscheidungstabellen bilden die Auslagerung der Aktionen in eigenständigen Programmeinheiten und die Schachtelung der Aktionen innerhalb von BLOCK-IF-Anweisungen. Bei der Auslagerung
sind Regelblock und jede einzelne Aktion in separaten, eigenständigen Programmeinheiten realisiert, z.B. der Regelblock befindet sich im Hauptprogramm
und die Aktionen sind jeweils in einem Unterprogramm (SUBROUTINE) oder
einer Funktion (FUNCTION) implementiert. Die Aktionen werden aus dem
Regelblock durch Unterprogramm- oder Funktionsaufrufe aktiviert und nach
Ausführung durch Rücksprung zum Regelblock beendet. Bei einer BLOCK-IF-
Implementierung werden die gesamten Anweisungen einer Aktion innerhalb
eines THEN-Blocks zusammengefaßt und die gesamte Tabelle wird durch
Schachtelung über mehrere Stufen realisiert. Diese Implementierungsart ist nur
gemäß FORTRAN 77 möglich und läßt die Entscheidungstabellen-Struktur des
Programmaufbaus oft nicht mehr unmittelbar erkennen.

---

[31] Eine andere GOTO-Umsetzung kann mit Hilfe einer Kontrollvariablen vorgenommen
werden, die bei Zutreffen der Bedingungen einer Regel einen speziellen Wert zugewiesen bekommt. Am Ende des Regelblocks wird in Abhängigkeit des Wertes dieser
Kontrollvariablen mit Hilfe einer ASSIGN-GOTO-Anweisung eine Verzweigung zum
zutreffenden Aktionsblock vorgenommen.

Anfang der Entscheidungstabelle

```
Regelblock

   IF <Regel 1> GOTO Aktion 1

   IF <Regel 2> GOTO Aktion 2

   . . .

   IF <Regel n> GOTO Aktion n
```

```
OTHERCASE Aktion
   . . .
   GOTO Anfang/Ende der ET
```

```
Aktion 1
   . . .
   GOTO Anfang/Ende der ET
```

```
Aktion 2
   . . .
   GOTO Anfang/Ende der ET
```

. . .

```
Aktion n
   . . .
   GOTO Anfang/Ende der ET
```

Ende der Entscheidungstabelle

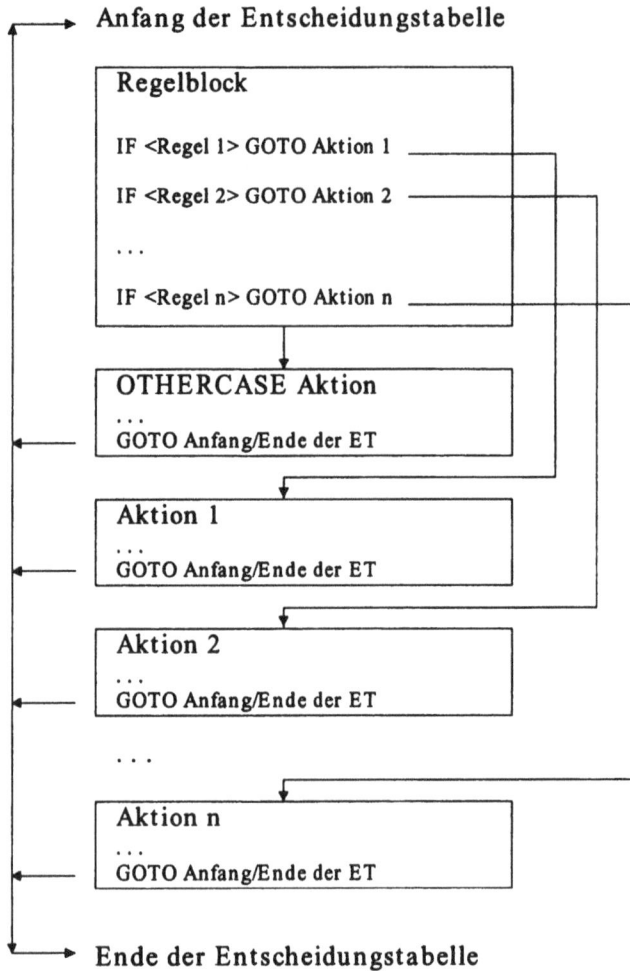

Abb. 5.22: FORTRAN-Implementierung einer Entscheidungstabelle

Ein Beispiel für ein gemäß dieser Programmiertechnik realisiertes FORTRAN-Programm zur Berechnung der Nullstellen quadratischer Gleichungen ist Brauch [Brauch/83, S. 114 f.] entnommen und in Abb. 5.23 mit Kommentierungen versehen dargestellt. Nach einer kurzen Programminitialisierung, in der nur deklarative Anweisungen vorkommen, folgt der Regelblock, der aus einem Vorlauf zur Eingabe der Gleichungskoeffizienten und der anschließenden Fallunterscheidung in Abhängigkeit von den Koeffizientenwerten besteht. Die erste Regel - alle Koeffizienten sind gleich null - führt zur Programmbeendigung (Aktionsblock 3). Sind die Koeffizienten A und B gleich null sowie C ungleich null, liegt ein Fehlerfall vor, der in Aktionsblock 2 zu einer Fehlermeldung und anschließend zu einer wiederholten Programmausführung führt. Die dritte Regel trifft zu, wenn A gleich null, B ungleich null und der Wert von C beliebig ist; sie verzweigt zum Aktionsblock 1, in dem die lineare Lösung X = -C/B berechnet und ausgegeben wird, anschließend erfolgt auch hier eine Verzweigung zum Regelblockanfang. In allen anderen Fällen wird der OTHERWISE-Aktionsblock ausgeführt, innerhalb dem die reele oder komplexe Lösung berechnet, ausgegeben und zum Regelblockanfang verzweigt wird.

FORTRAN-Quelltext	Erläuterung

`*  QUADR. GLEICHUNG MIT GOTO`
`*`
 	
`       PROGRAM QUAD1`
`       REAL IMZ`
`       COMPLEX Z1,Z2`
	Programm-
	initiali-
	sierung

`*  UEBERSCHRIFT UND DATENEINGABE`
`   10  PRINT*`
`       PRINT*,'GEBEN SIE DIE KOEFFZ. A, B, C`
`      1EINER QUADR. GL. EIN.'`
`       PRINT*,'A = B = C = 0  BEDEUTET PROGRAMMENDE.'`
`       PRINT*`
`       READ*,A,B,C`
`       PRINT*,'A =',A,' B = ',B,' C = ',C`
`*  FALLUNTERSCHEIDUNGEN`
`       IF((A.EQ.0).AND.(B.EQ.0).AND.(C.EQ.0)) GOTO 50`
`        IF((A.EQ.0).AND.(B.EQ.0).AND.(C.NE.0)) GOTO 40`
`        IF ((A.EQ.0).AND.(B.NE.0)) GOTO 30`
	Regelblock

`*  REELLE LOESUNGEN`
`       REZ=-B/(2*A)`
`       RADKND=(B*B-4*A*C)/(4*A*A)`
`       IMZ=SQRT(ABS(RADKND))`
`       IF(RADKND.LT.0) GOTO 20`
`       X1=REZ+IMZ`
`       X2=REZ-IMZ`
`       PRINT*,'REELLE LOESUNGEN  X1 = ',X1,`
`      1        ' X2 = ',X2`
`       GOTO 10`
`*  KOMPLEXE LOESUNGEN`
`   20  Z1=CMPLX(REZ,IMZ)`
`       Z2=CMPLX(REZ,-IMZ)`
`       PRINT*,'KOMPLEXE LOESUNGEN  Z1 = ',Z1,`
`      1       ' Z2 = ',Z2`
`       GOTO 10`
	OTHERWISE-
	Aktions-
	block

`*  LINEARE LOESUNG`
`   30  X=-C/B`
`       PRINT*,'LINEARE LOESUNG  X = ',X`
`       GOTO 10`
	Aktions-
	block 1

`*  WIDERSPRUCH UND ENDE`
`   40  PRINT*, 'WIDERSPRUCH'`
`       GOTO 10`
	Aktions-
	block 2

`   50  PRINT*,'PROGRAMMENDE'` `       END`	Aktions- block 3

Abb. 5.23: FORTRAN-Programmbeispiel gemäß Entscheidungstabellentechnik

Bildet man FORTRAN-Programmeinheiten, die gemäß dem oben angegebenen Beispiel konstruiert sind, als Informationsstruktur ab, so erhält man das in Abb. 5.24 dargestellte Modell. Eine FORTRAN-Programmeinheit besteht aus einem Initialisierungsblock, der Entscheidungstabelle und einem Abschlußblock, die textlich hintereinander angeordnet sind. Eine Entscheidungstabelle ist ein

Aggregat aus einem Regelblock und mehreren Aktionsblöcken, wobei auch hier
der OTHERWISE-Fall enthalten ist. Ein Regelblock besitzt einen Anfang,
implementiert in Form einer Anweisungsnummer, und Regeln, die als Logische-
IF-Anweisungen mit Sprung realisiert sind. Optional kann auch ein Regelblock
ein Endteil aufweisen, auf das hier jedoch nicht näher eingegangen wird. Der
Aktionsblock hat prinzipiell eine ähnliche Struktur wie der Regelblock. Der
Aktionsblockanfang wird durch eine Anweisungsnummer dargestellt, die durch
eine logische IF-Anweisung referenziert wird. Den Kern eines Aktionsblocks bilden die einzelnen FORTRAN-Anweisungen und das Aktionsende ist ein Sprung
zum Anfang des Regelblocks oder zum Abschlußblock der Programmeinheit.

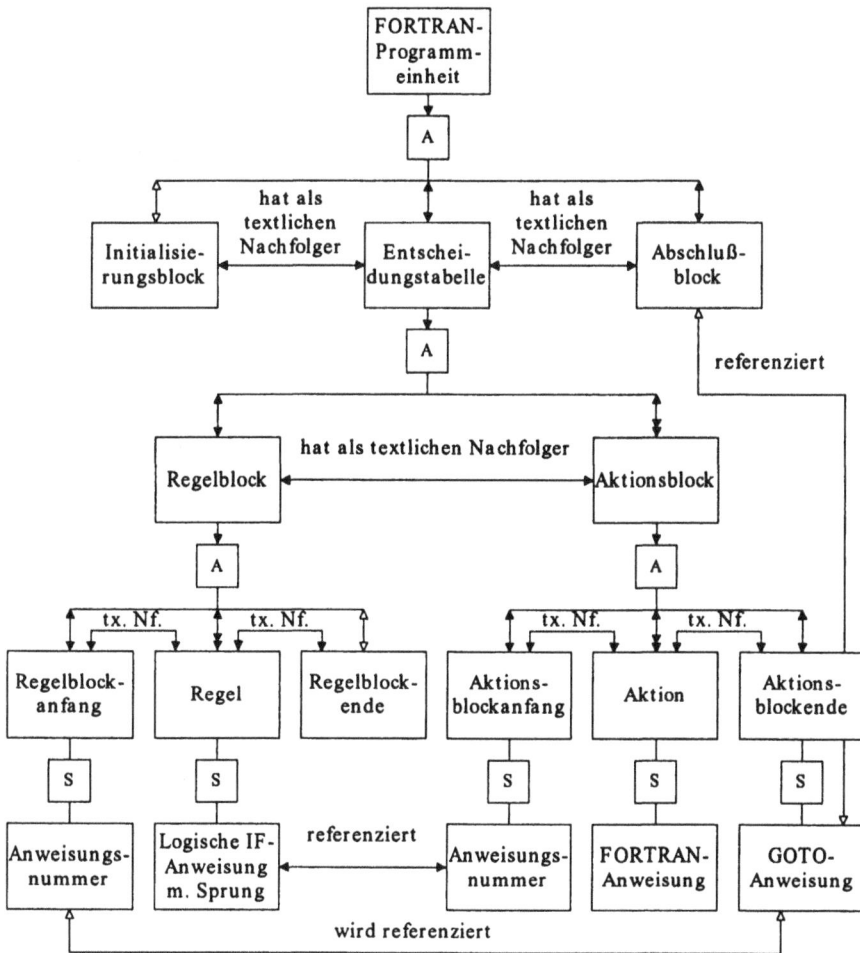

Abb. 5.24: Entscheidungstabellen-spezifische FORTRAN-Struktur

Bei Entscheidungstabellen treten zwei Probleme "Redundanz" und "Widerspruch" auf. Redundanz bedeutet, daß zwei Regeln zur selben Aktion führen. Bei Widerspruch führen zwei abhängige Regeln zu unterschiedlichen Aktionen [Wedekind/76, S. 79]. Beide Fälle können in Programmen vorkommen; durch eine entsprechende Modellierung (z.B. eindeutige Zuordnung von einer Regel zu einem Aktionsblock) sind sie leicht zu identifizieren und zu eliminieren.[32] Programme, die gemäß Entscheidungstabellentechnik entworfen wurden, sind relativ leicht in eine strukturierte Form zu überführen.

5.4 Restrukturierung von FORTRAN-Programmen

Die hier dargestellte Maßnahme ist eine Anwendung des Vorgehensmodells zur Restrukturierung der Programmlogik von Seite 110 und demonstriert die bausteinmäßige Verwendung einmal definierter Modelle und deren leichte Anpaßbarkeit an spezielle Gegebenheiten. Aus FORTRAN-IV- und FORTAN-77-Quellprogrammen mit unstrukturierten Kontrollelementen werden äquivalente Programme mit strukturierten Abläufen erzeugt. Als Ergänzung zu der bereits beschriebenen Vorgehensweise wird hier verlangt, daß in den Ausgangsquellen vorkommende bereits strukturierte FORTRAN-Kontrollstrukturen nicht verändert und speziell gekennzeichnete unstrukturierte Kontrollelemente nicht in die Restrukturierung einbezogen werden. Der Sinn dieser Regelungen liegt in einer möglichst weitgehenden Erhaltung der ursprünglichen Programmstruktur. Da FORTRAN bis einschließlich des 77er-Standards explizit nur wenige strukturierte Kontrollelemente enthält, die noch zusätzlich in ihrer Anwendbarkeit sehr eingeschränkt sind, müssen die strukturierten Abläufe mit Hilfe einfacher, unstrukturierter Anweisungen nachgebildet und standardisiert innerhalb des Quelltextes eingesetzt werden.[33] Abb. 5.25 enthält die beiden zu verwendenden

---

[32] Innerhalb der Programme bilden sie "tote" Quellprogrammstrecken, jedoch ist zu prüfen, ob nicht zusätzlich ein inhaltlicher Programmfehler vorliegt.

[33] In FORTRAN 77 wurde zwar als strukturiertes Kontrollelement die Block-IF-Anweisung aufgenommen; sie läßt jedoch keinen Sprung von einem höher in einen tiefer angeordneten Block zu. Gemäß Festlegung dürfen jedoch auch speziell markierte unstrukturierte Kontrollelemente innerhalb des Quellprogramms nach der Restrukturierung enthalten sein, so daß auch Sprünge in einen Selektionsrumpf hinein nicht auszuschließen sind. Aufgrund der damit verbundenen Compiler-Fehler bei der Übersetzung können Block-If-Anweisungen als FORTRAN-Umsetzungen für die Selektionen nicht verwendet werden. Auch für WHILE- und UNTIL-Schleifen mit frei formulierbaren Bedingungen existieren in FORTRAN 77 keine vergleichbaren Anweisungen, so daß auch hier "künstliche" Kontrollelemente festgelegt werden müssen.

Selektionsarten in Flußgraphendarstellung und in der äquivalenten FORTRAN-Implementierung.

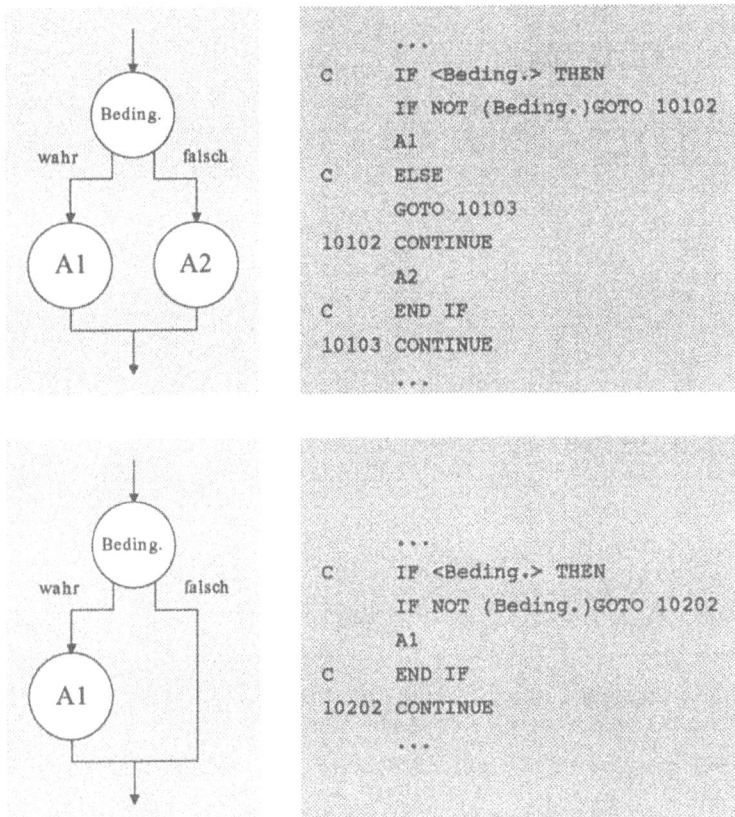

```
          ...
   C      IF <Beding.> THEN
          IF NOT (Beding.)GOTO 10102
          A1
   C      ELSE
          GOTO 10103
   10102  CONTINUE
          A2
   C      END IF
   10103  CONTINUE
          ...
```

```
          ...
   C      IF <Beding.> THEN
          IF NOT (Beding.)GOTO 10202
          A1
   C      END IF
   10202  CONTINUE
          ...
```

Abb. 5.25: Selektionskonstrukte für FORTRAN

Besonders erwähnenswert ist bei diesen Schablonen, daß sie mit Anweisungen konstruiert sind, die bereits der FORTRAN-IV-Standard aufweist. Dadurch können die restrukturierten Programme auch mit Hilfe der Original-Compiler übersetzt werden. Die Systematik für die Festlegung der in den Schablonen verwendeten FORTRAN-Anweisungsnummern ist für die im weiteren darzustellende Vorgehensweise von untergeordneter Bedeutung, so daß sie nicht weiter betrachtet wird; jedoch ist die Eindeutigkeit der Nummern innerhalb eines Programms sicherzustellen. Die Kommentierung innerhalb der FORTRAN-Schablonen ist fester Bestandteil der "strukturierten" Kontrollelemente und wird bei der Restrukturierung aus Übersichtlichkeitsgründen mit in den Quelltext eingefügt.

In Abb. 5.26 sind die kopf- und fußgesteuerten Repetitionen als Flußgraphen und deren FORTRAN-Äquivalente dargestellt.

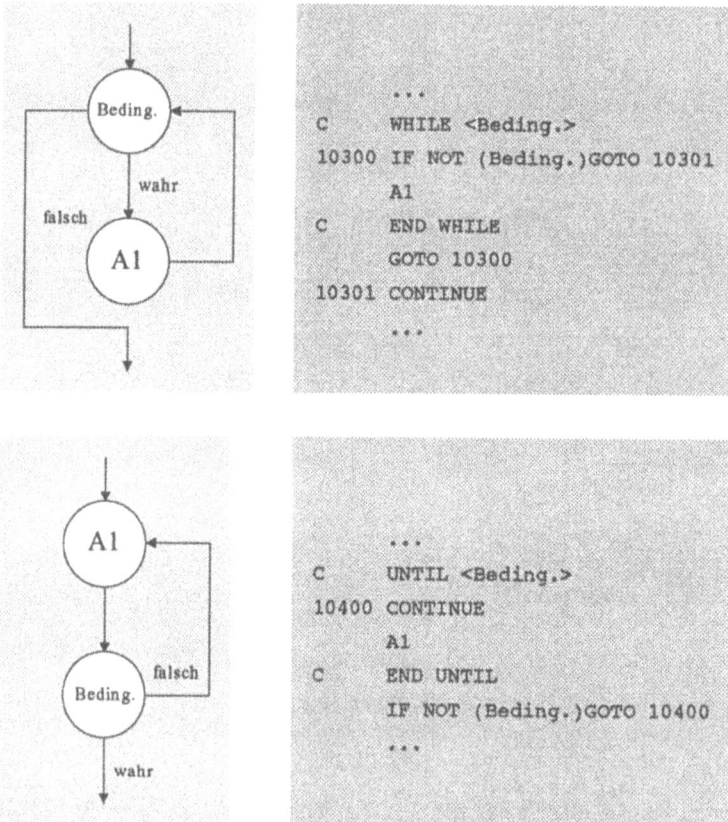

```
                       ...
          C      WHILE <Beding.>
          10300  IF NOT (Beding.)GOTO 10301
                 A1
          C      END WHILE
                 GOTO 10300
          10301  CONTINUE
                       ...
```

```
                       ...
          C      UNTIL <Beding.>
          10400  CONTINUE
                 A1
          C      END UNTIL
                 IF NOT (Beding.)GOTO 10400
                       ...
```

Abb. 5.26: Repetitionskonstrukte für FORTRAN

Zur praktischen Demonstration der Restrukturierung wird das FORTRAN-Programm von Abb. 5.27 verwendet, das von McCabe [McCabe/76, S. 309 f.] übernommen ist. Die Kontrollelemente mit ihren korrespondierenden Sprungadressen sind durch gerichtete Kanten markiert. Die innere DO-Schleife (DO 700 ... 700 CONTINUE) stellt ein strukturiertes FORTRAN-Kontrollelement dar, das nicht durch die Restrukturierung verändert wird. Da innerhalb des Schleifenrumpfes nur eine elementare Nicht-Kontrollanweisung (MEMORY(LWEX+I)=...) vorkommt, könnte sogar der gesamte Quellkodeabschnitt als eine elementare Anweisung behandelt werden.

```
        IMPLICIT INTEGER(A-Z)
        COMMON / ALLOC / MEM(2048),LM,LU,LV,LW,LX,LY,LQ,LWEX,
      1           NCHARS,NWORDS
        DIMENSION MEMORY(2048),INHEAD(4),ITRANS(128)
        TYPE 1
      1 FORMAT('DOMOLKI STRUCTURE FILE NAME?'$)
        NAMDML=0
        ACCEPT 2,NAMDML
      2 FORMAT(A5)
        CALL ALCHAN(ICHAN)
        CALL IFILE(ICHAN,'DSK',NAMDML,'DAT',0,0)
        CALL READS(ICHAN,INHEAD,132,NREAD,$990,$990)
        NCHARS=INHEAD(1)
        NWORDS=INHEAD(2)
        NTOT=(NCHARS+7)*NWORDS
        LTOT=(NCHARS+5)*NWORDS
        IF(LTOT.GT.2048) GO TO 900
        CALL READB(ICHAN,MEMORY,LTOT,NREAD,$990,$990)
        LM=0
        LU=NCHARS*NWORDS+LM
        LV=NWORDS+LU
        LW=NWORDS+LV
        LX=NWORDS+LW
        LY=NWORDS+LX
        LQ=NWORDS+LY
        LWEX=NWORDS+LQ
        DO 700 I=2,NWORDS
        MEMORY(LWEX+I)=(MEMORY(LW+I).OR.(MEMORY(LW+I)*2))
    700 CONTINUE
        CALL EXTEXT(ITRANS)
        STOP
    900 TYPE 3,LTOT
      3 FORMAT('STRUCTURE, TOO LARGE FOR CORE; ',18,'WORDS' /
      1        '        SEE COOPER              '     /)
        STOP
    990 TYPE $
      4 FORMAT('  READ ERROR, OR STRUCTURE FILE ERROR; ' /
      1        '  SEE    COOPER              '     /)
        STOP
        END
```

Ende der
Programmausführung

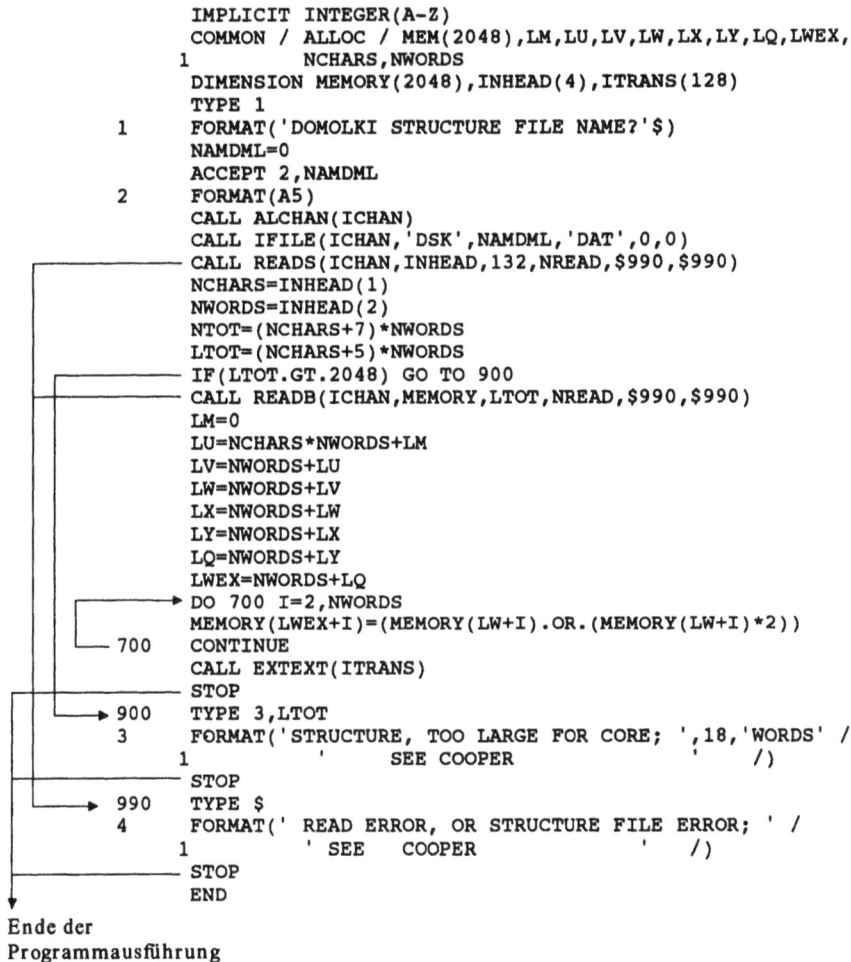

Abb. 5.27: FORTRAN-Beispielprogramm zur Restrukturierung

Weiterhin sind in diesem Beispielprogramm drei Anweisungen zur Beendigung
der Programmausführung (STOP) vorhanden, was nicht der Bedingung von
Seite 116 entspricht, daß ein Programm nur einen Ausgang besitzen darf. Die
Auflösung dieser multiplen Programmausgänge ist in Abb. 5.28 dargestellt und
erfolgt durch Ersetzung der beiden ersten STOP-Anweisungen durch Sprünge zu
einer zusätzlich eingefügten Anweisungsnummer (99999 CONTINUE) vor dem
somit einzigen Programmende.

```
                          FORTRAN-Quelltext
        ...
        CALL EXTEXT(ITRANS)
        GOTO 99999
900     TYPE 3,LTOT
3       FORMAT('STRUCTURE, TOO LARGE FOR CORE; ',18,'WORDS' /
1               '        SEE COOPER            '       /)
        GOTO 99999
990     TYPE $
4       FORMAT(' READ ERROR, OR STRUCTURE FILE ERROR; ' /
1               '  SEE    COOPER              '       /)
99999   CONTINUE
        STOP
        END
```

Abb. 5.28: Eliminierung multipler Programmausgänge

Festlegung des Ziel- und Ausgangsmodells

Da auch das Ergebnis der Restrukturierung unstrukturierte Kontrollelemente enthalten kann, sind Ziel- und Ausgangsmodell bis auf eine Erweiterung des Zielmodells bei den strukturierten Kontrollkonstrukten identisch. Die Modelle sind gemäß den FORTRAN-Syntaxbeschreibungen innerhalb dieses Kapitels speziell angepaßte Varianten der Programmodellierungen von Seite 99 und 115. Entsprechend Abb. 5.29 besteht ein FORTRAN-Programm aus einer Menge von Anweisungen und Kommentaren, die in textlicher Folge angeordnet sind. Von diesen Anweisungen/Kommentaren interessieren speziell die Kontrollanweisungen, die dann im weiteren in unstrukturierte und strukturierte eingeteilt werden. Da nur bestimmte Kontrollanweisungen von dieser Einteilung betroffen sind, ist die Spezialisierug nicht vollständig. Zu den unstrukturierten Kontrollanweisungen gehören die GOTO-Anweisung, die arithmetische und logische IF-Bedingung sowie Ein-/Ausgabeanweisungen und Unterprogrammaufrufe mit alternativen Rücksprüngen. Die logische IF-Bedingung als unstrukturierte Kontrollanweisung wird auf den Fall reduziert, daß nach der Bedingung unmittelbar eine Sprunganweisung folgt, d.h., es handelt sich um eine bedingte Sprunganweisung. Besteht dagegen eine logische IF-Anweisung nach der Bedingung aus einer Nicht-Kontrollanweisung, so wird sie insgesamt als strukturierte Kontrollanweisung behandelt, die von der Restrukturierung nicht betroffen ist. Darüber hinaus zählen zu den strukturierten Kontrollanweisungen die DO-Repetition, die gemäß einer vorgegebenen Anzahl von Iterationen ausgeführt wird, und die Block-IF-Selektion, die erst ab FORTRAN 77 verfügbar ist. Strukturierte Kontrollanweisungen verfügen über einen Kopf-, mindestens einen Rumpf- und maximal einen Fußteil, die jeweils aus einem Block von hintereinanderliegenden Anweisungen/Kommentaren (mindestens eine Anweisung oder ein Kommentar)

bestehen. Die DO-Repetition und die logische IF-Anweisung ohne Sprung bestehen z.B. aus jeweils einem Rumpfteil, während die Block-IF-Anweisung mehrere
Rumpfteile - entsprechend der verschiedenen Fallunterscheidungen - aufweisen
kann. Die logische IF-Anweisung ohne Sprung besitzt keinen Fußteil.

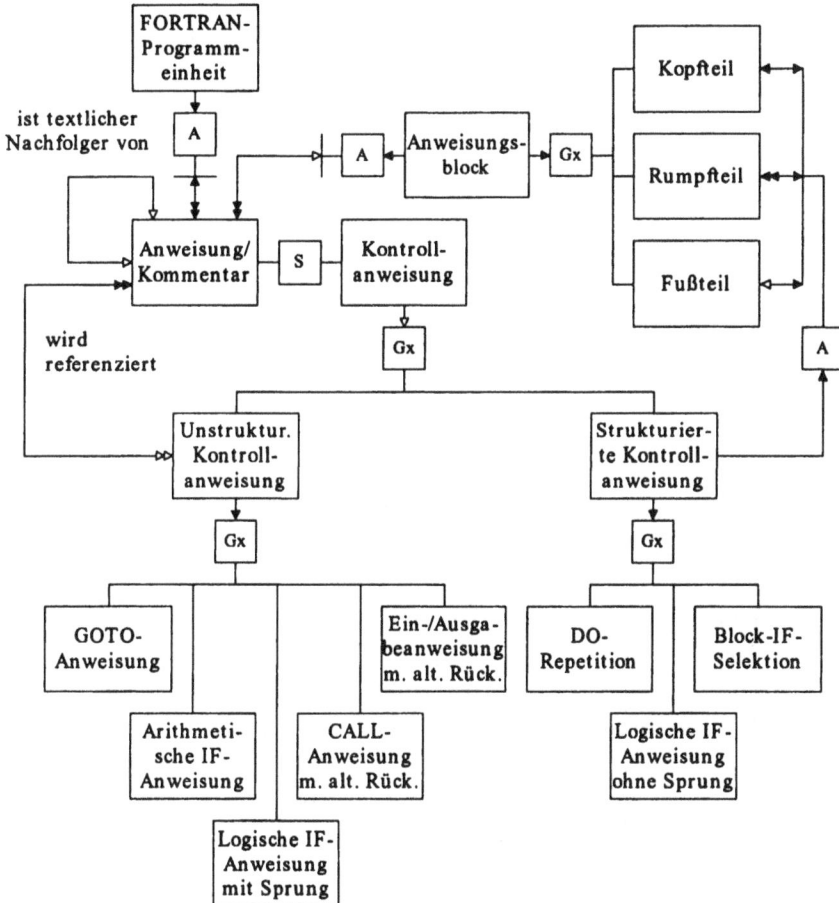

Abb. 5.29: Ausgangsmodell zur FORTRAN-Restrukturierung

Das Zielmodell umfaßt alle Strukturen des Ausgangsmodells und wird lediglich
um die neu konstruierten strukturierten Kontrollelemente erweitert. Daher wird
bei der Darstellung des Zielmodells in Abb. 5.30 nur noch die ergänzte Speziali-
sierungshierarchie des Informationsobjektes "Strukturierte Kontrollanweisung"
aufgezeigt.

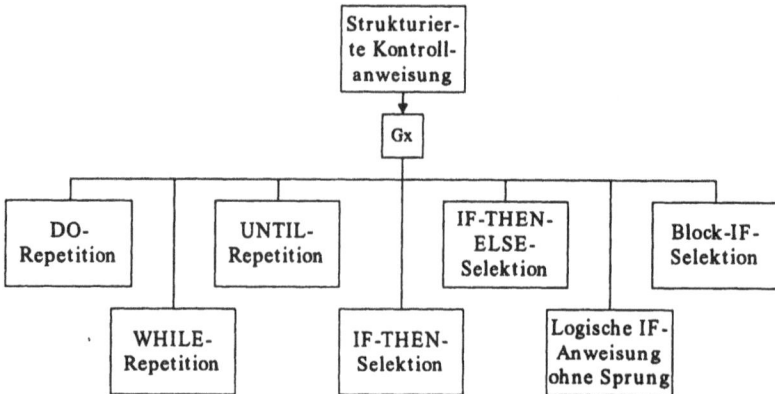

Abb. 5.30: Zielmodell zur FORTRAN-Restrukturierung

Festlegung der Zwischenmodelle und Transformationen

Die Gesamttransformation ist in Abb. 5.31 dargestellt und besteht aus folgenden Teilschritten:

- Erfassen der Einzelobjekte und -beziehungen gemäß dem FORTRAN-Aus-gangsmodell
- Transformieren in eine Programmflußgraphen-Darstellung
- Eliminieren "toter" Kodestrecken und Sicherstellen der Reduzierbarkeit des Flußgraphen
- Ersetzen unstrukturierter durch strukturierte Kontrollelemente
- Rücktransformieren in eine FORTRAN-Darstellung.

Bis auf den ersten und letzten Schritt sind die einzelnen Transformationen aus-führlich in Abschnitt 4.2.1 beschrieben; daher werden im folgenden nur noch die FORTRAN-spezifischen Besonderheiten erläutert.

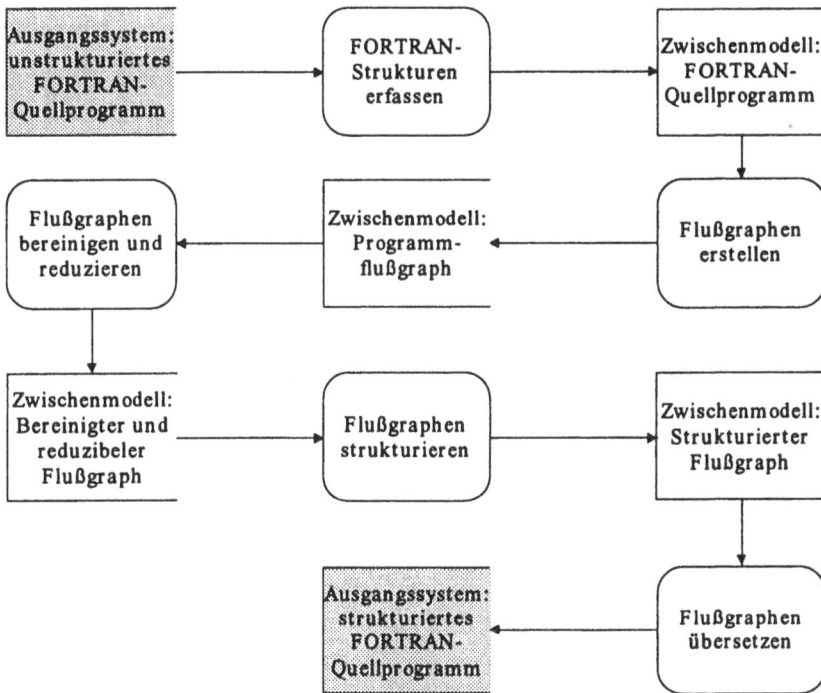

Abb. 5.31: Gesamttransformationsprozeß zur FORTRAN-Restrukturierung

Die Erfassung der Einzelobjekte und -beziehungen gemäß dem FORTRAN-Aus-
gangsmodell erfolgt durch zeilenweises Bearbeiten der Quellprogramme. Für
jede unstrukturierte Programmeinheit wird ein Einzelobjekt vom Typ
FORTRAN-Programm identifiziert (z.B. durch den Programm- oder Dateinamen)
und abgelegt. Bei dem sukzessiven Durchsuchen der Quellprogrammzeilen werden Anweisungen und Kommentare erkannt und zur Erzeugung von entsprechenden Einzelobjekten verwendet. Gleichzeitig wird die Aggregationszuordnung
zum betreffenden FORTRAN-Programmobjekt vorgenommen und die rekursive
Beziehung "ist textlicher Nachfolger von" generiert. Wurde bei dem Durchsuchen
eine Anweisung identifiziert, muß im weiteren geprüft werden, ob es sich um
eine strukturierte oder unstrukturierte Kontrollanweisung handelt. Ist dies der
Fall, werden die zutreffenden Teilobjekte und Spezialisierungsbeziehungen
erzeugt. Bei unstrukturierten Kontrollanweisungen müssen durch eine Rück-
oder Vorausschau innerhalb des Quelltextes die referenzierten Sprungzielanwei-
sungen lokalisiert und zur Generierung der Beziehung "wird referenziert" verwendet werden. Ebenfalls mit Hilfe einer Vorausschau sind Kopf-, Rumpf- und
Fußteile der strukturierten Kontrollanweisungen zu ermitteln und abzulegen.

Für das Beispielprogramm sind in Abb. 5.32 die Einzelobjekte des Informationsobjektes "Anweisung/Kommentar" mit der kontrollanweisungsbezogenen Spezia-
lisierung/Generalisierungshierarchie in tabellarischer Form dargestellt; aus
Platzgründen konnten jedoch nur die ersten Zeichenstellen der Anwei-
sung/Kommentar-Texte ausgewiesen werden.

Informationsobjekt: Anweisung/Kommentar												
		Teilobjekt: Kontrollanweisung										
			Teilobjekt: Unstr. Kontrollan.						Teilobj.:Struk. KA			
ID	Text	KA	UK	GT	AI	IS	CA	EA	SK	DO	IO	BI
1	IMPLICIT											
2	COMMON /											
...	...											
9	CALL ALC	ja										
10	CALL IFI	ja										
11	CALL REA	ja	ja				ja					
12	NCHARS=I											
13	NWORDS=I											
14	NTOT=(NC											
15	LTOT=(NC											
16	IF(LTOT,	ja	ja			ja						
17	CALL REA	ja	ja				ja					
18	LM=0											
...	...											
25	LWEX=NWO											
26	DO 700 I	ja							ja	ja		
27	MEMORY(L											
28	700 CONTINUE	ja										
29	CALL EXT	ja										
30	GOTO 999	ja	ja	ja								
31	900 TYPE 3,L											
32	3 FORMAT('											
33	GOTO 999	ja	ja	ja								
34	990 TYPE $											
35	4 FORMAT('											
36	99999 CONTINUE	ja										
37	STOP	ja										
38	END	ja										

Legende:
ID: Identifikation, KA: Kontrollanweisung, UK: unstrukturierte Kontrollanweisung,
SK: strukturierte Kontrollanweisung, GT: Teilobjekt GOTO-Anweisung,
AI: Teilobjekt Arithmetische IF-Anweisung, IS: Teilobjekt Logische IF-Anweisung
mit Sprung, CA: Teilobjekt CALL-Anweisung mit alternativen Rücksprüngen,
EA: Teilobjekt Ein-/Ausgabeanweisung mit alternativen Rücksprüngen,
DO: Teilobjekt DO-Repetition, IO: Teilobjekt Logische IF-Anweisung ohne Sprung,
BI: Teilobjekt Block-IF-Selektion.

Abb. 5.32: Einzelobjekte zur FORTRAN-Restrukturierung

Die Transformation des FORTRAN-Programmodells in eine Flußgraphendarstellung erfolgt gemäß den Verarbeitungsschritten von Seite 121. Dabei werden die
einfachen GOTO-Anweisungen als unbedingte und alle anderen unstrukturierten Kontrollanweisungen als bedingte Sprünge behandelt. Die strukturierten
und die als unveränderbar markierten unstrukturierten Kontrollanweisungen
werden in der Flußgraphendarstellung wie Nicht-Kontrollanweisungen behandelt. Die folgenden Flußgraphentransformationen zur Eliminierung der "toten"
Kodestrecken und zur Sicherstellung der Flußgraphenreduzierbarkeit entsprechen dann den bereits beschriebenen Bearbeitungsschritten. Muß jedoch eine
Knotenverdopplung vorgenommen werden, um einen reduzibelen Flußgraphen
zu erhalten, ist darauf zu achten, daß die Eindeutigkeit der davon betroffenen
FORTRAN-Anweisungsnummern sichergestellt wird und deklarative Anweisungen nicht mehrfach auftreten. Auch dürfen dabei die im Ausgangssystem enthaltenen strukturierten Kontrollelemente mit ihren Kopf-, Rumpf- und Fußteilen
nur als Ganzes vervielfacht werden. Die Anweisungen des Beispielprogramms
werden in Abb. 5.33 Flußgraphenknoten zugeordnet, jedoch sind hier - im
Gegensatz zur Knotenkonstruktion mittels Grundblöcken - die Verzweigungs-
knoten bereits separat ausgewiesen.

Knoten	FORTRAN-Quelltext
| A | ```
      IMPLICIT INTEGER(A-Z)
      COMMON / ALLOC / MEM(2048),LM,LU,LV,LW,LX,LY,LQ,LWEX,
     1           NCHARS,NWORDS
      DIMENSION MEMORY(2048),INHEAD(4),ITRANS(128)
      TYPE 1
    1 FORMAT('DOMOLKI STRUCTURE FILE NAME?'$)
      NAMDML=0
      ACCEPT 2,NAMDML
    2 FORMAT(A5)
      CALL ALCHAN(ICHAN)
      CALL IFILE(ICHAN,'DSK',NAMDML,'DAT',0,0)
``` |
| p | `      CALL READS(ICHAN,INHEAD,132,NREAD,$990,$990)` |
| B | ```
      NCHARS=INHEAD(1)
      NWORDS=INHEAD(2)
      NTOT=(NCHARS+7)*NWORDS
      LTOT=(NCHARS+5)*NWORDS
``` |
| q | `      IF(LTOT.GT.2048) GO TO 900` |
| r | `      CALL READB(ICHAN,MEMORY,LTOT,NREAD,$990,$990)` |
| C | ```
      LM=0
      LU=NCHARS*NWORDS+LM
      LV=NWORDS+LU
      LW=NWORDS+LV
      LX=NWORDS+LW
      LY=NWORDS+LX
      LQ=NWORDS+LY
      LWEX=NWORDS+LQ
      DO 700 I=2,NWORDS
      MEMORY(LWEX+I)=(MEMORY(LW+I).OR.(MEMORY(LW+I)*2))
  700 CONTINUE
      CALL EXTEXT(ITRANS)
      GOTO 99999
``` |
| D | ```
  900 TYPE 3,LTOT
    3 FORMAT('STRUCTURE, TOO LARGE FOR CORE; ',I8,'WORDS' /
     1        '           SEE COOPER            '     /)
      GOTO 99999
``` |
| E | ```
  990 TYPE $
    4 FORMAT(' READ ERROR, OR STRUCTURE FILE ERROR; ' /
     1        '    SEE   COOPER              '     /)
``` |
| F | ```
99999 CONTINUE
      STOP
      END
``` |

Abb. 5.33: FORTRAN-Beispielprogramm zur Restrukturierung

Stellt man diesen Flußgraphen graphisch dar (vgl. Abb. 5.34), so erkennt man aufgrund der ausschließlich vorwärts gerichteten Kanten unmittelbar, daß weder "tote" Kodestrecken vorhanden sind noch daß der Flußgraph irreduzibel ist.

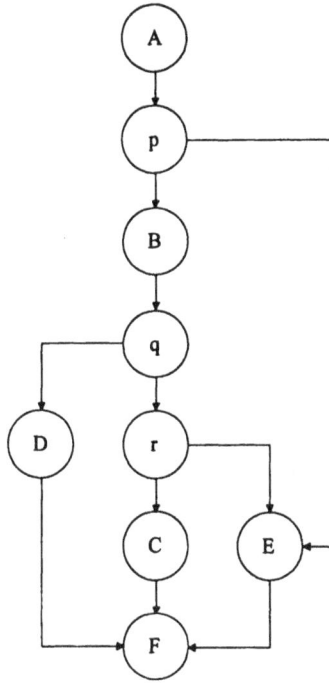

Abb. 5.34: Flußgraph zur FORTRAN-Restrukturierung

Der Prozeß "Ersetzen unstrukturierter durch strukturierte Kontrollelemente" setzt auf der erweiterten Flußgraphendarstellung auf und identifiziert mit Hilfe des Dominatorbaums (vgl. Abb. 5.35) die zusammengehörenden Repetitionen und Selektionen. Da innerhalb der Rumpfteile von strukturierten Kontrollelementen, die bereits im Ausgangssystem vorhanden sind, ebenfalls unstrukturierte Verzweigungen enthalten sein können, müssen auch diese mit in die Flußgraphendarstellung aufgenommen werden; sie dürfen jedoch nicht ersetzt, sondern nur bereinigt werden. Die DO-Repetition innerhalb des Beispielprogramms ist ein strukturiertes Kontrollelement und enthält in ihrem Rumpf nur eine Zuweisung, so daß sie insgesamt als Nicht-Kontrollanweisung behandelt wird und im Prozeßknoten C enthalten ist. Darüber hinaus sind im Beispielprogramm nur vorwärts gerichtete Kanten vorhanden, was darauf schließen läßt, daß nur Selektionen bei der Restrukturierung vorkommen.

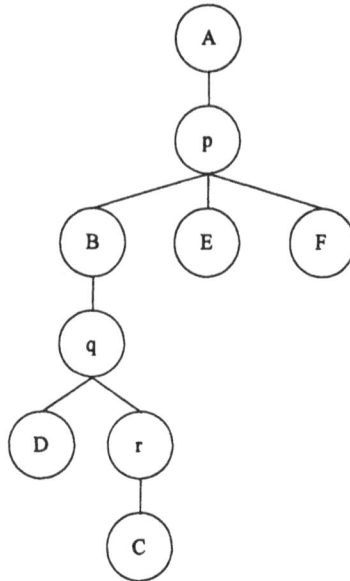

Abb. 5.35: Dominatorbaum zur FORTRAN-Restrukturierung

Zur Identifikation der ersten Selektion p kann alternativ als Selektionsfuß der
Knoten E oder F gewählt werden; für das Beispiel wurde der Knoten E ausge-
wählt. Durch mehrfaches Anwenden der in Abschnitt 4.2.1 beschriebenen
Umsetzschablonen erhält man einen strukturierten Flußgraphen gemäß
Abb. 5.36. Innerhalb des dargestellten Beispielprogramms sind bei dieser
Umsetzung keine Kodeverdopplungen notwendig; müßten jedoch bei anderen
Programmen solche Transformationen durchgeführt werden, sind - ebenso wie
bei Sicherstellung der Reduzierbarkeit des Flußgraphen - die betroffenen
Anweisungsnummern sowie deklarativen und strukturierten Anweisungen
besonders zu beachten und ggf. zu bearbeiten.

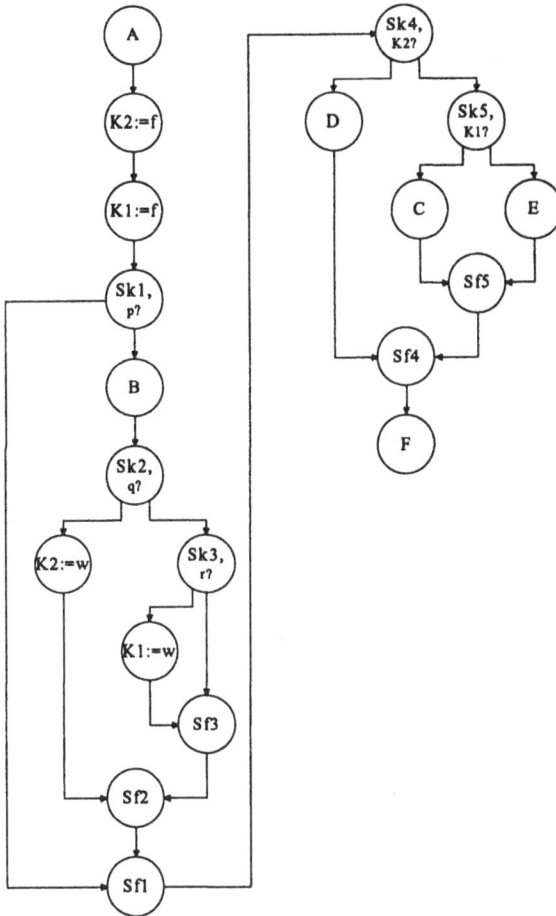

Abb. 5.36: Strukturierter Flußgraph zur FORTRAN-Restrukturierung

Auf der Grundlage dieses strukturierten Flußgraphen erfolgt als letzter Prozeß die Rücktransformation in die FORTRAN-Darstellung. Die Prozeßknoten werden durch die ihnen zugeordneten FORTRAN-Anweisungen und -Kommentare ersetzt. Die zusätzlich eingefügten Kontrollvariablen K1 und K2 müssen am Programmanfang als LOGICAL-Variablen deklariert und die Prozeßknoten mit den Wertzuweisungen zu diesen Variablen in entsprechende FORTRAN-Zuweisungen umgesetzt werden. Die neuen, strukturierten Kontrollelemente sind gemäß den beschriebenen Umsetzschablonen in FORTRAN-Anweisungen zu transformieren; dabei ist auch eine Anpassung aller Anweisungsnummern vorzunehmen. Das Ergebnis dieser Rücktransformation für das Beispielprogramm ist Abb. 5.37 zu entnehmen.

Ebene	FORTRAN-Quelltext
1	`IMPLICIT INTEGER(A-Z)`
1	`LOGICAL K1,K2`
1	`COMMON / ALLOC / MEM(2048),LM,LU,LV,LW,LX,LY,LQ,LWEX,`
1	`1       NCHARS,NWORDS`
1	`DIMENSION MEMORY(2048),INHEAD(4),ITRANS(128)`
1	`TYPE 1`
1	`1   FORMAT('DOMOLKI STRUCTURE FILE NAME?'$)`
1	`NAMDML=0`
1	`ACCEPT 2,NAMDML`
1	`2   FORMAT(A5)`
1	`CALL ALCHAN(ICHAN)`
1	`CALL IFILE(ICHAN,'DSK',NAMDML,'DAT',0,0)`
1	`K2=.FALSE.`
1	`K1=.FALSE.`
1	`C   IF <normaler Rücksprung> THEN`
1	`CALL READS(ICHAN,INHEAD,132,NREAD,$10102,$10102)`
1 2	`NCHARS=INHEAD(1)`
1 2	`NWORDS=INHEAD(2)`
1 2	`NTOT=(NCHARS+7)*NWORDS`
1 2	`LTOT=(NCHARS+5)*NWORDS`
1 2	`C   IF (LTOT.GT.2048) THEN`
1 2	`IF(LTOT.GT.2048) GO TO 10202`
1 2 3	`C     IF <normaler Rücksprung> THEN`
1 2 3	`CALL READB(ICHAN,MEMORY,LTOT,NREAD,$10302,$10302)`
1 2 3 4	`K1=.TRUE.`
1 2 3	`C     ENDIF`
1 2 3	`10302   CONTINUE`
1 2	`C   ELSE`
1 2	`GOTO 10203`
1 2	`10202 CONTINUE`
1 2 3	`K2=.TRUE.`
1 2	`C   END IF`
1 2	`10203 CONTINUE`
1	`C   END IF`
1	`10102 CONTINUE`
1	`C   IF <K2=wahr> THEN`
1	`IF .NOT.(K2) GOTO 10402`
1 2	`TYPE 3,LTOT`
1 2	`3   FORMAT('STRUCTURE, TOO LARGE FOR CORE; ',18,'WORDS' /`
1 2	`1       '      SEE COOPER      '      /)`
1	`C   ELSE`
1	`GOTO 10403`
1	`10402 CONTINUE`
1 2	`C   IF <K1=wahr> THEN`
1 2	`IF .NOT.(K1) GOTO 10502`
1 2 3	`LM=0`
1 2 3	`LU=NCHARS*NWORDS+LM`
1 2 3	`LV=NWORDS+LU`
1 2 3	`LW=NWORDS+LV`
1 2 3	`LX=NWORDS+LW`
1 2 3	`LY=NWORDS+LX`

Ebene	FORTRAN-Quelltext (Fortsetzung)		
1 2 3			LQ=NWORDS+LY
1 2 3			LWEX=NWORDS+LQ
1 2 3			DO 700 I=2,NWORDS
1 2 3 4			MEMORY(LWEX+I)=(MEMORY(LW+I).OR.(MEMORY(LW+I)*2))
1 2 3		700	CONTINUE
1 2 3			CALL EXTEXT(ITRANS)
1	C		END IF
1		10403	CONTINUE
1			STOP
1			END

Abb. 5.37: Ergebnis zur FORTRAN-Restrukturierung

6. Kapitel

Weitere Aspekte des Software-Reengineering

6.1 Integration von CASE und CARE

Die Entwicklung moderner Software-Produktionsumgebungen läßt eindeutig
einen Trend hin zu integrierten und offenen Systemen erkennen. Integration
beinhaltet dabei das einheitliche Aussehen der Benutzeroberfläche
(Präsentationsintegration), die gemeinsame Nutzung von Entwicklungsdaten
(Datenintegration) und das einheitliche Verhalten der Werkzeuge
(Kontrollintegration). Die Offenheit von CASE-Systemen bezieht sich auf die
Eigenschaft, auf verteilten, heterogenen Hardware- und Software-Plattformen
ablauffähig zu sein, und die Existenz eines Architekturmodells mit standardi-
sierten und frei zugänglichen Schnittstellen, die den Import und Export von
Datenbeständen sowie die Integration neuer Methoden und Werkzeuge ermögli-
chen [Ljubojevic/91]. Um diese beiden Zielsetzungen zu erreichen, besteht ein
breit akzeptiertes Konzept, moderne CASE-Architekturen auf der Grundlage von
Metamodellen zu definieren und mit Hilfe erweiterter Entity-Relationship-
Ansätze darzustellen [Scheer/91, S. 24-41].

Dies entspricht der methodischen Grundlage der dargestellten Vorgehensweise
zum Reengineering, so daß eine Integration von CASE und CARE im gleichen
Paradigma erfolgen kann [Martin/91]. In Abhängigkeit von der Unterstützung,
die ein spezielles CASE-System im Hinblick auf Integration und Offenheit zur
Verfügung stellt, können bei der Integration einer bestimmten Reengineering-
Methode zwei grundsätzliche Vorgehensweisen unterschieden werden:

*   Interne Integration, d.h., die Reengineering-Methode und eingesetzten
    -Werkzeuge werden integraler Bestandteil der Entwicklungsumgebung.
*   Externe Integration, d.h., CASE und CARE sind eigenständige Software-
    Systeme, die über eine Datenschnittstelle miteinander kommunizieren.

Voraussetzung für eine interne Integration sind die direkte Veränder- und
Erweiterbarkeit des CASE-Systems im Hinblick auf das zugrundeliegende
Informationsmodell sowie die Möglichkeiten zur Festlegung dynamischer Beziehungen zwischen den Modellkomponenten [Wieken/91]. Die auf den verschiedenen Abstraktionsebenen definierten Modelle des Reengineering-Prozesses mit

ihren Komponenten und Beziehungen können dann unmittelbar in das Informationsmodell aufgenommen und sogar mit den vorhandenen Objekten des Forward-Engineering-Prozesses verbunden werden. Anschließend folgt die Integration der Transformationsregeln mit Hilfe der durch das CASE-System vorgegebenen Sprache zur Spezifikation dynamischer Beziehungen, d.h., wenn keine anderen Möglichkeiten vorhanden sind, die Erstellung eines Programms, das die Eingabe- in die Ausgabeobjekte transformiert. Für eine automatische Erfassung von Informationsbeständen müssen ebenfalls spezielle Erfassungsprogramme erstellt werden, welche die extrahierten Objekte über die Kommunikationsschnittstelle in das CASE-System überführen.

Eine externe Integration bietet sich an, wenn die interne Struktur eines CASE-Systems nicht unmittelbar verändert werden kann. In diesem Fall wird für den Reengineering-Prozeß ein eigenständiges Programm entwickelt, dessen Ergebnisse über die Datenschnittstelle in die Software-Entwicklungsumgebung übernommen werden. Weist dieser Prozeß darüber hinaus Teile des Forward-Engineering auf, die das CASE-System abdeckt, so kann eine wechselseitige Verarbeitung durch Austausch der Entwicklungsobjekte über die Kommunikationsschnittstelle vorgesehen werden. Da jedoch zu erwarten ist, daß sich in Zukunft Systeme mit parametrisierbaren internen Strukturen durchsetzen werden, ist diese Integrationsart nur als Zwischenlösung zu betrachten.

Bei der Entwicklung von Programmen - sowohl bei externer wie auch interner Integration - bietet es sich an, die bereits vorhandene Software-Produktionsumgebung einzusetzen. Besonders vorteilhaft ist dabei, daß ein spezifizierter Reengineering-Prozeß von seiner Struktur her weitgehend einem Implementierungsmodell entspricht. Damit kann nach der Erfassung innerhalb des CASE-Systems eine unmittelbare - im Idealfall automatisierte - Umsetzung in ein Anwendungssystem erfolgen.

6.2 Wirtschaftlichkeit als Entscheidungskriterium

Soll eine Altanwendung ersetzt oder in ihrer Darstellungsform geändert werden, ist zwischen "Neuentwicklung ohne Berücksichtigung des Altsystems" und "Reengineering des Altsystems" eine geeignete Vorgehensweise zu wählen. In der Praxis wird man sich auch ohne Betonung einzelner Reengineering-Maßnahmen häufig für einen kombinierten Ansatz entscheiden, der aber oft intuitiv vom jeweiligen Entwickler festgelegt wird (z.B. nach der persönlichen Präferenz, ob man sich mit den Programmen anderer "herumschlagen" möchte oder nicht). Eine unter Wirtschaftlichkeitsaspekten zu treffende Wahl einer geeigneten Vor-

gehensweise muß sich am Aufwand für eine Neuentwicklung als Obergrenze orientieren, mit der Folge, daß nur dann Reengineering-Maßnahmen eingesetzt
werden dürfen, wenn ihr Aufwand geringer ist. Wie bereits erläutert, hebt eine
strikte Ausrichtung am Wirtschaftlichkeitsanspruch des Software-Engineering
die Unterscheidung in Neuentwicklung und Reengineering auf. In diesem Fall
sind alle verfügbaren Informationsquellen im Hinblick auf ihren Informationsgehalt sowie den Aufwand zur Informationsgewinnung zu analysieren und zu
bewerten; anschließend werden diejenigen Erhebungsmethoden eingesetzt, bei
denen das Verhältnis von benötigten Informationen zu notwendigem Aufwand
am günstigsten ist.

Ob Entwicklungstätigkeiten manuell durchgeführt oder durch automatisierte
Systeme unterstützt werden sollen, ist eine weitere Entscheidung, die ebenfalls
nur nach Wirtschaftlichkeitskriterien getroffen werden darf. Dies bedeutet
grundsätzlich ein Abwägen zwischen dem Aufwand zur Programmerstellung und
den Einsparungen, die bei der DV-Unterstützung gegenüber einer manuellen
Vorgehensweise erreicht werden können. Da eine Neuaufnahme von Zusammenhängen primär als Kommunikationsprozeß zwischen Personen betrieben
wird, ist hierbei nur eine begrenzte DV-Unterstützung möglich bzw. sinnvoll. Bei
den meisten Reengineering-Maßnahmen müssen dagegen die gewünschten
Informationen häufig aus sehr umfangreichen Datenbeständen extrahiert werden. Dabei sind diese großen Datenmengen formalen Transformations- und Auf-
bereitungsprozessen zu unterziehen, was bei einer manuellen Bearbeitung zu
erheblichen Aversionen führen kann. Jedoch handelt es sich hierbei um die klas-
sische DV-Aufgabenstellung, so daß im Gegensatz zur Neuaufnahme hohe
Automatisierungspotentiale vorhanden sind, die es auszunutzen gilt.

Zur Erhöhung der Wirtschaftlichkeit bietet es sich sogar an, daß nicht jeder
Anwender eine Individuallösung anstrebt, sondern daß Standardisierungspoten-
tiale in Form von verallgemeinerten Reengineering-Ansätzen genutzt werden.
Software-Hersteller bzw. Unternehmensberater könnten Vorgehensmodelle zum
Reengineering und die entsprechenden Software-Werkzeuge zur Unterstützung
für Klassen von Anwendungssystemen, z.B. für FORTRAN- oder COBOL-
Anwendungen, entwickeln und diese dann innerhalb von Reengineering-Projekten bei Kunden einsetzen. Zur Durchführung eines solchen Projektes würde ein
Team aus Reengineering-Spezialisten des Anbieters sowie aus Systementwick-
lern und Fachvertretern von seiten des Anwenders gebildet. Im Rahmen einer
Voruntersuchung wäre zu prüfen, welche Informationen in welcher Qualität vorliegen, ob die vorhandene Vorgehensweise einschließlich der Werkzeuge unmittelbar eingesetzt werden kann oder ob eine spezielle Anpassung wirtschaftlich

vertretbar ist und aus welchen Neuerfassungs- bzw. Reengineering-Maßnahmen der gesamte Prozeß zusammengesetzt werden sollte. Der einzelne Anbieter könnte dadurch von der kostengünstigen Nutzung des allgemeinen Reengineering-Verfahrens profitieren, ohne auf eine Berücksichtigung individueller Strukturen - entweder durch Neuerfassung oder durch Werkzeuganpassung - verzichten zu müssen.

6.3 Reengineering als Ausbildungsdisziplin

In der Einführung wird bereits darauf hingewiesen, daß - mit steigender Tendenz - bei großen Anwendern zwei von drei in der DV tätigen Mitarbeitern mit Software-Wartung konfrontiert sind. Prinzipiell ist sogar jeder davon betroffen, denn in der Praxis hat sich - mangels anderer Alternativen - ein allgemeiner "life cycle" für den beruflichen Werdegang eines Software-Ingenieurs herausgebildet, der zu Beginn aus einer relativ kurzen Zeit der Software-Neuentwicklung und einer anschließenden langen Phase der -Pflege im Verhältnis zur Lebensarbeitszeit besteht.[1] Sollen dieser "Teufelskreis" durchbrochen und der Wartungsaufwand reduziert werden, muß die personelle Abhängigkeit zwischen Entwickler und Software-System konsequent beseitigt werden, was nur über eine hohe Software-Qualität sowie ausreichende methodische und werkzeugmäßige Unterstützung in den Gebieten Software-Pflege und -System-Management erreichbar ist. Auch im Hinblick auf die zunehmende Auslagerung (outsourcing) der Pflege großer Software-Systeme vom Anwender hin zu Soft-

---

[1] Fast jede Neuentwicklung leidet auch heute noch unter akutem Zeitmangel, der - wie auch früher - zu Lasten der Software-Qualität ausgeglichen wird. Hinzu kommt, daß nur begrenztes Wissen über Wartungsanforderungen vorhanden ist, verstärkt durch den falschen Glauben, mit Einsatz moderner Software-Methoden und -Werkzeuge würde dieser Aspekt automatisch abgedeckt. Nach Abschluß einer Neuentwicklung - oft nach dem Prinzip "Termin geht vor Inhalt" - sind normalerweise noch viele Ergänzungen und Fehlerkorrekturen notwendig, die natürlich am schnellsten und billigsten durch die originären Entwickler durchgeführt werden. Damit sind der Übergang von einem Software-Entwickler zu einem -Pfleger und die personelle Abhängigkeit bei Software-Systemen vorgezeichnet. Als Ergebnis ist zu beobachten, daß sich die heutigen Entwickler morgen in der Software-Pflege wiederfinden und daß dann die nächste Generation von Anfängern die Neuentwicklung bestimmt. Diese Zyklen werden mit Überschneidungen zeitlich immer kürzer; so dauerte die Phase der Assembler-Programmierung ca. 15, die der Programmierung mit 3. Generationssprachen ca. 10, die der 4. Generationssprachen 8 Jahre und heute steht bereits der Übergang zu objektorientierten Sprachen an.

ware-Häusern und Unternehmensberatungen, wird ein kalkulierbares und effizientes Arbeiten in diesem Bereich erforderlich.

Zur Deckung dieses Bedarfs können die Hochschulen einen wesentlichen Beitrag leisten, indem sie diese Gebiete - beispielsweise zusammengefaßt unter dem Begriff Reengineering - innerhalb von Forschung und Ausbildung stärker berücksichtigen. Mit zunehmender methodischer und werkzeugmäßiger Durchdringung könnte sich dann ein neues Berufsbild, das des Wartungsingenieurs, herausbilden, der nicht nur die Wartungsfunktionalität im engeren Sinne abdeckt, sondern auch für Integration, Software-Wiederverwendbarkeit und Reverse-Engineering zuständig ist. Ebenfalls ist eine Weiterentwicklung hin zum Anwendungssystemmanager möglich, der technische und wirtschaftliche Aspekte seiner Systeme plant, steuert und kontrolliert.[2] Um einem solchen Berufsbild gerecht zu werden, müßte eine darauf ausgerichtete Ausbildung zur Beherrschung folgender Aufgaben führen:

- anforderungsgerechtes Prüfen und Abnehmen von neuentwickelten Anwendungssystemen zur Übernahme in die Pflege
- systematisches Vorgehen zur Analyse von Software-Systemen im Hinblick auf Änderungsmaßnahmen und -aufwendungen
- effizientes Durchführen von Systemänderungen, so daß keine Folgefehler auftreten und die Software-Qualität nicht oder nur kontrolliert verschlechtert wird
- Optimieren des Service- und Nutzungsgrades einer Anwendung, entsprechend der Systemlebensphase
- Offenlegen und Realisieren von Wiederverwendbarkeits- und Integrationspotentialen.

Dieses Aufgabenspektrum erfordert u.a. Kenntnisse in den Gebieten:

- Programmiersprachen und Software-Systemumgebungen: Dabei interessieren natürlich nur solche Systeme, die in der Wartung eine wichtige Rolle spielen. Der Inhalt solcher Veranstaltungen beschränkt sich auf die pflegerelevanten Strukturen und Besonderheiten und unterscheidet sich damit

---

[2] Dazu zählen u.a. die Einschätzung, in welcher Lebensphase sich ein Software-System befindet, ob Programmerweiterungen und Migrationen wirtschaftlich vertretbar sind, wie Service- und Nutzungsgrad einer Anwendung zu bewerten sind und wann ein System wie abgelöst werden soll.

erheblich von der Ausbildung, die zur Entwicklung mit solchen Systemen befähigen soll.

- Software-Qualitätssicherung: Hier muß zum einen dargestellt werden, welche konkreten Anforderungen sich durch die Wartung an die Qualität des Software-Systems während der Neuentwicklung ergeben und wie die Qualitätsmerkmale umgesetzt werden können. Zum anderen müssen auch die Ziele, Merkmale und Methoden für eine qualitativ hochstehende Software-Pflege vermittelt werden.

- Software-Analyse: Die Beurteilung bezieht sich auf statische Software-Strukturen, aber auch auf das dynamische Verhalten des gesamten Anwendungssystems und dessen Ergebnisse (Datenbestände). Dazu ist es notwendig, systematische Vorgehensweisen für verschiedene Analysetypen zu vermitteln, einschließlich der Kenntnisse über methodisches Programmtesten, den Einsatz von Software-Metriken sowie die Identifikation und Beurteilung von Folgewirkungen bei Reengineering-Maßnahmen. Darüber hinaus sollte auch die Erstellung von entsprechenden Gutachten Gegenstand dieses Gebietes sein.

- Software-Restrukturierung und Reverse-Engineering: Hier sind allgemein anwendbare Methoden, aber auch spezielle Vorgehensweisen für häufig auftretende Problemstellungen darzustellen.

- Management von Reengineering-Maßnahmen: Ähnlich wie bei der Projektierung von Neuentwicklungen müssen Reengineering-Maßnahmen im Hinblick auf Durchführbarkeit und Wirtschaftlichkeit geplant, gesteuert und kontrolliert werden. Die Besonderheiten des Reengineering sind hier herauszuarbeiten und zu vermitteln.

- Management von Anwendungssystemen: Darstellung von Methoden zur Analyse und Optimierung von Service- und Nutzungsgrad.

- Einsatz von Werkzeugen, um den Prozeß des Reengineering effektiv und effizient zu gestalten [Stahlknecht/93].

Gelingt es, die dargestellten Inhalte zu vermitteln und das Bewußtsein für Reengineering bei den Studenten positiv zu besetzen, könnte eine neue attraktive Berufsrichtung innerhalb der Informatik entstehen.

Zusammenfassung und Ausblick

Wartung, Migration, Integration und Ersetzung bestehender Informationssysteme verschlingen immer größere Anteile der Entwicklungskapazitäten. Zur Lösung dieser Probleme werden unterschiedlichste Maßnahmen unter dem Begriff Reengineering angeboten, von denen viele in der Praxis nicht oder nur begrenzt umgesetzt wurden. Das dargestellte Vorgehensmodell bietet eine bereits praktisch erfolgreich erprobte, universelle Methode zum Software-Reengineering.

Der Anspruch auf breite Anwendbarkeit resultiert aus einer einheitlichen Modellierung und Verarbeitung aller Informationen, die zu einem Anwendungssystem vorhanden sind. Quellprogramme und sonstige Systembeschreibungen werden als Informationsbestände behandelt, deren Strukturen mit Hilfe eines modifizierten Entity-Relationship-Ansatzes beschrieben werden. Dieser Ansatz dient auch zur Modellierung des Ausgangs- und Zielsystems einer Reengineering-Maßnahme sowie aller Zwischenergebnisse. So entsteht eine einheitliche Grundlage für die Formulierung der Übergänge zwischen verschiedenen Systemrepräsentationen, die leicht erweitert und modifiziert werden kann. Durch Formalisierung unterschiedlicher Systeminformationen und Transformationsprozesse sind umfangreiche Automatisierungspotentiale vorhanden, deren Nutzung die Effizienz des Verfahrens wesentlich steigern kann. Die dargestellten Methoden sind als integraler Bestandteil eines zukünftigen Software-Engineering zu verstehen, das auf Metamodellen basiert und durch CASE-Werkzeuge unterstützt wird.

Da in zunehmendem Maße Systementwicklungen auf bestehenden Altsystemen aufbauen bzw. diese berücksichtigen müssen, wird sich der scheinbare Gegensatz zwischen Software-Engineering und Software-Reengineering immer mehr auflösen. Zukünftig wird eine "normale" Systementwicklung nicht mehr ohne Analyse der vorhandenen Altsysteme auskommen, zumal das Wissen über die fachlichen Systemzusammenhänge oft selbst den Anwendern nicht mehr präsent ist. Begünstigt wird dieser Trend durch den zunehmenden Einsatz von Entwicklungsdatenbanken in CASE-Werkzeugen, die auf einer einheitlichen Metamodellstruktur aufgebaut sind. Liegen erst alle eingesetzten Anwendungssysteme in Form dieser Modelle vor - entweder dadurch, daß sie mit CASE-Werkzeugen entwickelt wurden oder daß ein Reengineering-Prozeß durchgeführt wurde - beschränken sich zukünftige Reengineering-Maßnahmen hauptsächlich auf die Formulierung von Transformationsregeln. Diese Tätigkeit wird aber auch zunehmend erleichtert, da CASE-Werkzeuge immer mehr Reengineering-Funktionen enthalten [Hirschleber/90].

Auch die heute vielfach beklagten Probleme bei der Integration von Standard-Anwendungssoftware in die vorhandene Programmwelt eines Anwenders sowie deren Berücksichtigung in unternehmensspezifischen Organisationsmodellen werden durch die dargestellte Methode wesentlich reduziert, wenn dem Anwender von seiten des Software-Herstellers entsprechende Implementierungsbeschreibungen, z.B. die Programmquellen, zur Verfügung gestellt werden. Der Anwender kann dann mit Hilfe eines Reengineering-Prozesses die zur Integration benötigten Informationen aus dem Programmsystem extrahieren und in seine Dokumentationen überführen. Noch wirtschaftlicher wäre das Verfahren, wenn die Hersteller von Standard-Anwendungssoftware ihren Kunden bereits entsprechende Implementierungsmodelle auf der Basis eines Entity-Relationship-Ansatzes zur Verfügung stellen würden, die dann relativ leicht in die anwenderspezifische Modellwelt transformiert werden könnten [Kolm/91]. Darüber hinaus ist durch regelmäßig durchgeführte Reengineering-Maßnahmen die Konsistenz zwischen der physischen Implementierung und den zugehörigen Modellen auf verschiedenen Abstraktionsebenen gesichert.

Neben der Allgemeingültigkeit und Flexibilität bei der Beschreibung und Transformation von Informationssystemen zeichnet sich das dargestellte Verfahren durch eine hohe methodische Integrationsfähigkeit aus. Um z.B. einen anderen Reengineering-Ansatz, der auf einer operativen, algorithmischen Ebene formuliert ist, zu integrieren, müssen dessen Ausgangs- und Zielstrukturen mit Hilfe eines Entity-Relationship-Ansatzes beschrieben und die entsprechenden Transformationsregeln abgeleitet werden. Damit besitzt der zu integrierende Ansatz dieselbe Repräsentationsform wie die dargestellte Methode und kann unmittelbar in das Vorgehensmodell eingehen.

FORTRAN-Anweisungen

Im folgenden werden wichtige FORTRAN-Anweisungen und -Funktionen dargestellt, die im Laufe der FORTRAN-Entwicklung veraltet bzw. verschwunden sind
oder sich in ihrer Bedeutung bzw. Anwendung geändert haben. Einige Anweisungen sind zwar noch im FORTRAN 90-Standard erlaubt, jedoch werden sie in
den zukünftigen Versionen nicht mehr berücksichtigt. Syntaktische Angaben in
eckigen Klammern sind optional verwendbar. Weitere Hinweise zu den einzelnen
Anweisungen sind u.a. [IBM/65], [McCracken/65], [Müller/70], [Spiess/71],
[Lipschutz/78], [Siebert/80], [Ehinger/82], [Langer/93] zu entnehmen.

Arithmetische Anweisungsfunktionen

Syntax: Name $(a_1, a_2, ..., a_m) = A$

Semantik: Der Funktion des Namens "Name" wird ein skalarer Ausdruck in
Abhängigkeit der Formalparameter a_n zugewiesen.

Beispiel: F (X, Y) = ALPHA * EXP (X) + Y

Standardisierung: Die Anweisungsfunktionen sind im Sprachumfang von
FORTRAN 90 noch enthalten, wurden allerdings zuletzt in FORTRAN 77 benötigt.

Verwendung: Diese Form der Unterprogramme wurde eingesetzt, um einfache
arithmetische Funktionen speicherplatzsparend zu definieren; sie kann in
FORTRAN 90 durch eine interne Funktion ersetzt werden.

ABNORMAL

Die ABNORMAL-Anweisung spezifiziert Funktionen, die entweder
Ein-/Ausgabe-Operationen enthalten, bei Aufrufen mit gleichen Parameterwer-
ten unterschiedliche Ergebnisse liefern können oder die Übergabeparameter
wertmäßig verändern.

ACCEPT

Mit der ACCEPT-Anweisung kann sehr einfach eine Eingabe über die Tastatur
vorgenommen werden (Gegenstück zur TYPE-Anweisung).

Funktion ACOT

Die ACOT-Funktion ergibt den Arkuskotangens des Arguments.

Funktion ALOG2

Die Funktion ALOG2 liefert den Logarithmus zur Basis 2 des Arguments.

ASSIGN

Syntax: ASSIGN n TO i

Semantik: Die Anweisungsnummer n wird der nichtindizierten INTEGER-Variablen i zugewiesen.

Beispiel: ASSIGN 20 TO JUMP

Standardisierung: Die ASSIGN-Anweisung ist noch im Sprachumfang von FORTRAN 90 enthalten, war aber schon in FORTRAN 77 redundant.

Verwendung: Wird der Variablen i je nach Programmablauf eine unterschiedliche Anweisungsnummer zugeordnet, kann mit der assigned GOTO-Anweisung ein bedingter Sprung vorgenommen werden.

Funktion ATANH

Die ATANH-Funktion liefert den Arkustangens hyperbolikus des Arguments.

BACKFILE

Mit der BACKFILE-Anweisung kann bei Bandlaufwerken eine bestimmte Anzahl von Dateien rückwärts überlesen werden (Gegenteil der SKIPFILE-Anweisung).

Funktion BOOL

Die BOOL-Funktion wandelt Werte verschiedenen Typs in Datenelemente des Typs BOOLEAN um.

BOOLEAN

Mit BOOLEAN können Variablen vom Typ BOOLEAN deklariert werden. Eine Variable dieses Typs belegt ein Maschinenwort als Speicherplatz und die einzelnen Bits gelten als logische Variablen.

BLOCK DATA

Syntax: BLOCK DATA
          Typenvereinbarungen, DIMENSION-Anweisungen
          COMMON-, EQUIVALENCE-, DATA-Anweisungen
          END

Standardisierung: Die BLOCK-DATA-Anweisung ist zwar noch im Sprachumfang von FORTRAN 90 enthalten, aber nur bis FORTRAN 77 sinnvoll benutzbar.

Verwendung: Die Anfangswertzuweisung bei globalen Variablen, die in
COMMON-Bereichen deklariert sind, ist nur mit Hilfe eines BLOCK-DATA-
Unterprogramms möglich. Mit der Redundanz der COMMON-Anweisung in
FORTRAN 90 ist auch diese Struktur überflüssig geworden.

BUFFERIN

Mit der BUFFERIN-Anweisung werden parallel zur Ausführung anderer Anweisungen Datensätze von einem externen Gerät in den Arbeitsspeicher übertragen.

BUFFEROUT

Die BUFFEROUT-Anweisung ist das Gegenstück zu BUFFERIN. Es werden
parallel zur Ausführung anderer Anweisungen Datensätze aus dem Arbeitsspeicher einem externen Gerät übergeben.

BYTE

Die BYTE-Anweisung deklariert Variablen vom Typ BYTE. Eine solche Variable
kann logische Werte, Hollerithzeichen oder ganzzahlige Werte von -128 bis 127
enthalten.

Funktion CDBLE

Die CDBLE-Funktion wandelt Datenelemente des Typs COMPLEX*8 in solche
vom Typ COMPLEX*16 um.

Funktion CMPLX

Die Funktionen DCMPLX und QCMPLX wandeln Variablen verschiedenen Typs
in Datenelemente vom Typ COMPLEX um.

COMMON

Syntax: COMMON [/Name/] v_1, v_2, ..., v_m

Semantik: Dem COMMON-Bereich "Name" werden alle angegebenen Variablen v_i (Skalare oder Felder) zugeordnet. Werden in anderen Programmeinheiten dem gleichen COMMON-Block ebenso viele Variablen zugeordnet, ist der Zugriff auf gemeinsame Speicherbereiche möglich. Innerhalb jeder betreffenden Programmeinheit können die Inhalte der Speicherbereiche modifiziert werden.

Beispiel: COMMON /BLOCK1/ LISTE(10), A, B

Standardisierung: Die COMMON-Anweisung ist schon in FORTRAN IV standardisiert; sie ist aber je nach Compiler in vielen unterschiedlichen Versionen verfügbar. Mit FORTRAN-90 ist diese Anweisung überflüssig geworden.

Verwendung: Mittels eines COMMON-Blocks konnten speicherplatzsparend und mit einer hohen Zugriffsgeschwindigkeit Variablen in verschiedenen Programmeinheiten verwendet werden, ohne sie als Parameter zu übergeben. Diese Art der Datenübertragung ist mit der Programmeinheit MODULE und der USE-Anweisung des neuen FORTRAN-90-Standards redundant geworden.

Funktion COTAN

Die Funktion COTAN liefert den Kotangens des Arguments.

Funktion CSNGL

Die Funktion CSNGL dient zur Umwandlung von Datenelementen vom Typ COMPLEX*16 in solche des Typs COMPLEX*8.

DECODE

Die DECODE- und ENCODE-Anweisungen erlauben die Umwandlung von Datenformaten zwischen zwei Variablen unter Verwendung von FORMAT-Anweisungen, ohne dabei in eine Datei schreiben und anschließend aus dieser lesen zu müssen. Die DECODE-Anweisung entspricht einem READ, wobei nicht aus einer externen Datei, sondern dem Arbeitsspeicher gelesen wird.

Funktion DFLOAT

Die Funktion DFLOAT wandelt Datenelemente verschiedener INTEGER-Typen in solche des Typs DOUBLE PRECISION um.

DEFINE

Syntax: DEFINE Name $(a_1, a_2, \ldots a_m) = A$

Semantik: Der Funktion "Name" mit den Formalparametern a_1 bis a_m wird der skalare Ausdruck A zugeordnet.

Beispiel: DEFINE F (X, Y) = ALPHA * EXP (X) + Y

Standardisierung: Diese Anweisung ist bei einzelnen Compilern erlaubt und kommt in keinem FORTRAN-Standard vor.

Verwendung: Wie bei arithmetischen Anweisungsfunktionen des FORTRAN-IV-Standards wird hier eine einfache Funktion nur durch eine Anweisung definiert.

DEFINEFILE

Die DEFINEFILE-Anweisung dient zur Deklaration von Merkmalen externer Dateien, z.B. Anzahl, Länge und Struktur von Datensätzen in einer Direktzugriffsdatei. Sie ist nicht standardisiert und wurde ab FORTRAN 77 durch die erweiterte OPEN-Anweisung überflüssig.

Ungeblocktes DO

Standardisierung: Diese Anweisung ist zwar noch in FORTRAN 90 verwendbar, zum sinnvollen Sprachumfang gehört sie jedoch spätestens seit FORTRAN 77 nicht mehr.

Verwendung: Wird bei mehreren unbenannten, ineinander verschachtelten DO-Konstrukten auf dieselbe End-Anweisungsmarke verwiesen oder ist die durch die Marke referenzierte Anweisung nicht vom Typ CONTINUE bzw. END DO, handelt es sich um eine ungeblockte DO-Konstruktion. Ungeblockte DO-Anweisungen können ohne große Schwierigkeiten in eine geblockte Form überführt werden. Bei einigen früheren FORTRAN-Compilern wird das Schleifeninnere mindestens einmal durchlaufen, während dies in FORTRAN 90 nicht sein muß.

DOUBLE PRECISION

Die DOUBLE-PRECISION-Anweisung der früheren FORTRAN-Standards ist identisch mit der DOUBLE-PRECISION-REAL-Anweisung in FORTRAN 90.

Funktion DREAL

Die DREAL-Funktion wandelt Datenelemente verschiedenen Typs in solche des Typs DOUBLE PRECISION um.

ENCODE

Die ENCODE-Anweisung ist das Gegenstück zur DECODE-Anweisung. Mit ihr werden Variablen an eine bestimmte Stelle im Arbeitsspeicher geschrieben, um sie in ein anderes Datenformat umzuwandeln.

ENTRY

Syntax: ENTRY Name $(p_1, p_2, ..., p_m)$

Semantik: Mit Hilfe der ENTRY-Anweisung werden innerhalb einer Unterroutine (SUBROUTINE) zusätzlich Eingangsstellen definiert, die mit der CALL-Anweisung von einer aufrufenden Programmeinheit angesprungen werden können. Der ENTRY-Anweisung sind eigene Übergabeparameter zuordenbar, die analog zur SUBROUTINE-Anweisung deklariert werden.

Beispiel: ENTRY MITTE (VAR, LISTE)

Standardisierung: Obwohl im FORTRAN-IV-Standard noch nicht enthalten, kann die ENTRY-Anweisung in vielen Compilern dieser Zeit verwendet werden. Ab FORTRAN 77 ist die Anweisung standardisiert.

Verwendung: Die ENTRY-Anweisung dient dazu, für einen gemeinsam benutzten Teil einer Unterroutine keine neue SUBROUTINE definieren zu müssen.

EQUIVALENCE

Syntax: EQUIVALENCE $(v_1, v_2, ..., v_m)$

Semantik: Diese Anweisung weist innerhalb einer Programmeinheit allen in der Klammer angegebenen Variablen v_i den gleichen Speicherplatz zu. Belegt man eine dieser Variablen mit einem bestimmten Wert, ändert sich der Inhalt aller anderen. Die Variablen müssen nicht vom gleichen Typ sein.

Beispiel: REAL FELD (100,10), VEKTOR (1000)
           EQUIVALENCE (Feld, Vektor)

Standardisierung: EQUIVALENCE ist ab FORTRAN IV standardisiert.

Verwendung: Einerseits kann durch diese Anweisung die Lesbarkeit eines Programms gesteigert werden, wenn für dasselbe Feld je nach aktueller Verwendung ein anderer Name verwendet wird. Andererseits kann man Speicherplatz sparen, wenn man großen Feldern, die nicht gleichzeitig gebraucht werden, den gleichen Platz zuweist. Beide Verwendungsarten werden durch die dynamische Speicherverwaltung nicht mehr benötigt.

Funktion EQV

Die EQV-Funktion liefert die bitweise Verknüpfung der Argumente mit dem Test auf Gleichheit, ähnlich dem .EQV.-Operator.

Funktion ERF

Die Funktion ERF liefert das Ergebnis der Fehlerfunktion $y = \dfrac{2}{\sqrt{\pi}} * \int\limits_{0}^{arg} e^{-t^2}$, wobei von null bis zum Argument integriert wird.

Funktion ERFC

Die Funktion ERFC liefert das Ergebnis der Fehlerfunktion $y = \dfrac{2}{\sqrt{\pi}} * \int\limits_{arg}^{\infty} e^{-t^2}$, wobei vom Argument bis unendlich integriert wird.

FIND

Syntax: FIND (d, i)

Semantik: Die Direktzugriffsdatei d wird - wenn möglich - durch die FIND-Anweisung auf den Datensatz i positioniert.

Standardisierung: Diese Anweisung ist nur bei einigen Compilern erlaubt und in keinem FORTRAN-Standard enthalten.

Verwendung: Zum schnellen, asynchronen Positionieren konnte die FIND-Anweisung sinnvoll eingesetzt werden.

Funktion FIX

Die Funktionen BFIX, HFIX und JFIX wandeln Zahlen verschiedenen Typs in Datenelemente bestimmter INTEGER-Typen um.

FOR DO ... ENDFOR

Syntax: FOR (Var = Anf, End, Schritt) DO

...

ENDFOR

Semantik und Verwendung: Diese Anweisung ist identisch mit dem DO-Konstrukt des Standard-FORTRAN. Diese Abwandlung ist bei einigen Compilern unter anderem mit dem Zweck eingeführt worden, auch negative Schleifenzähler benutzen zu können (die DO-Anweisung unterstützte sie nicht).

FORMAT

Die FORMAT-Anweisung ist in ihrer Syntax unverändert geblieben, lediglich einige Formatdeskriptoren haben sich geändert oder sind in keinem Standard enthalten. Veraltete oder nicht standardisierte Formatdeskriptoren:

*   H, L übertragen linksbündig eine Anzahl von darstellbaren Zeichen (Hollerithzeichenketten).
*   Q überträgt Gleitkommazahlen hoher Genauigkeit, ähnlich dem E-Deskriptor. Q ohne weitere Parameter liest die bis zum Datensatzende verbliebenen Zeichen ein.
*   R stellt eine rechtsbündig formatierte Hollerithzeichenkette dar.
*   V verwendet die sechs rechtsstehenden Bits des nächsten Zeichens der Ausgabeliste als neuen Formatdeskriptor, der auf die nachfolgenden Elemente wirkt.

Funktion GAMMA

Diese Funktion liefert das Ergebnis der Gammafunktion des Arguments.

GENERIC

Die GENERIC-Anweisung gestattet die Verwendung eines einzigen festgelegten Namens für eine Reihe von INTRINSIC-Funktionen.

Assigned GOTO

Syntax: GOTO i[, $(n_1, n_2, ..., n_m)$]

Semantik: Das Programm wird mit der Anweisung fortgesetzt, deren Anweisungsnummer der Variablen i zugewiesen wurde (ASSIGN-Anweisung). Wird
eine Label-Liste angegeben, muß die Sprungadresse i auch in ihr enthalten sein.

Beispiel: GOTO MARKE, (10, 20, 30, 1000)

Standardisierung: Diese Anweisung ist schon in FORTRAN IV enthalten, gilt
aber heute als veraltet.

Verwendung: Zusammen mit mehreren ASSIGN-Anweisungen kann durch eine
assigned GOTO-Anweisung eine bedingte Verzweigung mit beliebig vielen Alternativen realisiert werden, meist ist sie durch eine IF-THEN-ELSE-Konstruktion
ersetzbar.

Computed GOTO

Syntax: GOTO $(n_1, n_2, ..., n_m)$, i

Semantik: Das Programm wird mit der zu der i-ten angegebenen Anweisungsnummer gehörigen Anweisung fortgesetzt; i bezeichnet einen INTEGER-Wert
aus dem Bereich von eins bis m.

Beispiel: GOTO (10, 20, 30, 10), ERGEB

Standardisierung: Diese Anweisung ist seit FORTRAN 77 standardisiert.

Verwendung: Mit dem computed GOTO konnte aufgrund einer Berechnung zu
bestimmten Anweisungen verzweigt werden. Diese Anweisung kann oft durch
ein CASE-Konstrukt komfortabel dargestellt werden.

Funktion HTG

Die Funktionen HTG und IHTG wandeln Datenelemente verschiedenen Typs in
solche bestimmter INTEGER-Typen um.

Funktion IDINT

Die Funktion IDINT wandelt Datenelemente verschiedenen Typs in solche eines bestimmten INTEGER-Typs um.

Arithmetisches IF

Syntax: IF (var) n_1, n_2, n_3

Semantik: Je nachdem, ob der Wert der skalaren numerischen Variablen var (kein komplexer Datentyp) kleiner, gleich oder größer null ist, wird zu den Anweisungen mit den Marken n_1, n_2 oder n_3 verzweigt.

Beispiel: IF (WURZEL) 10, 20, 30

Standardisierung: Das arithmetische IF ist in dieser Form seit FORTRAN IV vorhanden, tritt aber bei einzelnen Compilern in verschiedenen erweiterten Versionen auf. Ab FORTRAN 77 gilt es als veraltet und kann durch andere Konstrukte einfach ersetzt werden.

Verwendung: Bei vielen Problemstellungen konnte diese Anweisung anstelle von drei logischen IF-Anweisungen benutzt werden. Sie ist jedoch durch die IF-THEN-ELSE- oder CASE-Konstruktion überflüssig geworden.

Funktion IMAG

Die Funktion IMAG ermittelt den Imaginärteil einer komplexen Zahl.

Funktion LGAMMA

Die Funktion LGAMMA liefert den natürlichen Logarithmus der Gammafunktion.

Funktion LOCF

Syntax: LOCF (var)

Semantik: Die Funktion LOCF ermittelt die Adresse einer Variablen oder eines ENTRY-Punktes; das Ergebnis ist vom Typ INTEGER-Wert.

Beispiel: I = LOCF (FELD)

Standardisierung: Diese Funktion tritt nur bei einzelnen Compilern auf und wurde nie in einen FORTRAN-Standard übernommen.

Verwendung: Durch die dynamische Speicherverwaltung ist die Bestimmung der Adresse einer Variablen auf diese Weise überflüssig geworden.

Funktion MASK

Die Funktion MASK liefert eine Bitfolge der Länge n mit der linksbündigen Ziffer Eins und n - 1 Nullen; die Länge n wird als INTEGER-Argument der Funktion übergeben.

OPEN

Die Syntax der OPEN-Anweisung ist bis FORTRAN 90 unverändert geblieben, jedoch haben sich einige Parameter verändert. Veraltete oder nicht-standardisierte Parameter:

- ASSOCIATEVARIABLE, ASSOVAR weist einer assoziierten Variablen die Nummer des jeweils aktuellen Datensatzes zu (bei direktem Zugriff).
- BLOCKSIZE bestimmt die Blocklänge einer Datei (bei Bandlaufwerken).
- BUFFERCOUNT bestimmt die Anzahl der zu verwendenden Puffer.
- BUFL legt die Länge der Puffer einer Datei fest.
- CARRIAGECONTROL bestimmt die Art der Vorschubsteuerung nach jedem Datensatz.
- DISPOSE gibt an, ob die Datei nach dem Schließen gelöscht oder ausgedruckt und gelöscht werden soll.
- INITIALIZE bestimmt die Anzahl der zu reservierenden Blöcke beim ersten Aufruf der Datei.
- MAXREC legt die maximale Anzahl der Datensätze fest.
- NAME entspricht dem FILE-Parameter zum Festlegen des Dateinamens.
- NOSPANBLOCKS sorgt dafür, daß festgelegte Blockgrenzen der Datei nicht überschritten werden.
- READONLY läßt nur lesende Dateizugriffe zu.
- RECORDSIZE legt die Satzlänge fest und wird synonym zum Parameter RECL verwendet.

PAUSE

Syntax: PAUSE [k]

Semantik: Das laufende Programm wird angehalten und die Stopp-Kennung k dem Bediener mitgeteilt; diese bestimmt dann, wann das Programm von dieser Stelle aus fortgesetzt werden soll.

Beispiel: PAUSE 12345

Standardisierung: Diese Anweisung ist schon in FORTRAN IV enthalten und darüber hinaus in vielen erweiterten Versionen benutzbar.

Verwendung: Diese Anweisung diente in der Testphase eines Programms zur Prüfung, ob eine bestimmte Anweisung erreicht wurde. Außerdem konnte dadurch Zeit gewonnen werden, um Bänder auszutauschen oder eine manuelle Eingabe vorzunehmen.

PUNCH

Syntax: PUNCH n, v_1, v_2, ..., v_n

Semantik: Diese Anweisung ist identisch mit der PRINT-Anweisung, jedoch unter Verwendung eines Lochkarten-Stanzers.

Beispiel: PUNCH 10, ZAHL

Standardisierung: Diese Anweisung ist in vielen Compiler-Erweiterungen von FORTRAN IV und FORTRAN 77 enthalten, obwohl sie nicht in den Standard aufgenommen wurde.

Verwendung: Als Vereinfachung und Verdeutlichung des Programmtextes wurde die WRITE-Anweisung zur Ausgabe auf Lochkarten oft mit einem PUNCH realisiert.

Funktion QDIV

Die beiden Argumente der QDIV-Funktion werden mit großer Genauigkeit dividiert.

Funktion QEXT

Die Funktion QEXT wandelt Datenelemente verschiedenen Typs in solche vom
Typ REAL um.

REREAD

Die REREAD-Anweisung ist in ihrer Verwendung mit der READ-Anweisung
identisch, mit REREAD wird allerdings der zuletzt gelesene Datensatz noch
einmal gelesen.

REWIND

Die REWIND-Anweisung benutzt man in Zusammenhang mit Bandlaufwerken,
um an den definierten Anfang eines Bandes zu gelangen.

Funktion ROUND

Die Funktionen MROUND und NROUND runden auf verschiedene Arten
Datenelemente des Typs REAL auf ganze Zahlen. Das Ergebnis ist jeweils ein
Datenelement vom Typ INTEGER.

SKIPFILE

SKIPFILE überspringt bei Bandlaufwerken eine Anzahl von Dateien vorwärts
(Gegenteil der BACKFILE-Anweisung).

SKIPREC

Die SKIPREC-Anweisung ist das Gegenstück zu BACKSPACE und positioniert
bei einer sequentiellen Datei den Zeiger vom aktuellen Datensatz um eine
gewisse Anzahl von Sätzen vorwärts.

SUBROUTINE

Syntax: SUBROUTINE Name $(p_1, p_2, \dots p_m)$

              ...

              RETURN i

Semantik: SUBROUTINE ist die Eröffnungsanweisung einer Unterroutine,
wobei p_n einen gewöhnlichen Parameter oder einen Dummy-Parameter (in Form
eines Sternchens "*" oder Dollar-Zeichens "$") darstellt. Beim Aufruf mit CALL
wird das Sternchen in der Parameterliste durch eine Anweisungsnummer mit

führendem Dollarzeichen ersetzt. Beim Rücksprung wird das Programm mit der Anweisung fortgesetzt, die der i-ten angegebenen Anweisungsnummer folgt.

Beispiel: SUBROUTINE UP1 (A, B, *, *, *)

...

B = A - 4 + SUM
RETURN 1

Standardisierung: Dieser alternative Rücksprung ist schon bei sehr frühen FORTRAN-Compiler-Versionen enthalten, sollte aber spätestens seit FORTRAN 77 nicht mehr benutzt werden.

Verwendung: Durch die fehlende CASE-Konstruktion konnte damit im Unterprogramm bestimmt werden, bei welcher Anweisung die Ausführung des Programms nach dem Rücksprung fortgesetzt werden sollte. Bei dieser Anweisung ist das SUBROUTINE-Konstrukt selbst nicht veraltet, lediglich Anweisungsnummern als Parameter können durch die neuen Strukturen ersetzt werden.

Anmerkung: Bei manchen FORTRAN-Compilern wurden die möglichen Rücksprungadressen auch direkt nach der CALL-Anweisung i mit RETURNS angegeben. Die Bestimmung der tatsächlichen Adresse aus der Liste der Anweisungsnummern erfolgte wie oben.

Syntax: CALL Name (a$_1$, a$_2$, ... a$_m$), RETURNS (n$_1$, n$_2$, ... n$_i$)

Funktion SUBSTR

Syntax: SUBSTR (Str, s, l)

Semantik: Die Funktion SUBSTR liefert einen Teilstring von Str der Position s mit genau l Zeichen Länge.

Beispiel: TEIL = SUBSTR (GANZ, 2, 5)

Standardisierung: Diese Funktion ist bei einzelnen Compiler-Versionen enthalten.

TYPE

Die TYPE-Anweisung überträgt als eingeschränkte WRITE-Anweisung die Ausgabeliste in eine festgelegte Datei (etwa Bildschirm).

WAIT

WAIT schließt die Datenübertragung einer genau bestimmten asynchronen READ- oder WRITE-Anweisung ab.

WHILE DO ... ENDWHILE

Syntax: WHILE (Bedingung) DO

       ...

       ENDWHILE

Standardisierung: Die WHILE-Konstruktion in dieser Ausführung kommt in keinem Standard-FORTRAN vor.

Verwendung: Diese Schleifenkonstruktion kann ausnahmslos durch die DO-Schleife ersetzt werden.

Funktion XOR

Die Funktion XOR liefert den bitweisen Exklusiv-Oder-Vergleich mehrerer Argumente und kann durch die neue Funktion IEOR ersetzt werden.

Glossar

4GL: Fourth Generation Language

ABEND: Abnormal end of task (IBM-Jargon)

ACM: Association for Computing Machinery

ADABAS: Datenbanksystem der Software AG, Darmstadt

AD/Cycle: Application Development Cycle; Konzept und Werkzeugrahmensystem der
   IBM zur Entwicklung SAA-kompatibler Software

ADW: Application Development Workstation; Entwicklungsumgebung (CASE) von
   KnowledgeWare, Atlanta

ALGOL: Erste blockorientierte prozedurale Programmiersprache

ANSI: American National Standards Institute

ASA: American Standards Association; Vorgänger des ANSI

ASCII: American Standard Code for Information Interchange; Amerikanische Stan-
   dardkodierung von alphanumerischen Zeichen mit einem Speicherbedarf von 7 Bits

BCD: Binary Coded Decimal; ältere IBM-spezifische Verschlüsselung von 48 alphanumerischen Zeichen (Großbuchstaben, Ziffern und einige Sonderzeichen) mit
   einem Speicherbedarf von 6 Bits. Diese Verschlüsselung wurde auch von anderen
   Hardware-Herstellern übernommen.

Bit: Binary digit; kleinste physische Speichereinheit innerhalb einer elektronischen
   Rechenanlage oder eines Speichermediums zur Darstellung einer Dualzahl

C: Moderne prozedurale Programmiersprache

CASE: Computer Aided Software Engineering

CARE: Computer Aided Software Reengineering

CICS: Customer Information Control System; TP-Monitor der IBM zur Verwaltung der
   Benutzeroberflächen und Datenbankzugriffe im Teilhaberbetrieb

COBOL: Common Business Oriented Language

DB2: Data Base System 2; Datenbanksystem der IBM

DDL: Data Description Language

DIW: Deutsches Institut für Wirtschaftsforschung, Berlin

DML: Data Manipulation Language

DV: Datenverarbeitung

EBCDIC: Extended Binary Coded Decimal Interchange Code; IBM-spezifische Verschlüsselung von alphanumerischen Zeichen mit einem Speicherbedarf von 8 Bits,
   die auch von anderen Hardware-Herstellern übernommen wurde.

ER: Entity-Relationship

ERM: Entity-Relationship Model

ESC: Unterbrechungstaste auf der Terminaltastatur oder spezielle Bit-Kodierungen zur
   Kennzeichnung von Steuerungsbefehlen für Ausgabegeräte

EVA: Eingabe, Verarbeitung, Ausgabe

EXCEL: Tabellenkalkulationsprogramm von Microsoft

EXCELERATOR: Entwicklungsumgebung (CASE) von Excelerator

FORTRAN: Formula Translator

GUI: Graphical User Interface

HIPO: Hierarchy plus Input-Process-Output; Software-Entwicklungsmethode der IBM
  aus den siebziger Jahren

HMD: Handbuch der modernen Datenverarbeitung, Theorie und Praxis der Wirtschaftsinformatik

IEEE: Institute of Electrical and Electronics Engineers

IBM: International Business Machine

ICASE: Integrated Computer Aided Software Engineering

IEW: Information Engineering Workstation; Entwicklungsumgebung (CASE) von
  KnowledgeWare, Atlanta, Vorgängersystem von ADW

IDV: Individuelle Datenverarbeitung

INGRES: Datenbanksystem

IRDS: Information Resource Dictionary Systems; Standard des National Institute of
  Standards and Technology für die Architektur von CASE-Systemen

ISA: Informationsstrukturanalyse; Methode zur Informationsmodellierung innerhalb
  von Isotec auf der Grundlage des ER-Ansatzes

ISO: International Organization for Standardization

Isotec: Integrierte Software-Technologie; Software-Entwicklungsmethode von Ploenzke
  Informatik AG, Wiesbaden, die insbesondere in Deutschland verbreitet ist.

JSD: Jackson System Development

JSP: Jackson Structured Programming

KADS: Knowledge Acquisition and Design/Documentation Structuring

LBMS: Learmonth and Burchett Management Systems; Software-Entwicklungsmethode
  von Learmonth-and-Burchett-Unternehmensberatung aus England, die weltweit
  sehr verbreitet ist.

LOC: Lines of Code; Anzahl der Quellprogrammzeilen bzw. -anweisungen

Merise: Software-Entwicklungsmethode, die in Frankreich entwickelt wurde und dort
  auch sehr verbreitet ist (Standard für Projekte der französischen Regierung).

NATURAL: Programmiersprache der 4. Generation der Software AG, Darmstadt

OOP: Object Oriented Programming

ORACLE: Datenbanksystem von Oracle

OSF/motif: Graphische Benutzeroberfläche für das Betriebssystem UNIX

PCTE: Standard Portable Common Tool Environment; Standard europäischer
  Hardware- und Software-Vertreiber zur Integration und Implementation portabler
  CASE-Werkzeuge.

PREDICT CASE: Software-Entwicklungsumgebung (CASE) der Software AG,
    Darmstadt
PL/I: A Programming Language, eine von der IBM entwickelte, sehr mächtige
    Programmiersprache sowohl für den kommerziellen als auch technisch-
    wissenschaftlichen Bereich; trotz massiver Bemühungen der IBM in den siebziger
    Jahren, PL/I im kommerziellen Bereich durchzusetzen, ist eine allgemeine
    Akzeptanz und Durchdringung nicht gelungen.
RAD: Rapid Application Development
SA: Structured Analysis
SAA: Systems Application Architecture; allgemeines Standardisierungskonzept der IBM
SAA/CUA: SAA/Common User Access; IBM-Richtlinien zur einheitlichen Realisierung
    der Benutzeroberfläche
SA/SD: Structured Analysis and Design
SIAM: Society for Industrial and Applied Mathematics (Philadelphia)
SD: Structured Design
SOEP: Sozio-ökonomisches Panel; Großstichprobe von Haushalten und Personen, die
    vom DIW jährlich erhoben wird.
SQL: Standard Query Language; Standardabfragesprache von relationalen
    Datenbanken
SSADM: Structured Systems Analysis and Design Method; Software-Entwicklungs-
    methode, die auf der Basis von LBMS von der staatlichen Central Computer and
    Telecommunications Agency (CCTA) in England entwickelt wurde und heute die
    Standardmethode der britischen Staatsverwaltung darstellt.
SUPER NATURAL: Endanwendersprache der Software AG, Darmstadt, zur Abfrage von
    Datenbanken
TP: Teleprocessing
UNIX: Betriebssystem für offene Systeme
UTS: TP-Monitor von Siemens zur Verwaltung der Benutzeroberflächen und
    Datenbankzugriffe im Teilhaberbetrieb
WATFOR: FORTRAN-IV-Compiler der University of Waterloo
WATFIV: Weiterentwicklung des WATFOR-Compilers
WINDOWS: Betriebssystem mit graphischer Benutzeroberfläche von Microsoft
ZfD: Zeitschrift für Datenverarbeitung

Literaturverzeichnis

ACM/64: ACM (Hrsg.). ASA Proposed Standards for FORTRAN and Basic FORTRAN. In: Communications of the ACM 7.10 (1964): 590-625.

Aho/86: Aho, A. V., Sethi, R. und Ullman, J. D. Compilers: Principles, Techniques, and Tools. Reading, Mass.: 1986.

ANSI X 3.9/78: American National Standard Institute. FORTRAN - ANSI Standard X 3.9-1978. New York: 1978.

ANSI X 3.198/91: American National Standard Institute. Fortran 90 - ANSI Standard X 3.198-1991. New York: 1991.

ASA X 3.9/66: American Standards Association. American Standard FORTRAN, ASA X 3.9-1966. New York: 1966.

Asam/86: Asam, R., Drenkard, N. und Maier, H.-H. Qualitätsprüfung von Software-Produkten. Berlin: 1986.

Ashcroft/75: Ashcroft, E. und Manna, Z. Translating Program Schemas to While-Schemas. In: SIAM J. Computing 4.2 (1975): 125-146.

Bachman/88: Bachman, C. A CASE for reverse engineering. In: Datamation (1988): 49 ff.

Bachmann/90: Bachmann, J. Re-engineering: Anforderungen, Lösungsansätze und Trends. In: GMO Digital Consulting, Software Re-Engineering Conference, 12.-14.03.90 Frankfurt, Konferenzband. Frankfurt: 1990.

Backus/78: Backus, J. W.. The History of FORTRAN I, II and III. In: Communications of the ACM (1978): 165-180.

Baker/77: Baker, B. S. An Algorithm for Structuring Flowgraphs. In: Journal of the ACM, 24.1 (1977): 98-120.

Balbine/75: Balbine, G. Better manpower utilization using automatic restructuring. In: Proc. of National Computer Conference, AFIPS Press 44 (1975).

Balzert/90: Balzert, H. CASE: Systeme und Werkzeuge. 2. vollst. überarb. u. erw. Aufl. Mannheim: 1990.

Basili/75: Basili, V. und Turner, A. Iterative Enhancement: A Practical Technique for Software Development. In: IEEE Transactions on Software Engineering, SE-1.4 (1975): 390-396.

Batini/92: Batini, C., Ceri, S. und Navathe, S. B. Conceptual Database Design: An Entity-Relationship Approach. Redwood City, California: 1992.

Berge/73: Berge, C. Graphs and Hypergraphs. Amsterdam: 1973.

Bieman/85: Bieman, J. M. und Debnath, N. C. An Analysis of Software Structure Using a Generalized Program Graph. In: Proc. Compsax, CS Press (1985): 254-259.

Biggerstaff/89a: Biggerstaff, T. J. Design Recovery for Maintenance and Reuse. In: IEEE Computer (1989): 36-49.

Biggerstaff/89b: Biggerstaff, T. J. und Perlis, A. J. (Hrsg.). Software Reusability. Volume I: Concepts and Models. Reading, Mass.: 1989.

Biggerstaff/89c: Biggerstaff, T. J. und Richter, C. Reusability Framework, Assessment, and Directions. In: [Biggerstaff/89b]: 1-17.

Bischoff/87: Bischoff, R. Wartung und Pflege von Anwendungssystemen. In: HMD Wartung und Pflege von Anwendungssystemen 24.135 (1987): 3-17.

Bischoff/82: Bischoff, R. und Krallmann, H. Editorial zum Schwerpunktthema Reengineering: Mit alten Zutaten zu neuen Konzepten. In: Wirtschaftsinformatik 34.2 (1992): 125-126.

Boehm/66: Boehm, C. und Jacopini, G. Flow Diagrams, Turing Machines and Languages with Only Two Formulation Roles. In: Communications of the ACM 9.5 (1966): 366-371.

Boehm/76: Boehm, B. W. Software Engineering. In: IEEE Transactions on Computers C-25.12 (1976): 1226-1241.

Boehm/81: Boehm, B. W. Software Engineering Economics. Englewood Cliffs, New Jersey: 1981.

Boetticher/91: Boetticher, M. und Ernst, T. Praktisches Reverse Engineering - von der Euphorie zur Ernüchterung. In: Software-Entwicklungs-Systeme und -Werkzeuge. Hrsg.: Scheibl, H.-J. 4. Kolloquium, 3.-5. Sept. 1991, Technische Akademie Esslingen: 2.2.1-2.2.6.

Borchers/89: Borchers, J. und Zaleski, M. Restructuring und Reengineering von Informationssystemen mit einem CASE-Tool. Technische Akademie Esslingen in Kooperation mit der Gesellschaft für Informatik, 3. Kolloquium, September 1988, Eigenverlag 1989.

Bott/90: Bott, F. Reuse and Design. In: GMO Digital Consulting, Software Re-Engineering Conference, 12.-14.03.90, Frankfurt, Konferenzband. Frankfurt: 1990.

Brauch/83: Brauch, W. Programmieren mit FORTRAN 77 für Ingenieure. Stuttgart: 1983.

Bush/85: Bush, E. The Automatic Restructuring of COBOL. In: Proceedings of IEEE Conference on Software Maintenance. Washington, D.C.: 1985.

BusinessWeek/88: The Software Trap: Automate or Else. In: Business Week, 9. Mai 1988: 142-150.

ButlerCox/92: Butler Cox GmbH. Erschreckende Bilanz: Trotz CASE keine Software-Vorteile. In: Computerwoche 10 (1992): 2-3.

Carnahan/73: Carnahan, B. und Wilkes, J. O. Digital Computing, FORTRAN IV, WATFIV, and MTS. Ann Arbor, Michigan: 1973.

Chen/76: Chen, P. P.-S. The Entity-Relationship Model - Toward a Unified View of Data. In: ACM Transactions on Database Systems 1.1 (1976): 9-36.

Chen/80: Chen, P. P.-S. Entity-Relationship Approach To Systems Analysis and Design. Amsterdam: 1980.

Chikofsky/90: Chikofsky, E. J. und Cross II, J. H. Reverse Engineering and Design Recovery: A Taxonomy. In: IEEE Software (1990): 13-17.

Choi/89: Choi, S. C. Softman: An Environment Supporting the Engineering and Reverse-Engineering of Large Software Systems. PhD Dissertation, University of Southern California, Los Angeles: 1989.

Choi/90: Choi, S. C. und Scacchi, W. Extracting and Restructuring the Design of Large Systems. In: IEEE Software (1990): 66-71.

Codd/70: Codd, E. F. A Relational Model for Large Shared Data Banks. Communications of the ACM 13.6 (1970): 377-387.

Curth/89: Curth, M. A. und Giebel, M. L. Management der Software-Wartung. Stuttgart: 1989.

Curtis/79: Curtis, B., Sheppard, S. B., Milliman, P., Borst, M. A. und Love, T. Measuring the Psychological Complexity of Software Maintenance Task with the Halstead and McCabe Metrics. In: IEEE Transactions on Software Engineering SE-5.2 (1979): 96-104.

Date/90: Date, C. J. An Introduction to Database Systems. Volume I. 5. Aufl. Reading, Mass.: 1990.

DeMarco/78: DeMarco, T. Structured Analysis and System Specification. New York: 1978.

Dijkstra/68a: Dijkstra, E. W. Go To Statement Considered Harmful. In: Communications of the ACM 11.3 (1968): 147-148.

Dijkstra/68b: Dijkstra, E. W. The Structure of the THE Multiprogramming System. In: Communications of the ACM 11.4 (1968): 341-356.

Dijkstra/72a: Dijkstra, E. W. Notes on Structured Programming. In: Structured Programming. Hrsg. Dahl, O.-J., Dijkstra, E. W. und Hoare, C. A. R. London: 1972.

Dijkstra/72b: Dijkstra, E. W. The Humble Programmer. In: Communications of the ACM 15.10 (1972): 859-866.

Dörfel/91: Dörfel, F. Ist CASE ein Irrtum? Anmerkungen zu einem halben Jahrzehnt CASE und Praxis. In: Software-Entwicklungs-Systeme und -Werkzeuge. Hrsg. Scheibl, H.-J. 4. Kolloquium, 3.-5. Sept. 1991, Technische Akademie Esslingen: 6.1.1-6.1.5.

Ehinger/82: Ehinger, G., Fussy, H., Herrmann, H. und Hoffmann, J. FORTRAN-Lexikon: Anweisungen und Begriffe. Berlin: 1982.

Ejiogu/90: Ejiogu, L. O. Software Engineering with Formal Metrics. Maidenhead: 1990.

Elshoff/76: Elshoff, J. L. An Analysis of Some Commercial PL/I Programs. In: IEEE Transactions on Software Engineering, SE-2.2 (1976): 113-120.

Endres/88: Endres, A. Software-Wiederverwendung: Ziele, Wege und Erfahrungen. In: Informatik Spektrum 11 (1988): 85-95.

Endres/89: Endres, A. Einige Grundprobleme der Software-Wiederverwendung und deren Lösungsmöglichkeiten. In: Softwaretechnik in Automatisierung und Kommunikation: Wiederverwendbarkeit von Software. Hrsg. Haas, W. R. Vorträge der ITG/GI/GMA-Fachtagung vom 15.-16. November 1989, Ulm/Neu-Ulm: 1-18.

Fenton/91: Fenton, N. E. Software Metrics: A Rigorous Approach. London: 1991.

Francis/90: Francis, D. Re-engineering as an opportunity to reduce the maintenance workload. In: GMO Digital Consulting, Software Re-Engineering Conference, 12.-14.03.90, Frankfurt: 1990.

Gane/79: Gane, Ch. und Sarson, T. Structured Systems Analysis: Tools & Techniques. Englewood Cliffs, New Jersey: 1979.

Gerkens/90: Gerkens, R. M. Migration von IMS/DB nach DB2 mit Unterstützung durch ein wissensbasiertes System. In: HMD Migrationsstrategien 27.156 (1990): 93-101.

Hall/92: Hall, P. A. Software Reuse and Reverse Engineering in Practice. London: 1992.

Halstead/75: Halstead, M. H. Elements of Software Science. New York: 1975.

Hansen/87: Hansen, H. R. Wirtschaftsinformatik I: Einführung in die betriebliche Datenverarbeitung. 5. neubearb. und erweit. Aufl. Stuttgart: 1987.

Harandi/90: Harandi, M. T. und Ning, J. Q. Knowledge-Based Program Analysis. In: IEEE Software (1990): 74-81.

Harrison/82: Harrison, W. A., Magel, K. I., Kluczny, R. und DeKock, A. Applying software complexity metrics to program maintenance. In: IEEE Computer 15.9 (1982): 65-79.

Haug/72: Haug, R. Normierte Programmierung oder das Baukastenprinzip für Software. In: ZfD 10.2 (1972).

Hausler/90: Hausler, P. A., Pleczkoch, M. G., Linger, R. C. und Hevner, A. R. Using Function Abstraction to Understand Program Behavior. In: IEEE Software (1990): 55-63.

Hecht/77: Hecht, M. S. Flow Analysis of Computer Programs. New York: 1977.

Heike/93a: Heike, H.-D., Beckmann, K., Kaufmann, A. und Ritz, H. The Darmstadt Micro Macro Simulator: Modeling and Software Architecture. Technische Hochschule Darmstadt, Institut für Volkswirtschaftslehre, Arbeitspapier Nr. 73. Darmstadt: 1993.

Heike/93b: Heike, H.-D., Beckmann, K., Fleck, C. und Ritz, H. The Darmstadt Micro Macro Simulator: GSOEP Consistency Check and Data Modeling. Technische Hochschule Darmstadt, Institut für Volkswirtschaftslehre, Arbeitspapier Nr. 78. Darmstadt: 1993.

Heinrich/88: Heinrich, L. J. und Burgholzer, P. Informationsmanagement. 2. Aufl. München: 1988.

Heinrich/89: Heinrich, L. J. und Roithmayr, F. Wirtschaftsinformatik-Lexikon. 3. überarb. u. erw. Aufl. München: 1989.

Heinrich/90: Heinrich, L. J., Lehner, F. und Roithmayr, F. Informations- und Kommunikationstechnik für Betriebswirte und Wirtschaftsinformatiker. 2., verb. Aufl. München: 1990.

Heising/64: Heising, W. P. History and Summary of FORTRAN Standardization Development for the ASA. In: Communications of the ACM 7.10 (1964).

Hesse/90: Hesse, W. Objektorientierte Anwendungsmodellierung - ein Weg zur (Re-)Strukturierung von Software-Anwendungssystemen. In: Re-Engineering: Ein integrales Wartungskonzept zum Schutz von Software-Investitionen. Hrsg. Thurner, R. Hallbergmoos: 1990.

Hirschleber/90: Hirschleber, M. Reengineering-Systeme als integraler Bestandteil von CASE. In: HMD Migrationsstrategien 27.156 (1990): 3-15.

Hohlfeld/89: Hohlfeld, B. Aspekte der Wiederverwendbarkeit bei verteilten Systemen. In: Softwaretechnik in Automatisierung und Kommunikation: Wiederverwendbarkeit von Software. Hrsg. Haas, W. R. Vorträge der ITG/GI/GMA-Fachtagung vom 15.-16. November 1989, Ulm/Neu-Ulm: 43-52.

Hughes/78: Hughes, Pfleeger und Rose. Advanced Programming Techniques: A Second Course in Programming Using FORTRAN. New York: 1978.

IBM/65: IBM. IBM 7090/7094 IBSYS Operating System - FORTRAN IV Language. 1965

Jackson/75: Jackson, M. A. Principles of Program Design. London: 1975.

Jackson/83: Jackson, M. A. System Development. Englewood Cliffs, New Jersey: 1983.

Kaufmann/92: Kaufmann, A. CARE: Voraussetzung oder Ergänzung zu CASE? In: Tagungsband: Wirtschaftsinformatik morgen: Prinzipien strategischer Softwareentwicklung. Hrsg. Bischoff u.a. Diskussionsforum Fachhochschule '92 vom 12.-13. Okt. 1992 in Darmstadt. Ludwigshafen/Rhein: (1992): 43-57.

Kaufmann/93: Kaufmann, A. und Falkenberg, G. Ein Vorgehensmodell zum Software Reengineering und seine praktische Umsetzung. In: Wirtschaftsinformatik 35.1 (1993): 13-22.

Kellner/92: Kellner M. (Hrsg.). Proceedings Conference on Software Maintenance 1992, Orlando, Florida, 9.-12. Nov. 1992. Los Alamitos, California: 1992.

Kilberth/91: Kilberth, K. Einführung in die Methode des Jackson Structured Programming. Braunschweig: 1991.

Kolm/91: Kolm, B. Standard Software und Integration - Kein Widerspruch. In: Software-Entwicklungs-Systeme und -Werkzeuge. Hrsg. Scheibl, H.-J. 4. Kolloquium, 3.-5. Sept. 1991, Technische Akademie Esslingen: 4.3.1-4.3.19.

Krcmar/87: Krcmar, H. Datenintegration und Funktionsintegration. In: Lexikon der Wirtschaftsinformatik. Hrsg. Mertens, P. u.a. Berlin: 1987.

Kurbel/85: Kurbel, K. Programmierstil in Pascal, Cobol, Fortran, Basic, PL/I. Berlin: 1985.

LaBudde/87: LaBudde, K. Strukturiert programmieren - mit Anwendungen für die Wirtschaft. Hamburg: 1987.

Langer/93: Langer, E. Programmieren in FORTRAN. Berlin: 1993.

Lano/94: Lano, K. und Haughton, H. Reverse Engineering and Software Maintenance: A Practical Approach. London: 1994.

Laske/89: Laske, O. E. Ungelöste Probleme bei der Wissensakquisition für wissensbasierte Systeme. In: KI 3.4 (1989): 4-12.

Lehner/89: Lehner, F. Nutzung und Wartung von Software: Das Anwendungssystem-Management. München: 1989.

Lehner/91: Lehner, F. Softwarewartung: Management, Organisation und methodische Unterstützung. München: 1991.

Leinweber/92: Leinweber, G. (Hrsg.). Unternehmensweites CASE: Praktische Einführung und Umsetzung. München: 1992.

Lempp/88: Lempp, P. und Göhner, P. Software Reverse Engineering als Basis für eine zuverlässige Wartung und Wiederverwendung von Prozeßautomatisierungs-Systemen. In: Proceedings Prozeßrechnersysteme '88. Hrsg. Laubner, R. Stuttgart, 1988: 394-400.

Lhotzky/89: Lhotzky, B. und Fritschi, K. Wiederverwendbarkeit von Software-Komponenten: Ein anwendungsorientiertes Projekt. In: Softwaretechnik in Automatisierung und Kommunikation: Wiederverwendbarkeit von Software. Hrsg. Haas, W. R. Vorträge der ITG/GI/GMA-Fachtagung vom 15.-16. November 1989 in Ulm/Neu-Ulm. Berlin, 1989: 75-84.

Lipschutz/78: Lipschutz, S. und Poe, A. T. Programming with FORTRAN. London: 1978.

Liskov/74: Liskov, B. H. und Zilles, S. N. Programming with Abstract Data Types. In: ACM SIGPLAN Notices 9.4 (1974): 50-59.

Liskov/75: Liskov, B. H. und Zilles, S. N. Spezification Techniques for Data Abstractions. In: IEEE Transactions on Software Engineering SE-1.1 (1975): 7-19.

Ljubojevic/91: Ljubojevic, M. Standards zur Werkzeugintegration für CASE. In: Software-Entwicklungs-Systeme und -Werkzeuge. Hrsg. Scheibl, H.-J. 4. Kolloquium, 3.-5. Sept. 1991, Technische Akademie Esslingen: 15.2.1-15.2.24.

Lockemann/87: Lockemann, P. C. und Schmidt, J. W. (Hrsg.). Datenbank-Handbuch. Berlin: 1987.

Lutosch/89: Lutosch, K. Computerunterstütztes Reverse Engineering. Technische Akademie Esslingen in Kooperation mit der Gesellschaft für Informatik, 3. Kolloquium, Sept. 1988. Esslingen: 1989.

Martin/88: Martin, J. und McClure, C. Structured Techniques: The Basis for CASE. verb. Auflage. Englewood Cliffs, New Jersey: 1988.

Martin/89: Martin, J. und McClure, C. Action diagrams, clearly structured specifications, programs and procedures. 2. Auflage. Englewood Cliffs, New Jersey: 1989.

Martin/91: Martin, W. Meta-CASE-Umgebungen - Wie man verschiedene Abstraktionsstufen von Informationssystemen mittels eines einzigen Paradigmas definiert. In: Software-Entwicklungs-Systeme und -Werkzeuge. Hrsg. Scheibl, H.-J. 4. Kolloquium, 3.-5. Sept. 1991, Technische Akademie Esslingen: 12.4.1-12.4.11.

McCabe/76: McCabe, Th. A Complexity Measure. In: IEEE Transactions on Software Engineering SE-2.4 (1976): 308-320.

McClure/92: McClure, C. The Three Rs of Software Automation: Re-engineering, Repository, Reusability. Englewood Cliffs, New Jersey: 1992.

McCracken/61: McCracken, D. D. A Guide to FORTRAN Programming. New York: 1961.

McCracken/65: McCracken, D. D. A Guide to FORTRAN IV Programming. New York: 1965.

Mills/72: Mills, H. D. Mathematical Foundations for Structured Programming. IBM Document FSC72-6012, Federal Systems Division, IBM Corp, Gaithersburg: 1972

Mills/90: Mills, H. D. und Dyson, P. B. Using Metrics to Quantify Development. In: IEEE Software 7.2 (1990): 15-56.

Müller/70: Müller, K. H. und Streker, I. FORTRAN Programmierungsanleitung. Mannheim: 1970.

Mütschard/90: Mütschard, M. und Zgraggen, P. M. Designmodell zum Technologiewechsel auf SAA - Kooperative Anwendungen. In: HMD Migrationsstrategien 27.156 (1990): 44.-59.

Myers/75: Myers, G. J. Reliable Software Through Composite Design. New York: 1975.

Nahl/90: van Nahl, E. Software Recycling contra Neuprogrammierung. In: HMD Migrationsstrategien 27.156 (1990): 114-129.

Nassi/73: Nassi, I. und Shneiderman, B. Flowchart Techniques for Structured Programming. In: ACM SIGPLAN Notices 8: 12-26.

Navathe/87: Navathe, S. B. und Awong, A. M. Abstracting Relational and Hierarchical Data with a Semantic Data Model. In: Entity-Relationship Approach. Hrsg. March, S. T. Proceedings of the Sixth International Conference on Entity-Relationship Approach New York, November 9-11, 1987. Amsterdam: 1988, S. 305-333.

Neighbors/84: Neighbors, J. M. The Draco Approach to Constructing Software from Reusable Components. In: IEEE Transactions on Software Engineering SE-10 (1984): 564-574.

Nissen/90: Nissen, J. und Velten, G. Portierungs- und Migrationsmöglichkeiten durch den Einsatz eines SQL-COBOL-Precompilers. In: HMD Migrationsstrategien 27.156 (1990): 84-92.

Osborne/90: Osborne, W. M. und Chikofsky, E. J. Fitting Pieces to the Maintenance Puzzle. In: IEEE Software (1990): 11-12.

Parnas/72: Parnas, D. L. On the Criteria to be used in Decomposing Systems into Modules. In: Communications of the ACM 15.12 (1972): 1053-1058.

Parnas/79: Parnas, D. L. Designing Software for Ease of Extension and Contraction. In: IEEE Transactions on Software Engineering SE-.5.2 (1979): 128-137.

Parnas/85: Parnas, D. L., Clements, P. C. und Weiss, D. M. The Modular Structure of Complex Systems. In: IEEE Transactions on Software Engineering SE-11.3 (1985): 259-266.

Partsch/87: Partsch, H. und Möller, B. Konstruktion korrekter Programme durch Transformation. In: Informatik Spektrum 10 (1987): 309-323.

Pepper/89: Pepper, P. Neue Ansätze zur Wiederverwendbarkeit von Software. In: Softwaretechnik in Automatisierung und Kommunikation: Wiederverwendbarkeit von Software. Hrsg. Haas, W. R. Vorträge der ITG/GI/GMA-Fachtagung vom 15.-16. November 1989 in Ulm/Neu-Ulm. Berlin, 1989: 99-115.

Ploenzke/o.J.: Informationsstrukturanalyse (ISA). Isotec Methodenhandbuch. Version 2.1. Ploenzke Informatik, Wiesbaden: o.J.

R&O/92: R&O Software-Technik GmbH (Hrsg.). Re-Engineering als Basis für kontrolliertes Forward-Engineering. 1992.

Reindl/91: Reindl, M. Re-Engineering des Datenmodells. In: Wirtschaftsinformatik 33.4 (1991): 281-288.

Rekoff/85: Rekoff Jr., M. G. On Reverse Engineering. In: IEEE Transactions on Systems, Man, and Cybernetics, (1985): 244-252.

Richter/92: Richter, L. Wiederbenutzbarkeit und Restrukturierung oder Reuse, Reengineering und Reverse Engineering. In: Wirtschaftsinformatik 34.2 (1992): 127-136.

Ross/77: Ross, D. T. und Schoman, K. E. Structured Analysis for Requirements Definition. In: IEEE Transactions on Software Engineering SE-3.1 (1977): 6-15.

Sammet/69: Sammet, J. E. Programming Languages, History and Fundamentals. Englewood Cliffs, New Jersey: 1969.

Sauer/72: Sauer, S. Entscheidungstabellen in Theorie und Praxis. In: ZfD 10.2 (1972): 99-105.

Scheer/91: Scheer, A.-W. Architektur integrierter Informationssysteme: Grundlagen der Unternehmensmodellierung. Berlin: 1991.

Schmidt/89: Schmidt, G. Methode und Techniken der Organisation. 8. überarb. u. erw. Aufl. Gießen: 1989.

Schmieder/90.: Schmieder, B. Daten- und Betriebssystemmigration von PPS-Software -
ein Praxisbeispiel. In: HMD Migrationsstrategien 27.156 (1990): 102-113.

Schneidewind/87: Schneidewind, N. F. The State of Software Maintenance. In: IEEE
Transactions on Software Engineering SE-13.3 (1987): 303-310.

Seeds/81: Seeds, H. L. Structuring FORTRAN 77 for Business and General
Applications. New York: 1981.

Siebert/80: Siebert, H. Höhere FORTRAN-Programmierung. Berlin: 1980.

Smith/77: Smith, J. M. und Smith, P. C. P. Database Abstraction: Aggregation und
Generalization. In: ACM Transactions on Database Systems 2.2 (1977): 105-133.

Sneed/87a: Sneed, H. M. Software ist vielfach sanierungsreif. In: Online 2 (1987):
26-30.

Sneed/87b: Sneed, H. M. Software recycling. In: Proceedings of 2nd International
Conference on Software Maintenance, 21.-24. Sept. 1987, Austin, USA: 82-90.

Sneed/88a: Sneed, H. M. Inverse transformation of software from code to specification.
In: SOFTMA 88, Conference on Software Maintenance, 24.-27. Okt. 1988, Phoenix,
USA: 102-109.

Sneed/88b: Sneed, H. M. Software testing state of the art. In: Informatik Spektrum
11.6 (1988): 303-311.

Sneed/88c: Sneed, H. M. Software Qualitätssicherung. Köln: 1988.

Sneed/89a: Sneed, H. M. Reverse Engineering schützt Investitionen in SW-
Entwicklung (Teil I). In: Computerwoche 16.40 (1989).

Sneed/89b: Sneed, H. M. Reverse Engineering schützt Investitionen in SW-
Entwicklung (Teil II). In: Computerwoche 16.41 (1989).

Sneed/90a: Sneed, H. M. Re-engineering bei Systemen der 4. Generation. GMO Digital
Consulting, Software Re-Engineering Conference, 12.-14.03.90, Frankfurt: 1990.

Sneed/90b: Sneed, H. M. Programm-Reengineering durch Analyse, Rekonstruktion und
Regenerierung. In: HMD Migrationsstrategien 27.156 (1990): 16-32.

Sneed/91a: Sneed, H. M. Erfahrungen mit einem Reverse-Engineering-Projekt.
Software-Entwicklungs-Systeme und -Werkzeuge. Hrsg. Scheibl, H.-J. 4.
Kolloquium, 3.-5. Sept. 1991, Technische Akademie Esslingen: 2.1.1-2.1.3.

Sneed/91b: Sneed, H. M. Softwarewartung und -wiederverwendung. Band 1:
Softwarewartung. Köln: 1991.

Sneed/92: Sneed, H. M. Softwarewartung und -wiederverwendung. Band 2:
Softwaresanierung. Köln: 1992.

Spiess/71: Spiess, W. E. und Rheingans, F. G. Einführung in das Programmieren in
FORTRAN. 2. Auflage. Berlin: 1971.

Stahlknecht/93: Stahlknecht, P. und Drasdo, A. Werkzeuge zur Software-Sanierung:
Beurteilungskriterien und Vergleich. Arbeitspapier Nr. 9303 des Fachbereichs
Wirtschaftswissenschaften der Universität Osnabrück: 1993.

Steimer/90.: Steimer, F. L. Migration im Umfeld der Kommunikationstechnik. In: HMD Migrationsstrategien 27.156 (1990): 33-43.

Taroll/90: Taroll, P. D. Introducing of maintenance concepts at the requirement stage and their relationship to re-engineering strategy. GMO Digital Consulting, Software Re-Engineering Conference, 12.-14.03.90, Frankfurt: 1990.

Tausworthe/77: Tausworthe, R. C. Standardized Development of Computer Software: Part I Methods. Englewood Cliffs, New Jersey: 1977.

Thurner/89: Thurner, R. Reengineering: Renovieren statt Ruinieren. Technische Akademie Esslingen in Kooperation mit der Gesellschaft für Informatik, 3. Kolloquium, September 1988. Esslingen: 1989.

Thurner/90a: Thurner, R. Reengineering mit Delta. In: CASE: Systeme und Werkzeuge. Hrsg. Balzert, H. 2., vollst. überarb. u. erw. Aufl. Mannheim, 1990: 135-166.

Thurner/90b: Thurner, R. Beherrschung des Technologie-Wechsels mit Reengineering. In: Re-Engineering: Ein integrales Wartungskonzept zum Schutz von Software-Investitionen. Hrsg. Thurner, R. Hallbergmoos (1990): 11-20.

Unkel/87: Unkel, K. Systempflege durch Einpassung. In: HMD Wartung und Pflege von Anwendungssystemen, 24.135 (1987): 58-64.

Wagner/89a: Wagner, B. Reverse Engineering: Ein Weg zur Wiederverwendung erprobter Software. In: Softwaretechnik in Automatisierung und Kommunikation: Wiederverwendbarkeit von Software. Hrsg. Haas, W. R. Vorträge der ITG/GI/GMA-Fachtagung vom 15.-16. November 1989 in Ulm/Neu-Ulm. Berlin, 1989: 85-98.

Wagner/89b: Wagner, B. Sanierung und Wiederverwendung von Software durch werkzeuggestütztes Reverse Engineering. Technische Akademie Esslingen in Kooperation mit der Gesellschaft für Informatik, 3. Kolloquium, September 1988. Esslingen: 1989.

Wagner/90: Wagner, B. Reverse Engineering mit RE-SPEC und EPOS. In: HMD Migrationsstrategien, 27.156 (1990): 130-141.

Wagner/91: Wagner, B. Reverse Engineering in der Praxis. In: Software-Entwicklungs-Systeme und -Werkzeuge. Hrsg. Scheibl, H.-J. 4. Kolloquium, 3.-5. Sept. 1991, Technische Akademie Esslingen: 7.3.1-7.3.4.

Waters/88: Waters, R. C. Program Translation via Abstraction and Reimplementation. In: IEEE Transactions on Software Engineering, 14.8 (1988): 1207-1228.

Wedekind/76: Wedekind, H. Systemanalyse: Die Entwicklung von Anwendungs-systemen für Datenverarbeitungsanlagen. 2. Aufl. München: 1976.

Wedekind/81: Wedekind, H. Datenbanksysteme I: Eine konstruktive Einführung in die Datenverarbeitung in Wirtschaft und Verwaltung. Mannheim: 1981.

Wedekind/92: Wedekind, H. Objektorientierte Schemaentwicklung. Mannheim: 1992.

Wenzel/90: Wenzel, B. G. Datenmigration durch Remodellierung der Daten. In: HMD
  Migrationsstrategien, 27.156 (1990): 71-83.

Wichmann/90: Wichmann, W. Migration von der IBM/36 nach UNIX am Beipiel von
  SIPRA. In: HMD Migrationsstrategien, 27.156 (1990): 142-148.

Wieken/91: Wieken, J.-H. Methodenintegration in eine
  Softwareentwicklungsumgebung. In: Software-Entwicklungs-Systeme und
  -Werkzeuge. Hrsg. Scheibl, H.-J. 4. Kolloquium, 3.-5. Sept. 1991, Technische
  Akademie Esslingen: 7.3.1-7.3.4.

Wirth/73: Wirth, N. Program Development by Stepwise Refinement. In:
  Communications of the ACM 8.2 (1973): 221-227.

Yau/81: Yau, S. S. und Grabow, P. C. A Model for Representing Programs Using
  Hierarchical Graphs. In: IEEE Transactions on Software Engineering SE-7.6
  (1981): 556-574.

Yau/88: Yau, S. S., Nicholl, R. A., Tsai, J. J.-P. und Lui, S.-S. An Integrated Life-Cycle
  Model for Software Maintenance. In: IEEE Transactions on Software Engineering
  SE-14.8 (1988): 1128-1144.

Yourdon/76: Yourdon, E. und Constantine, L. L. Structured Design. 2. Auflage. New
  York: 1976.

Yourdon/89: Yourdon, E. Modern Structured Analysis. London: 1989.

Zimmer/87: Zimmer, A. Neukonzeption von Anwendungssystemen - eine Frage des
  Timings und der Systemumgebung. In: HMD Wartung und Pflege von
  Anwendungssystemen 24.135 (1987): 65-73.

Zuylen/93: van Zuylen, H. J. The REDO Compendium: Reverse Engineering for
  Software Maintenance. Chichester: 1993.

Stichwortverzeichnis